潍坊园林树木与园林树木物候

吴祥春　王金禄　主编

山东大学出版社
SHANDONG UNIVERSITY PRESS
·济南·

图书在版编目(CIP)数据

潍坊园林树木与园林树木物候/吴祥春,王金禄主编. --济南:山东大学出版社,2024.11. --ISBN 978-7-5607-8513-4

Ⅰ. S68;Q948.112

中国国家版本馆 CIP 数据核字第 20245WQ994 号

策划编辑　唐　棣
责任编辑　唐　棣
封面设计　王秋忆

潍坊园林树木与园林树木物候
WEIFANG YUANLIN SHUMU YU YUANLIN SHUMU WUHOU

出版发行　山东大学出版社
社　　址　山东省济南市山大南路 20 号
邮政编码　250100
发行热线　(0531)88363008
经　　销　新华书店
印　　刷　济南巨丰印刷有限公司
规　　格　787 毫米×1092 毫米　1/16
　　　　　16.5 印张　378 千字
版　　次　2024 年 11 月第 1 版
印　　次　2024 年 11 月第 1 次印刷
定　　价　360.00 元

《潍坊园林树木与园林树木物候》编委会

序

随着全球厄尔尼诺现象及干旱、洪涝、风暴、高温和沙尘暴等极端天气的频繁出现，物候对全球气候变化的响应研究已成为全球关注的焦点。在此背景下，对区域内园林树木物候开展系统纪实观测研究，已成为近年来各地园林系统争相开展的重大科研课题，以吴祥春研究员为首的科研团队便是在该领域积极探究并取得显著成效的典型代表。欣闻吴祥春研究员领衔开展的“潍坊园林树木物候观测研究”课题获得系列重大突破，取得了多项填补当地该领域研究历史空白的创新成果，并将系列成果凝炼成《潍坊园林树木与园林树木物候》一书，可喜可贺！

吴祥春研究员是我在专业教学和重大园林业务活动中相识并相知的。尽管他已是国内知名的园林科技精英，成果丰硕，但仍一如既往地秉持“为人谦和低调、踏实勤勉耕耘”的严谨敬业态度，执着于园林相关领域研究，从不懈怠。尤其是他编著出版的多部科技专著所折射出的专业功底更是令人钦佩。今又获阅他领衔编著的园林树木物候新作，不禁为吴祥春研究员三十余年如一日，厚植园林科技创新沃土，专注园林科技项目研发，对专业创新能力提升孜孜不倦追求，对专业研究项目脚踏实地耕耘的敬业奉献精神所感动，欣然应嘱，为其力作作序，深感荣幸。

园林树木物候是指园林树木长期适应区域气候与环境的季节性变化而形成的以年为周期的生长发育规律，包括树木的发芽、展叶、开花、结果、叶色变化和叶片脱落等外在性状表现。这部《潍坊园林树木与园林树木物候》涵盖了潍坊市域 241 种(包含变种、变型等)园林树木的中文名、拉丁文名、科属、主要形态特征、识别要点、生态习性、观赏价值及园林用途、物候历、重要物候节点图谱九方面内容，整体结构分为综述、乔木、灌木、藤本四大部分。本书内容是该书编纂团队历经 24 年，观测记录收集有关树木技术指标信息，进而根据潍坊气候、水文、土壤等环境因子特点，不间断开展系列观测研究的成果结晶。项目研发团队分析探明了潍坊市域园林树木生长发育的物候规律，建立了园林树木系统的物候历与物候图谱，并依据观测研究数据，重新修订了《潍坊市域适生园林树木名录》。尤为值得点赞的是，园林树木物候观测研究课题取得的创新性成果，以及由上述成果凝炼而成的这部科技专著的出版问世，必将极大地推动潍坊园林事业的高质量发展，历史性地留存潍坊园林树木阶段性物候资料，并将为后人研究潍坊气候变迁提供不可再现的历史依据，具有重大的现实意义和历史意义。

该书内容，尤其是每种园林树木的物候历、重要物候节点图谱，文字描述翔实准确，物候时间记载精准，数码物候图谱清晰，物候标志特征明显，具有极强的直观性、指导性、科学性、应用性及科普性，不仅可作为园林植物分类、规划设计、工程施工、种苗生产、绿地养护等领域教学、科研、生产、管理的专业工具书，也是一本融知识性、科普性于一体，适于广大生物爱好者阅读的入门图书。

承蒙编著者将原稿送阅并嘱作序，读有所感，学有所获。细细品读书稿，一阵阵清新之气扑面而来，沁人心脾，欣然提笔，收纳阅学书稿所感所思，琐记于此，以为序。

国家"万人计划"领军人才
中国林草产业创新英才
山东省高等学校教学名师
山东省林业科技创新团队岗位专家
二级教授

2024 年 7 月

前　言

物候是指生物受其所处环境(气候、水文、土壤)影响而出现的以年为周期的自然现象。就树木物候而言,包括树木的发芽、展叶、开花、结果、叶变色和叶脱落等,是树木长期适应气候与环境的季节性变化而形成的生长发育规律,关系到树木本身的生存繁衍和群落生物多样性的维持。

最近几十年来,随着全球厄尔尼诺现象及干旱、洪涝、雷暴、冰雹、风暴、高温和沙尘暴等极端天气频繁出现,物候对全球气候变化的响应研究已成为全球关注的焦点问题。例如,Menzel 等(1999)研究表明,在欧洲,春季物候如树木展叶时间提早 6 天,而秋季叶子变色物候推迟 4.8 天。1982~1999 年,中国温带地区植物返青日期平均提前 0.8 天。1981~2009 年,中国山东地区木本植物春季物候期以每年 0.13~1.11 天的速率提前(张海佳等)。在全球气候变化的大背景下,对区域园林树木物候的观测、纪实和研究显得尤为重要。

城市园林绿化作为城市自然生产力的主体,对改善城市生态环境、保障城市可持续发展,起着至关重要的作用,是衡量城市生态质量、居民生活品质和城市文明程度的重要标志之一。近年来,随着潍坊城市化进程不断加快尤其是园林绿化建设的不断深入,大批省内外甚至国外园林树木涌入潍坊,在短短十几年、二十几年的时间内,潍坊城市绿化量增量翻番,城市生态环境进一步改善,园林树木种类尤其是引进驯化种类大幅度增加。在此背景下,精准摸清、系统整理历史留存于潍坊区域内一定时期的园林树木,尤其是引进驯化树木的物候资料,为今后园林建设项目的高质量树木配置设计、树木栽植施工、树木科学养护管理和科学研究潍坊气候变迁提供技术依据,对潍坊园林建设具有现实迫切性和必要性。

潍坊位于山东半岛中东部,是我国环渤海地区和黄河中下游地区重要的沿海城市,地势南高北低。

潍坊陆地地形可分为北部沿海平原、湿地带,中部平原带,南部丘陵山区带。境内主要山峰有沂山、云门山等。在全市范围内由南到北、从高到低,依次分布着棕壤、褐土、潮土、砂姜黑土、风砂土、盐碱土六种土壤类型。境内河流水系较多,主要有潍河、弥河、小清河、峡山水库、高崖水库等。

潍坊地处中纬度地带,受太阳辐射、大气环流和地理环境的影响,属暖温带大陆性季风气候。年平均气温 14.3 ℃,年平均降水量 660.7 mm。冬季长达 136~157 天,春、秋季最短,都不足两个月,夏季高温多雨,雨热同期。

一年不同季节,潍坊处于不同大气环流控制之下,构成了“春暖、夏热、秋爽、冬寒,四季变化分明”的气候特点。该气候特点在某种程度上直接决定了潍坊园林树木物候的特征。

为全面了解潍坊气候变化对园林树木物候的影响，准确掌握潍坊区域内一定时期园林树木生长的生物学规律，为潍坊乃至山东省园林树木新物种的科学引种驯化，园林树木的繁育栽培、养护育种、科学配置提供精准技术依据，进一步提升潍坊园林绿化的建设质量和养护管理水平，推动园林苗木产业的健康发展，我们专业研究团队自2000年开始，历史性首次持续开展了对潍坊园林树木物候的系统观测研究，并取得了系列重大研究成果，为本书的出版奠定了核心技术基础。

我们园林树木物候观测研究取得的创新性成果和本书的出版问世，不仅填补了潍坊园林树木物候系统研究的历史空白，而且还是为适应新时代潍坊园林绿化需大量引进外来园林树木物种，急需逐一精准摸清其物候规律的一场及时雨，具有重大现实意义和历史突破性。这必将大大丰富潍坊乃至我国北方地区园林树木种质资源保护、开发、应用的基础技术数据，进一步推动自然资源、林业、水利、旅游、文化遗迹保护、风景名胜区管理等相关行业（产业）的科学发展。历史性留存潍坊市域园林树木阶段性物候变化的资料，为后人研究潍坊气候变迁提供不可再现的历史依据。

本书主要内容包括潍坊市域241种（含变种、变型、品种）园林树木的中文名、拉丁文名、科属、主要形态特征、识别要点、生态习性、观赏价值及园林用途、物候历、重要物候节点图谱。书中内容尤其是每种园林树木的物候历、重要物候节点图谱，文字描述翔实，物候时间记载精准，数码物候图谱清晰，物候标志特征明显，具有极强的直观性、指导性、科学性、应用性，不仅填补了潍坊园林树木及园林树木阶段性物候整体系统数据的历史空白，而且必将大大推动潍坊园林绿化事业的高质量科学发展。

“潍坊园林树木物候历”主要是指潍坊241种（含变种、变型、品种）园林树木详尽到天的叶展期、花期、果期、叶脱落期四大物候期细分到各小物候期的具体时间（多年观测时间段内，每一物种同样物候发生概率最高的具体时间）。“潍坊园林树木重要物候节点图谱”主要是指潍坊241种（含变种、变型、品种）园林树木物候标志特征明显小于物候期节点的树木性状表现的数码照片。

本书框架按照综述、乔木（常绿乔木、落叶乔木）、灌木（常绿灌木、落叶灌木）、藤本（常绿藤本、落叶藤本）顺序依次排列构成。本书编著除主要依据连续多年现场观测获取的包括阶段性物候系统数据在内的纪实性研究成果外，还参考了《中国植物志》《中国树木志》《山东树木志》《园林树木1200种》《观叶观果植物1000种图鉴》《观花植物1000种图鉴》《花卉及观赏树木栽培手册》等多部专著，在此一并谢忱。

由于编著者水平所限，虽经努力，书中仍难免有疏漏之处，敬请读者不吝指正。

吴祥春 王金禄

2024年7月于潍坊

目　录

第一篇　综　述

第二篇　乔　木

第一章　常绿乔木

第二章　落叶乔木

第三篇 灌 木

第三章 常绿灌木

第四章 落叶灌木

第四篇　藤　本

第五章　常绿藤本

第六章　落叶藤本

第一篇 综 述

园林树木是指在园林中栽植应用的木本植物，包括各种乔木、灌木和藤本。很多园林树木是花、果、叶、枝或树形美丽的观赏树木。园林树木也包括那些虽不以美观见长，但在城市与工矿区绿化及风景区建设中起到卫生防护和改善环境作用的树种。因此，园林树木所包括的范围要比观赏树木更大。

我国园林树木资源十分丰富，原产中国的木本植物多达 8000 种。其中，乔木树种约 2500 种。在中国，多个地区尤其是华西山区都是世界著名的园林树木分布中心。很多著名的花木，如山茶属、丁香属、溲疏属、杜鹃属、槭属、椴属、栒子属、绣线菊属等，都以中国为其世界分布中心。

我国有许多特产树种，如银杏、水杉、水松、银杉、金钱松、结香、珙桐、青檀、梅花、牡丹、蜡梅、南天竹、桂花、栀子花、月月红、木香、猬实等，它们在世界城市园林绿化及庭园美化中起着重要作用。有些种类对世界花木育种工作做出过杰出贡献。例如，现代月季是世界花卉育种史上的奇迹，20000 多个品种，亲本大约由 15 个原种组成，其中来源于中国的原种就有 10 个。世界月季育种专家们表示，没有中国的月季就没有世界的现代月季。

目前，我国北方城市园林绿地中常用的树种很有限，一般大城市才 200~400 种，而中、小城市约 100 种，这个数字与我国丰富的树木资源是极不相称的。园林树木是城市园林绿化的重要题材。各种园林树木，不论是乔木、灌木、藤本或地被植物，经过精心选择、巧妙配置，都能在保护环境、改善生态、美化环境和提升景观水平方面发挥重要作用。

据调查统计，包括引种驯化物种在内，目前潍坊市域范围内常见、有较大应用价值且适生的园林树木有 241 种(含变种、变型、品种)。这些园林树木分属 63 科 132 属，支撑着潍坊园林绿化的框架。系统、精准摸清这 241 种园林树木的阶段性物候规律，进一步补充、校准、完善潍坊园林树木物候基础技术数据，必将极大推动潍坊市园林绿化事业的科学发展。根据生物学习性，潍坊这些园林树木可分为乔木、灌木、藤本三类(竹类因物候特殊未列入)，其中乔木类 132 种，灌木类 99 种，藤本类 10 种。

从理论概念上来讲，物候是指生物受其所处环境(气候、水文、土壤)影响而出现的以年为周期的自然现象。就树木物候而言，包括树木的发芽、展叶、开花、结果、叶变色和叶脱落等，是树木长期适应气候与环境的季节性变化而形成的生长发育规律，关系到树木本身的生存繁衍和群落生物多样性的维持。最近几十年来，随着全球厄尔尼诺现象及干旱、洪涝、雷暴、冰雹、风暴、高温和沙尘暴等极端天气频繁出现，物候对全球气候变化的响应研究已成为全球关注的焦点问题。据张海佳等研究，1981~2009 年，中国山东地区木本植物春季物候期以每年 0.13~1.11 天的速率提前。在全球气候变化的大背景下，各地对本区域内园林树木物候随气候变化的响应变化的研究显得非常重要。

近些年来，随着潍坊城市化进程不断加快尤其是园林绿化建设的不断深入，大批省内外甚至国外园林树木涌入潍坊，在短短十几年、二十几年的时间内，潍坊市绿化量增量翻番，城市生态环境不断改善，园林绿化树木种类尤其是引进驯化种类大幅度增加。进一步校准、补充、完善好区域内园林树木形态特征、生态习性数据，尤其是精准摸清引进驯化园林树木的物候期和物候规律，为今后高质量做好园林建设项目的树木配置设计、树木栽植施工和树木科学养护管理提供标准依据，具有现实迫切性和必要性。

潍坊位于山东半岛中东部，是我国环渤海地区和黄河中下游地区重要的沿海城市，地势南高北低。

潍坊陆地地形可分为三带：北部沿海平原、湿地带，中部平原带，南部丘陵山区带。境内主要山峰有沂山、云门山等。境内河流水系较多，主要有潍河、弥河、小清河、峡山水库、高崖水库等。

潍坊地处中纬度地带，受太阳辐射、大气环流和地理环境的影响，属暖温带大陆性季风气候。年平均气温 14.3 ℃，年平均降水量 660.71 mm。冬季长达 136~157 天，春、秋季最短，都不足两个月，夏季高温多雨，雨热同期。

不同季节，潍坊处于不同大气环流控制之下，构成了“春暖、夏热、秋爽、冬寒，四季变化分明”的气候特点。该气候特点在某种程度上直接决定了潍坊园林树木物候的特征。

按照业界惯例和园林树木一年四季生物学特性表现，将园林树木物候期划分为叶展期、花期、果期和叶脱落期四个大时期。四个大时期又细分为叶展期的叶芽膨大期、叶芽开放期、初叶期、盛叶期、全叶期、叶成形期，花期的花芽膨大期、吐蕾期、初花期、盛花期、末花期、无花期，果期的坐果期、成熟期、初落果期、盛落果期，叶脱落期的叶初变色期、叶片始落期、落叶盛期、落叶末期、无叶期。

园林树木的物候变化，更形象直观一点讲，就是园林树木的季相变化。园林树木的季相变化是园林树木对气候的一种特殊反应，是生物适应环境的一种表现。随着季节变化，园林树木会呈现出不同的景色。

潍坊适生的 241 种园林树木中，有 100 余种园林树木的物候特征有显著特色，应用频率较高，其中常绿乔木有白皮松、油松、黑松、雪松、云杉、侧柏、圆柏、女贞等，落叶乔木有银杏、法桐、黑弹朴、榆树、梧桐、毛白杨、旱柳、柿树、桃、山桃、杏、东京樱花、西府海棠、垂丝海棠、北美海棠、皂荚、国槐、刺槐、栾树、三角槭、黄连木、火炬树、黄栌、臭椿、绒毛白蜡等，常绿灌木有铺地柏、沙地柏、火棘、石楠、冬青卫矛、瓜子黄杨等，落叶灌木有紫玉兰、蜡梅、日本小檗、牡丹、木槿、中华绣线菊、麻叶绣线菊、华北珍珠梅、月季、黄刺玫、棣棠、榆叶梅、平枝栒子、紫荆、紫穗槐、紫薇、石榴、红瑞木、小叶女贞、迎春、连翘、紫丁香、暴马丁香、锦带花、金银木等,常绿藤本有扶芳藤、中华常春藤等,落叶藤本有紫藤、美国地锦、地锦、凌霄、金银花等。常用于道路绿化的树种有40余种,其中常绿乔木有白皮松、黑松、雪松、圆柏、女贞等,落叶乔木有银杏、法桐、黑弹朴、榆树、梧桐、毛白杨、旱柳、柿树、桃、东京樱花、西府海棠、垂丝海棠、北美海棠、国槐、刺槐、栾树、三角槭、黄栌、臭椿、绒毛白蜡等,常绿灌木有石楠、冬青卫矛、瓜子黄杨等,落叶灌木有紫玉兰、木槿、华北珍珠梅、黄刺玫、棣棠、榆叶梅、紫荆、紫薇、红瑞木、小叶女贞、迎春、连翘、紫丁香、金银木等,常绿藤本有中华常春藤等。无论物种丰富度还是常用物种数量,均高于国内相近地区同类城市的平均水平。

潍坊园林树木代表性科属有松科、柏科、榆科、杨柳科、槭树科、蔷薇科、木樨科、木兰科、忍冬科等12科26属。园林树木生活型以乔木、灌木占绝对优势。

在观赏特性上,园林树木种类数量按照观花、观果、观秋色叶、观春色叶的顺序呈逐渐递减趋势。按照花色同色系树种数量排序,依次顺序为红色、白色、黄色、紫色。园林树木春季花期集中在3月下旬至4月上旬,以红色系最多。果色以红色为主,黑色、黄色次之。观果树种整体果期延续较长,从5月开始,一直断续间隔性延续到10月份,但以9月至10月最为集中。秋色叶以红色、黄色为主,虽然色彩绚烂的种类不多,但持续时间较长,主要集中在10月下旬到11月下旬。春色叶观赏期集中在3月上旬至4月中旬,以紫红色为主,色深者可持续2~3周,色浅者仅持续7~10天。

潍坊园林树木季相特征:春季物候现象发生频率最高,以展叶、开花为主;夏季物候现象发生频率较低,大多园林树木生长旺盛,主要表现为绿树浓荫,有少量树木开花结果;秋季物候现象发生频率达到次高,以果实成熟、叶片变色、落叶为主;冬季物候现象发生频率最低,也不明显,以常绿、观枝、观干树种为主。

潍坊园林树木色彩季相组合特征:春季以成片的红、黄、白、紫色花朵为主,间或一些紫红色、黄色的春色叶。观花树种中,红色或粉红色系的树种有垂丝海棠、西府海棠、桃、山桃、贴梗海棠、樱花、榆叶梅等,黄色系的树种有腊梅、连翘、金钟花、迎春、牡丹、黄刺玫等,白色系的树种有梨花、杏花、麻叶绣线菊、珍珠绣线菊、白玉兰、白丁香、文冠果等,紫色系的树种有紫玉兰、紫荆、巨紫荆、紫丁香、牡丹、紫藤等。观叶树种中,紫红色叶系的树种有山桃、栾树、红花槭、垂丝海棠、臭椿、鸡爪槭、红叶石楠等,黄色叶系的树种有小叶朴、粉花绣线菊等。

夏季以浓荫盖地为主,间以少量红、白、紫、黄色斑点。观花树种中,红色或粉色系的树种有合欢、石榴、紫薇、木槿、锦带、绣球、月季、凌霄等,白色系的树种有广玉兰、女贞、刺槐、流苏、忍冬等,紫色系的树种有楸树、互叶醉鱼草等,黄色系的树种有栾树、梓树、棣棠、黄刺玫、金丝桃等。

秋季以黄色、暗红色的秋色叶树木为主,间以部分红色的果实和秋色叶构成的斑块。观叶树种中,黄色叶系的树种有银杏、水杉、五角枫、鸡爪槭等树种,红色叶系的树种有乌桕、栾树、黄连木、三角槭、茶条槭、东北槭、黄栌、火炬树等。观果树种主要有山楂、海棠果、白杜、火炬树、臭椿、南天竹、火棘、平枝栒子、枸骨、石榴、金银木、木瓜等。

冬季常见观枝干的树木中,树皮不规则片状剥落或呈白色系的树种有白皮松、悬铃木、紫薇、木瓜、山茱萸等,呈红色系的树种有赤松、山桃、灯台树、红瑞木等,呈青绿色系的树种有华山松、青桐、棣棠等,呈灰褐色系的树种有黑松、法桐、榔榆等。

潍坊的气候在不断变化,引种驯化工作也在不间断开展,潍坊园林树木的物候表现、园林树木物候历记载的具体时间以及园林树木各物候期物候图谱的丰富度也应是与时俱进,需要不断动态修正更新的。

第二篇　乔　木

乔木是指树身高大,有一个或多个直立主干由根部发出,树干和树冠有明显区分,且通常高达 6 m 以上的木本植物。乔木按冬季或旱季落叶与否分为常绿乔木和落叶乔木,又可依其高度分为伟乔(31 m 以上)、大乔(21~30 m)、中乔(11~20 m)、小乔(6~10 m)四级。潍坊地区较常见的乔木类园林树木有 132 种(含变种、变型、品种),其中常绿乔木 22 种,分属 6 科 12 属;落叶乔木 110 种,分属 34 科 62 属。

第一章　常绿乔木

1.白皮松

【学名】 *Pinus bungeana* Zucc.ex Endl.

【科属】 松科　松属

【主要形态特征】 常绿乔木,高达 30 m,胸径可达 3 m。有明显的主干,或从树干近基部分成数干;枝较细长,斜展,形成宽塔形至伞形树冠。幼树树皮光滑,灰绿色,长大后树皮成不规则的薄块片脱落,露出淡黄绿色的新皮,老树皮则呈淡褐灰色或灰白色,裂成不规则的鳞状块片脱落,脱落后近光滑,露出粉白色的内皮,白褐相间成斑鳞状。冬芽红褐色,卵圆形,无树脂。雄球花卵圆形或椭圆形,多数聚生于新枝基部成穗状,长 5~10 cm。球果通常单生,初直立,后下垂,成熟前淡绿色,成熟时淡黄褐色,卵圆形或圆锥状卵圆形,长 5~7 cm,径 4~6 cm,有短梗或几乎无梗。

【识别要点】 针叶 3 针 1 束,粗硬,长 5~10 cm,径 1.5~2 mm,叶背及腹面两侧均有气孔线,先端尖,边缘有细锯齿,叶鞘早落。幼树树皮光滑,灰绿色,长大后树皮成不规则的薄块片脱落。

【生态习性】 喜光,耐瘠薄和轻盐碱土壤,适应干冷气候,在气候温凉、土层深厚、肥润的钙质土和黄土上生长良好。对二氧化硫及烟尘有较强的抗性。它的耐寒性不如油松,但耐旱、耐湿和对土壤的适应性均较油松强。一般多用播种繁殖,寿命可达上千年。

【观赏价值及园林用途】 白皮松树姿优美,苍翠挺拔,树皮洁白雅静、斑驳美观,为庭园绿化的优良树种,孤植、列植均具极高的观赏价值,常植于公园、庭院、寺庙及墓地。

【物候历】 叶展期 3 月 20 日至 7 月 5 日(叶芽膨大期 3 月 20 日,叶芽开放期 4 月 25 日,初叶期 5 月 10 日,盛叶期 5 月 31 日,全叶期 6 月 13 日,叶成形期 7 月 5 日),花期 3 月

20 日至 6 月 5 日(花芽膨大期 3 月 20 日，吐蕾期 4 月 25 日，初花期 4 月 27 日，盛花期 5 月 12 日，末花期 5 月 30 日，无花期 6 月 5 日)，果期 5 月 20 日至次年 10 月 12 日(坐果期 5 月 20 日，成熟期次年 10 月 12 日)。

【重要物候节点图谱】

叶芽膨大期

初叶期

全叶期

花芽膨大期

初花期

坐果期

2.北美短叶松(班克松)

【学名】 *Pinus banksiana* Lamb.

【科属】 松科 松属

【主要形态特征】 常绿乔木，有时呈灌木状，在原产地高达 25 m，胸径 60~80 cm。树干常歪曲，树冠开展；树皮黑褐色，裂成不规则鳞片脱落；小枝淡紫褐色或棕褐色；冬芽褐色，矩圆状卵圆形，被树脂。

【识别要点】 针叶 2 针一束，粗短，通常扭曲，长 2~4 cm，径约 2 mm，先端钝尖，两面有气孔线，边缘全缘，横切面扁半圆形。球果直立或向下弯垂，近无梗，窄圆锥状椭圆形，不对称，通常向内侧弯曲，长 3~5 cm，径 2~3 cm，成熟时，呈淡绿黄色或褐黄色，常不开裂，宿存树上数年。

【生态习性】 北美短叶松原产于加拿大和美国东北部。耐严寒，不耐荫，耐干旱，生长慢。多生于低海拔排水良好的沙质及砾质土壤上。多用种子繁殖。

【观赏价值及园林用途】 北美短叶松是绿化、造园及荒山造林的理想树种。

【物候历】 叶展期 4 月 2 日至 7 月 15 日（叶芽膨大期 4 月 2 日，叶芽开放期 4 月 27 日，初叶期 5 月 16 日，盛叶期 6 月 8 日，全叶期 6 月 23 日，叶成形期 7 月 15 日），花期 3 月 21 日至 5 月 17 日（花芽膨大期 3 月 21 日，吐蕾期 4 月 11 日，初花期 4 月 13 日，盛花期 4 月 23 日，末花期 5 月 10 日，无花期 5 月 17 日），果期 5 月 27 日至次年 10 月 11 日（坐果期 5 月 27 日，成熟期次年 10 月 11 日）。

【重要物候节点图谱】

叶芽膨大期

初叶期

盛叶期

花芽膨大期

吐蕾期

3.油松（红皮松、短叶松）

【学名】 *Pinus tabulaeformis* Carr.

【科属】 松科 松属

【主要形态特征】 常绿乔木，高达 25 m，胸径可达 1 m。树皮下部灰褐色，裂成不规则鳞块，裂缝及上部树皮红褐色；大枝平展或斜向上，树冠幼年为塔形或圆锥形，中年呈卵形或不整齐梯形，孤立老年树的树冠为平顶，扁圆形、伞形等。盛花期 5 月，球果第二年 10 月中、下旬成熟。小枝粗壮，黄褐色，有光泽，无白粉；冬芽长圆形，顶端尖，微具树脂，芽鳞红褐色。

【识别要点】 针叶 2 针一束，暗绿色，较粗硬，长 10~15 cm，边缘有细锯齿，两面均有气孔线，横切面半圆形。叶鞘初呈淡褐色，后为淡黑褐色，宿存。雄球花柱形，长 1.2~1.8 cm，聚生于新枝下部呈穗状。球果卵形或卵圆形，长 4~7 cm，有短柄，与枝几乎成直角，成熟后黄褐色，常宿存几年，鳞脐背生。

【生态习性】 油松原产我国华北和西北地区，自然分布范围广，是适应大陆性气候最佳的一种松树品种。喜阳，耐寒，抗干旱，耐瘠薄，对土壤要求不严，喜微酸性和中性土壤。不耐盐碱，但在石灰岩山地、土层深厚、有机质含量高、降水量充沛、排水良好的地方生长良好。

【观赏价值及园林用途】 油松为深根性树种，主根、侧根都很发达，是防风固沙和水土保持的主要树种之一。其树姿苍劲古雅，枝叶繁茂，四季常青，独立的个体姿态非常优美，适宜用作孤植观赏。在华北地区的园林、风景区中极为常见。

【物候历】 叶展期 3 月 27 日至 6 月 26 日（叶芽膨大期 3 月 27 日，叶芽开放期 4 月 22 日，初叶期 4 月 27 日，盛叶期 5 月 20 日，全叶期 6 月 5 日，叶成形期 6 月 26 日），花期 3 月

20日至6月7日(花芽膨大期3月20日,吐蕾期4月25日,初花期4月27日,盛花期5月16日,末花期5月27日,无花期6月7日),果期5月27日至次年10月15日(坐果期5月27日,成熟期次年10月15日)。

【重要物候节点图谱】

叶芽开放期

初叶期

盛叶期

盛花期

坐果期

4.华山松

【学名】 *Pinus armandii* Franch.

【科属】 松科 松属

【主要形态特征】 常绿乔木,高达35 m,胸径1 m,树冠广圆锥形。小枝平滑无毛,冬芽小,圆柱形,栗褐色。球果圆锥状长卵形,长10~20 cm,柄长2~5 cm,成熟时下垂,种鳞张开,种子脱落,种子为松属中最大的,无翅。花期4~5月,球果次年9~10月成熟。根系较浅,主根不明显,侧根、须根发达。小枝绿色或灰绿色,无毛。幼树树皮灰绿色或淡灰色,平滑,老时裂成方形或长方形厚块片。

【识别要点】 针叶5针1束,较细软,灰绿色,长8~15 cm,质柔软,边有细锯齿,树脂道3个,叶鞘早落。鳞脐顶生,不明显。

【生态习性】 华山松原产于我国中部至西南部高山地区。浅根性,侧根发达,喜温暖湿润气候,不耐干旱和瘠薄,更不耐盐碱和排水不良。耐寒力强,不耐炎热,对土壤适应性强,最宜深厚、湿润、疏松的中性或微酸性壤土。耐瘠薄能力不如油松、白皮松,对二氧化硫抗性超过油松。

【观赏价值及园林用途】 华山松高大挺拔,针叶苍翠,冠形优美,生长迅速,是优良的庭院绿化树种,可用作园景树、庭荫树、行道树及林带树,亦可用于丛植、群植,也是高山风景区之优良风景林树种。华山松球果累累,也是营养丰富的干果树种。

【物候历】 叶展期4月6日至7月12日(叶芽膨大期4月6日,叶芽开放期5月8日,初叶期5月17日,盛叶期6月8日,全叶期6月23日,叶成形期7月12日),花期4月6日至6月15日(花芽膨大期4月6日,吐蕾期5月6日,初花期5月8日,盛花期5月20日,末花期5月27日,无花期6月15日),果期5月27日至次年9月2日(坐果期5月27日,成熟期次年9月2日)。

【重要物候节点图谱】

叶芽开放期

初花期

初叶期

坐果期

盛花期

成熟期

5.赤松(日本赤松)

【学名】 *Pinus densiflora* Sieb.et Zucc.

【科属】 松科 松属

【主要形态特征】 常绿乔木,高达 40 m,胸径达 1.5 m。下部树皮常呈灰褐色或黄褐色,龟纵裂,上部树皮红褐色或黄褐色,成不规则鳞片脱落,一年生枝橙色或淡黄褐色,略被白粉,无毛。枝平展形成伞状树冠。雄球花淡红黄色,圆筒状,长 5~10 mm,数枚聚生于新枝下部呈短穗状,穗长 4~7 cm;雌球花红紫色,单生或 2~3 个集生于枝端。一年生小球果的种鳞先端有短刺,卵球形,淡褐紫色或褐黄色,直立或稍倾斜;成熟时暗黄褐色或褐灰色,有短梗,斜下垂,种鳞张开,脱落或宿存树上 2~3 年,卵形或卵状圆锥形,长 2.5~5.5 cm,径 2~4.5 cm。花期 5~6 月,球果翌年 9~10 月成熟。

【识别要点】 树皮红褐色,一年生枝橙色或淡黄褐色。冬芽矩圆状卵圆形,暗红褐色,微具树脂,芽鳞条状披针形,先端微反卷,边缘丝状。针叶 2 针 1 束,长 5~12 cm,两面均有气孔线,细软而较短,暗绿色,边缘有细锯齿。果鳞较薄,鳞盾平。

【生态习性】 赤松原产于我国北部沿海山地至东北长白山低海拔处,适应华东及北部沿海地区。强阳性树种,耐寒,耐干旱,深根性,抗风力强,耐贫瘠土壤,抗病力较差,纯林易受松毛虫、松干蚧危害。

【观赏价值及园林用途】 赤松宜用作庭荫树、风景林、园景树、行道树。

【物候历】 叶展期 3 月 20 日至 7 月 6 日(叶芽膨大期 3 月 20 日,叶芽开放期 4 月 20 日,初叶期 5 月 10 日,盛叶期 5 月 30 日,全叶期 6 月 16 日,叶成形期 7 月 6 日),花期 4 月 8 日至 6 月 12 日(花芽膨大期 4 月 8 日,吐蕾期 4 月 22 日,初花期 4 月 24 日,盛花期 5 月 8 日,末花期 5 月 20 日,无花期 6 月 12 日),果期 5 月 8 日至次年 9 月 2 日(坐果期 5 月 8 日,成熟期次年 9 月 2 日)。

【重要物候节点图谱】

叶芽膨大期

初叶期

盛叶期

吐蕾期

盛花期

坐果期

成熟期

6.黑松(白芽松、日本黑松)

【学名】 *Pinus thunbergii* Parl.

【科属】 松科　松属

【主要形态特征】 常绿乔木,高可达 30 m,树皮灰黑色。4 月开花,雌花生于新芽的顶端,呈紫色,球形;雄花生于新芽的基部,呈黄色。球果至翌年秋天成熟,鳞片裂开而散出种子,种子有薄翅。果鳞的鳞脐有短刺。

【识别要点】 冬芽白色。针叶 2 针 1 束,有光泽,粗硬,树脂道中生。

【生态习性】 黑松原产于日本及朝鲜南部,多生于沿海地区。其为阳性树种,喜光,耐寒,不耐水涝,喜温暖湿润的海洋性气候。耐干旱、瘠薄及盐碱土,喜微酸性砂质壤土。

【观赏价值及园林用途】 黑松四季常青,抗病虫能力强,是荒山绿化、道路绿化的首选树种。黑松制作的盆景枝干横展,老干苍劲虬曲,盘根错节,树冠如伞盖,针叶浓绿,树姿古雅,可终年欣赏。

【物候历】 叶展期 4 月 5 日至 7 月 14 日(叶芽膨大期 4 月 5 日,叶芽开放期 5 月 8 日,初叶期 5 月 19 日,盛叶期 6 月 8 日,全叶期 6 月 23 日,叶成形期 7 月 14 日),花期 3 月 25 日至 5 月 27 日(花芽膨大期 3 月 25 日,吐蕾期 4 月 27 日,初花期 4 月 29 日,盛花期 5 月 8 日,末花期 5 月 20 日,无花期 5 月 27 日),果期 5 月 14 日至次年 10 月 20 日(坐果期 5 月 14 日,成熟期次年 10 月 20 日)。

【重要物候节点图谱】

叶芽开放期

盛叶期

初花期

盛花期

坐果期

7.樟子松

【学名】 *Pinus sylvestris* L.var.*mongolica* Litv.

【科属】 松科　松属

【主要形态特征】 欧洲赤松的变种。常绿乔木，树高 15~20 m，最大胸径 1 m。树干皮厚，下部深纵裂，呈灰褐色或黑褐色，上部树皮呈黄色至褐黄色，裂成薄片脱落，内皮呈金黄色。轮枝明显，每轮 5~12 个分枝。冬芽呈褐色或淡黄褐色，长卵圆形，有树脂。针叶 2 针一束，硬直，常扭曲，长 4~9 cm，边缘有细锯齿，两面均有气孔线，横切面半圆形，叶鞘基部宿存，黑褐色。球果卵圆形或长卵圆形，下垂，黄绿色或灰黄色，果鳞盾肥厚，鳞脐隆起特高。花期 5 月中旬至 6 月中旬，球果翌年 9~10 月成熟，第三年春球果开裂。

【识别要点】 冬芽淡褐色。叶 2 针 1 束，稀 3 针，粗硬，稍扁扭曲，长 4~9 cm，冬季变为黄绿色。叶鞘黑褐色，基部宿存。球果黄绿色或灰黄色，果鳞盾肥厚，鳞脐隆起特高。

【生态习性】 樟子松主要分布在我国的大兴安岭北部。强阳性，耐干冷，深根性，适宜在风沙土、砾质粗砂土、沙壤、黑钙土、白浆土上生长。

【观赏价值及园林用途】 樟子松树干通直，树形美观，生长迅速，适应性强，可作庭园观赏和绿化树种，也是我国三北地区防护林及固沙造林的优良树种之一。

【物候历】 叶展期 3 月 29 日至 6 月 30 日 (叶芽膨大期 3 月 29 日，叶芽开放期 4 月 27 日，初叶期 5 月 8 日，盛叶期 5 月 28 日，全叶

【重要物候节点图谱】

叶芽开放期

盛叶期

吐蕾期

末花期

期6月12日,叶成形期6月30日),花期3月20日至6月8日(花芽膨大期3月20日,吐蕾期4月25日,初花期5月2日,盛花期5月13日,末花期6月2日,无花期6月8日),果期6月2日至次年9月10日(坐果期6月2日,成熟期次年9月10日)。

8.日本五针松

【学名】 *Pinus parviflora* Sieb.et Zncc.

【科属】 松科　松属

【主要形态特征】 常绿乔木,幼树树皮淡灰色,平滑,大树树皮暗灰色,裂成鳞片状脱落。枝平展,树冠圆锥形;一年生枝幼嫩时呈绿色,后呈黄褐色,密生淡黄色柔毛。针叶5针1束,微弯曲,长3.5~5.5 cm,径不及1 mm,边缘具细锯齿,背面暗绿色,无气孔线,叶鞘早落。球果卵圆形或卵状椭圆形,几无梗,熟时种鳞张开,近褐色,具黑色斑纹。

【识别要点】 针叶细短,5针1束,因有明显的白色气孔线而呈蓝绿色,稍弯曲,边缘具细锯齿,叶鞘早落。种子较大,具黑色斑纹,种翅短于种子。

【生态习性】 原产于日本南部。属阳性树,能耐荫,忌湿耐热,不耐寒。喜生于土壤深厚、排水良好、适当湿润之处,在阴湿之处生长不良。对海风有较强的抗性。

【观赏价值及园林用途】 五针松姿态古朴苍劲,叶密针短,四季青翠,一般作为盆栽,为树木盆景的珍贵树种,也是优良的园林观赏树种。

【物候历】 叶展期4月12日至7月2日(叶芽膨大期4月12日,叶芽开放期5月3日,初叶期5月12日,盛叶期5月30日,全叶期6月15日,叶成形期7月2日),花期4月7日至6月5日(花芽膨大期4月7日,吐蕾期5月4日,初花期5月6日,盛花期5月18日,末花期5月27日,无花期6月5日),果期5月25日至次年9月2日 (坐果期5月25日,成熟期次年9月2日)。

叶芽开放期

盛叶期

【重要物候节点图谱】

花芽膨大期

吐蕾期

初花期

盛花期

成熟期

9.乔松

【学名】 *Pinus wallichiana* A.B.Jacks.

【科属】 松科 松属

【主要形态特征】 常绿乔木，高达 70 m，胸径达 1 m 左右。树皮暗灰褐色，裂成小块片脱落；枝条开展，冠呈阔尖塔形。当年生枝初绿色渐变红褐色，无毛，有光泽，微被白粉。针叶 5 针 1 束，长 10~20 cm，细柔下垂，灰绿色，边缘有细锯齿，叶面有气孔线。球果圆柱形，长 15~25 cm，成熟后淡褐色，下垂，种子有翅。花期 4~5 月，球果翌年秋季成熟。

【识别要点】 针叶 5 针 1 束，细柔下垂。当年生枝初绿色，渐变红褐色，微被白粉。球果成熟后淡褐色，下垂，种子有翅。

【生态习性】 性喜光，稍耐荫，喜温暖湿润气候，喜酸性土壤。生长快，幼苗需遮荫，对中性或微碱性土质也能适应。采用播种繁殖。

【观赏价值及园林用途】 乔松是优良的观赏树种，可在绿地上孤植和散植。

【物候历】 叶展期 3 月 14 日至 7 月 5 日(叶芽膨大期 3 月 14 日，叶芽开放期 4 月 21 日，初叶期 5 月 6 日，盛叶期 5 月 29 日，全叶期 6 月 12 日，叶成形期 7 月 5 日)，花期 4 月 13 日至 5 月 28 日(花芽膨大期 4 月 13 日，吐蕾期 4 月 28 日，初花期 4 月 30 日，盛花期 5 月 12 日，末花期 5 月 24 日，无花期 5 月 28 日)，果期 5 月 19 日至次年 9 月 2 日(坐果期 5 月 19 日，成熟期次年 9 月 2 日)。

【重要物候节点图谱】

叶芽膨大期

花芽膨大期

吐蕾期

坐果期

成熟期

10.雪松

【学名】 *Cedrus deodara* (Roxb.) G. Don

【科属】 松科 雪松属

【主要形态特征】 常绿乔木，树冠尖塔形，大枝平展，为不规则轮生，小枝略下垂。幼树树皮深灰色较平滑，成熟后呈棕色，龟裂成鳞片状。叶针形，质硬，横切面三角形，灰绿色或银灰色，在长枝上散生，在短枝上簇生。雌雄异株，稀同株，花单生枝顶，花期 10~11 月，雄球花比雌球花花期早 10 天左右。球果翌年 10 月份成熟，果鳞脱落，椭圆状卵形，熟时赤褐色。

【识别要点】 树冠尖塔形，叶针形，灰绿色或银灰色，在长枝上散生，在短枝上簇生。大枝平展，为不规则轮生，小枝略下垂。

【生态习性】 雪松原产于喜马拉雅山脉西部。中国自 1920 年起引种，在华北至长江流域均有栽培且生长良好。其抗寒性较强，对土壤要求不严，酸性土、微碱性土均能适应，深厚肥沃疏松的土壤最适宜其生长，耐干旱，不耐水湿。浅根性，抗风力差，对二氧化硫抗性较弱。一般用播种和扦插繁殖。

【观赏价值及园林用途】 雪松树形挺拔高大，树姿优美，终年苍翠，雄伟壮丽，是珍贵的用材树种和世界著名观赏树种，被广泛用于城市绿化，是世界五大庭园树木(金钱松、雪松、巨杉、金松、南洋杉)之一。

【栽培变种】 雪松自然类型很多，根据树型和分枝的状况，可分为厚叶雪松、垂枝雪松、翘枝雪松三个类型。

(1)垂枝雪松‘Pendula’枝明显下垂。

(2)金叶雪松‘Aurea’树冠塔形，高 3~5 m，针叶春季金黄色，入秋变黄绿色，至冬季转为粉绿黄色。

(3)银叶雪松‘Argentea’叶较长，银灰蓝色等。

【物候历】 叶展期 3 月 12 日至 6 月 26 日(叶芽膨大期 3 月 12 日，叶芽开放期 4 月 11 日，初叶期 4 月 27 日，盛叶期 5 月 20 日，全叶期 6 月 5 日，叶成形期 6 月 26 日)，花期 8 月 20 日至 12 月 26 日(花芽膨大期 8 月 20 日，吐蕾期 10 月 18 日，初花期 10 月 20 日，盛花期 10 月 29 日，末花期 11 月 20 日，无花期 12 月 26 日)，果期 10 月 29 日至次年 10 月 26 日(坐果期 10 月 29 日，成熟期次年 10 月 26 日)。

【重要物候节点图谱】

叶芽膨大期

盛叶期

盛花期

末花期

叶成形期

吐蕾期

成熟期

【识别要点】 幼树之叶全为刺形，老树之叶为刺形或鳞形或二者兼有；刺叶常 3 枚轮生，稀交互对生，有气孔带；鳞叶交互对生，稀三叶轮生，菱形。球果暗褐色，外有白粉。

【生态习性】 中性树种，喜凉爽温暖气候，幼时喜荫，极耐寒，耐干旱。对土壤要求不严，中性土、钙质土、微酸性土及微碱性土均能生长，在温凉干燥地区生长较快。耐修剪、易整形。多用播种繁殖，也可扦插育苗。生长速度中等而较侧柏略慢。对多种有害气体有一定抗性，是针叶树中对氯气和氟化氢抗性较强的树种。对二氧化硫的抗性显著胜过油松。常见的病害有圆柏梨锈病、圆柏苹果锈病及圆柏石楠锈病等。最好避免在苹果、梨园等附近种植。

【观赏价值及园林用途】 圆柏幼龄树树冠整齐，圆锥形，树形优美，大树干枝扭曲，姿态奇古，可以独树成景，是我国传统的园林树种。古庭院、古寺庙等风景名胜区多有千年古柏，“清”“奇”“古”“怪”各具幽趣。圆柏可以群植或丛植，也可用作绿篱和防护林。

【变种、变型及栽培变种】

(1)鹿角桧‘Pfitzeriana’丛生灌木，大枝自地面向上斜展，小枝端下垂，通常全为鳞叶，灰绿色。鹿角桧可能是种间杂交种，是裸子植物中罕见的多倍体。姿态优美，多于庭院栽培用于观赏。

(2)龙柏‘Kaizuca’树体通常瘦峭，成圆柱形树冠；枝梢扭转上升，如龙舞空。全为鳞叶，幼时鲜黄绿色，老则变灰绿色。

(3)万峰桧‘Wanfengui’灌木，树冠近球形，树冠外围着生刺叶的小枝直立向上，呈无数峰状。还有洒金、洒玉等不同类型。

(4)球桧‘Globosa’丛生球形或半球形灌木，枝密生，斜上展；通常全为鳞叶，偶有刺叶。

(5)金星球桧(花柏球)‘Aureo-globosa’丛生灌木，树冠近球形或卵形，绿叶丛中杂有金黄色枝叶。

(6)塔柏‘Pyramidalis’树冠圆柱状塔形，枝密集，通常全为刺叶。

【物候历】 叶展期 3 月 16 日至 7 月 12 日(叶芽膨大期 3 月 16 日，叶芽开放期 4 月 13 日，初叶期 4 月 27 日，盛叶期 5 月 30 日，全叶期 6 月 20 日，叶成形期 7 月 12 日)，花期 3 月 30 日至 5 月 21 日(花芽膨大期 3 月 30 日，吐蕾期 4 月 16 日，初花期 4 月 18 日，盛花期 4 月 26 日，末花期 5 月 12 日，无花期 5 月 21 日)，果期 5 月 6 日至次年 10 月 7 日(坐果期 5 月 6 日，成熟期次年 10 月 7 日)。

【重要物候节点图谱】

初叶期

盛叶期

盛花期

坐果期

成熟期

16.杜松

【学名】 *Juniperus rigida* Sieb.et Zucc.

【科属】 柏科 刺柏属

【主要形态特征】 常绿小乔木,高达 10 m,幼时树冠窄塔形,后变圆锥形。大枝直立,小枝下垂。刺叶线状披针形,坚硬而长,正面深槽内有一条白粉带,背面有明显纵脊。球果熟时呈淡褐黄色或蓝黑色,被白粉。

【识别要点】 刺叶针形,坚硬而长,正面深槽内有一条白粉带,背面有明显纵脊。

【生态习性】 杜松原产于我国东北、华北、内蒙古及西北地区。阳性树种,耐寒,耐干旱瘠薄,适应性强,生长较慢。

【观赏价值及园林用途】 杜松枝叶浓密下垂,树姿优美,北方各地可栽植为庭园树、风景树、行道树和海崖绿化树种,也可栽作盆景及绿篱材料。

【物候历】 叶展期 2 月 22 日至 6 月 12 日(叶芽膨大期 2 月 22 日,叶芽开放期 3 月 29 日,初叶期 4 月 11 日,盛叶期 4 月 29 日,全叶期 5 月 20 日,叶成形期 6 月 12 日),花期 3 月 2 日至 5 月 12 日(花芽膨大期 3 月 2 日,吐蕾期 4 月 6 日,初花期 4 月 8 日,盛花期 4 月 16 日,末花期 4 月 27 日,无花期 5 月 12 日),果期 4 月 27 日至次年 11 月 2 日 (坐果期 4 月 27 日,成熟期次年 11 月 2 日)。

【重要物候节点图谱】

叶芽膨大期

初叶期

全叶期

花芽膨大期

盛花期

成熟期

17.刺柏(山刺柏、台湾桧)

【学名】 *Juniperus formosana* Hayata

【科属】 柏科 刺柏属

【主要形态特征】 常绿小乔木,树冠窄塔形。小枝柔软下垂。刺叶线形,先端锐尖,正面微凹,有两条白粉带。球果近圆球形,肉质,顶端有三条皱纹和三角状钝尖突起,淡红色或淡红褐色。

【识别要点】 刺叶线形,先端锐尖,正面微凹,有两条白粉带。球果淡红色或淡红褐色。

【生态习性】 刺柏为中国特有树种,自温带至寒带均有分布,我国台湾地区也有分布。中性偏荫,喜温暖多雨气候及石灰质土壤。以种子繁育为主,也可扦插繁育。

【观赏价值及园林用途】 刺柏树形美观,叶片苍翠,冬夏常青,可孤植、列植形成特殊景观,小枝细弱下垂,也是制作盆景的好素材。

【物候历】 叶展期3月8日至6月28日(叶芽膨大期3月8日,叶芽开放期4月9日,初叶期4月22日,盛叶期5月18日,全叶期6月8日,叶成形期6月28日),花期2月21日至4月6日(花芽膨大期2月21日,吐蕾期3月5日,初花期3月8日,盛花期3月20日,末花期3月28日,无花期4月6日),果期3月28日至次年10月10日(坐果期3月28日,成熟期次年10月10日)。

【重要物候节点图谱】

初叶期

初花期

盛花期

坐果期

成熟期

18.东北红豆杉(紫杉)

【学名】 *Taxus cuspidata* Sieb.et Zucc.

【科属】 红豆杉科 红豆杉属

【主要形态特征】 常绿乔木,树皮红褐色,有浅裂纹。枝密生,小枝带红褐色,基部有宿存芽鳞。一年生枝深绿色。叶较短而密,线形,通常直而不弯,在侧枝上成不规则上翘二列,主枝上为螺旋状排列;叶上面呈深绿色有光泽,下面有两条灰绿色气孔带,气孔带较绿色边带宽二倍,干后呈淡黄褐色。种子卵形,成熟时紫褐色,有光泽,外覆上部开口的假种皮,假种皮成熟时倒卵圆形,成杯状,浓红色,肉质,富浆汁。上一年形成花苞,花期3~4月,果期9~10月。

【识别要点】 树皮红褐色,有浅裂纹。叶较短而密,暗绿色,通常直而不弯,螺旋状着生,成不规则上翘二列。

【生态习性】 东北红豆杉原产于我国东北东部,俄罗斯、朝鲜、日本也有分布。阴性树种,耐寒性强,喜冷凉湿润气候。

【观赏价值及园林用途】 枝叶繁茂,终年常绿,为优良的园林绿化及绿篱树种。

【栽培变种】 矮紫杉(伽罗木)[var.*umbraculifera* Mak.(var.*nana* Rehd.)]灌木状,多分枝而向上,高达2 m。叶条形密生,螺旋状着生,顶端锐尖头。原产于日本及朝鲜,我国北方园林绿地中有栽培,各地常作盆景观赏。

【物候历】 叶展期3月8日至6月9日(叶芽膨大期3月8日,叶芽开放期4月1日,初叶期4月13日,盛叶期5月2日,全叶期5月19日,叶成形期6月9日),花期2月15日至4月12日(花芽膨大期2月15日,吐蕾期3月10日,初花期3月12日,盛花期3月23日,末花期4月1日,无花期4月12日),果期4月1日至9月30日(坐果期4月1日,成熟期9月30日)。

【重要物候节点图谱】

叶芽开放期

初叶期

盛叶期

盛花期

坐果期

盛落果期

19.广玉兰(荷花玉兰)

【学名】 *Magnolia grandiflora* L.

【科属】 木兰科　木兰属

【主要形态特征】 常绿大乔木,高 20~30 m。树皮淡褐色或灰色,呈薄鳞片状开裂。枝与芽有铁锈色细毛。叶长椭圆形,互生,长 10~20 cm,厚革质,先端钝或渐尖,基部楔形,表面亮绿色,背面淡绿色有锈色短绒毛。花似荷花,直径 15~20 cm,呈杯状;花被片 9~12,白色,芳香,倒卵形,厚肉质,6~7 月开花。聚合果圆柱状长圆形或卵形,密被褐色或灰黄色绒毛。

【识别要点】 叶长椭圆形,厚革质,表面亮绿色,背面淡绿色有锈色短绒毛。花形似荷花,白色,芳香,花被片 9~12,倒卵形,厚肉质。

【生态习性】 广玉兰原产于美国东南部。我国最早从美国引进,种植在合肥。喜光,喜温暖湿润气候及湿润肥沃土壤,不耐寒,耐烟尘,不耐水湿。繁殖可采用播种和嫁接方式。

【观赏价值及园林用途】 广玉兰树姿雄伟,叶大荫浓,花似荷花,芳香馥郁,在庭园、公园、游乐园、墓地均可种植。大树可孤植草坪中,或列植于通道两旁;中小型者,可群植于花台上,为优良的城市绿化及观赏树种。而且广玉兰能耐烟,抗风,对二氧化硫等有毒气体有较强抗性,可净化空气,保护环境。

【物候历】 叶展期 4 月 18 日至 7 月 25 日(叶芽膨大期 4 月 18 日,叶芽开放期 5 月 15 日,初叶期 5 月 26 日,盛叶期 6 月 20 日,全叶期 7 月 5 日,叶成形期 7 月 25 日),花期 5 月 6 日至 7 月25 日(花芽膨大期 5 月 6 日,吐蕾期 5 月 29 日,初花期 5 月 30 日,盛花期 7 月 7 日,末花期 7 月 18 日,无花期 7 月 25 日),果期 7 月 7 日至 10 月 20 日(坐果期 7 月 7 日,成熟期 10 月 8 日,初落果期 10 月 12 日,盛落果期 10 月 20 日)。

【重要物候节点图谱】

初叶期

盛叶期

花芽膨大期

盛花期

成熟期

坐果期

20.水丝梨

【学名】 *Sycopsis sinensis* Oliver

【科属】 金缕梅科 水丝梨属

【主要形态特征】 常绿小乔木,高达 14 m。树皮褐色或灰色,平滑,有纵裂纹;嫩枝被垢鳞,老枝无毛。顶芽裸露。叶革质,长卵形或披针形,长 5~12 cm,先端渐尖,基部宽楔形,无毛或下面初被星状柔毛;侧脉 6~7 对,全缘或中部以上疏生小齿,叶柄被垢鳞。花无柄,雄花序近头状,萼齿卵形,细小;雌花或两性花成短穗状花序,子房上位,被毛。

【识别要点】 嫩枝和叶柄被垢鳞;叶革质,长卵形或披针形;花无柄,密集成短穗状花序。

【生态习性】 水丝梨原产于陕西南部、四川、云南、贵州、湖北、安徽、浙江、江西、福建、台湾、湖南、广东、广西等地。生于海拔 1600~1800 m 的混交林中。

【观赏价值及园林用途】 水丝梨木材供建筑及家具之用,也可培育香菇,也可用于园林绿化。

【物候历】 叶展期 3 月 2 日至 6 月 5 日(叶芽膨大期 3 月 2 日,叶芽开放期 3 月 30 日,初叶期 4 月 9 日,盛叶期 4 月 30 日,全叶期 5 月 12 日,叶成形期 6 月 5 日),花期 3 月 3 日至 4 月 11 日(花芽膨大期 3 月 3 日,吐蕾期 3 月 19 日,初花期 3 月 21 日,盛花期 3 月 30 日,末花期 4 月 6 日,无花期 4 月 11 日),果期 4 月 6 日至 9 月 10 日(坐果期 4 月 6 日,成熟期 7 月 20 日,初落果期 8 月 24 日,盛落果期 9 月 10 日)。

【重要物候节点图谱】

盛叶期

全叶期

吐蕾期

盛花期

坐果期

21.中华蚊母树(蚊母树)

【学名】 *Distylium chinense* (Fr.) Diels

【科属】 金缕梅科 蚊母树属

【主要形态特征】 常绿乔木,高达 25 m。栽培后常成灌木状,嫩枝及裸芽被垢鳞。单叶互生,窄长椭圆形,长 2~4 cm,全缘或近端略有齿裂状,先端钝或稍圆,基部宽楔形;侧脉 5~6 对,在表面不显著,在背面略隆起;叶厚革质有光泽,无毛,叶边缘和叶面常有虫瘿。花小而无花瓣,但红色的雄蕊十分显眼;腋生短总状花序长 2 cm,具星状短柔毛,苞片披针形;蒴果卵圆形,端有 2 宿存花柱,密生星状毛。花期 3~4 月,果期 8~10 月。

【识别要点】 嫩枝及裸芽被垢鳞。小枝粗壮,被星状柔毛,节间极短。叶窄长椭圆形,全缘或近先端有 2~3 个锯齿,侧脉在表面不显著,在背面略隆起,叶厚革质有光泽。腋生短总状花序，花小而无花瓣，红色的雄蕊十分显眼。蒴果密生星状毛。

【生态习性】 中华蚊母树原产于湖北与四川。喜温暖、湿润和阳光充足的环境，耐半荫，稍耐寒。对土壤要求不严，酸性、中性土壤均能适应，耐修剪。对烟尘及多种有毒气体抗性很强。

【观赏价值及园林用途】 蚊母树枝叶密集，树形整齐，叶色浓绿，经冬不凋，加之抗性强、防尘及隔音效果好，是城市及工矿区绿化及观赏树种。植于路旁、庭前草坪上及大树下都很合适，成丛、成片栽植作为分隔空间或作为其他花木之背景效果亦佳。

【物候历】 叶展期 2 月 28 日至 5 月 26 日(叶芽膨大期 2 月 28 日，叶芽开放期 3 月 24 日，初叶期 4 月 1 日，盛叶期 4 月 21 日，全叶期 5 月 6 日，叶成形期 5 月 26 日)，花期 3 月 11 日至 5 月 6 日(花芽膨大期 3 月 11 日，吐蕾期 4 月 6 日，初花期 4 月 7 日，盛花期 4 月 16 日，末花期 4 月 25 日，无花期 5 月 6 日)，果期 4 月 25 日至 10 月 8 日(坐果期 4 月 25 日，成熟期 8 月 11 日，初落果期 9 月 24 日，盛落果期 10 月 8 日)。

【重要物候节点图谱】

叶芽膨大期

叶芽开放期

盛叶期

盛花期

坐果期

成熟期

22.女贞

【学名】 *Ligustrum lucidum* Ait.

【科属】 木犀科　女贞属

【主要形态特征】 常绿阔叶乔木，高 6~15 m；树干直立或二、三干同出，树皮灰褐色，光滑不裂；枝黄褐色、灰色或紫红色，疏生圆形或长圆形皮孔。单叶对生，全缘，叶卵形至卵状长椭圆形，长 6~12 cm，先端尖，革质而有光泽，无毛，侧脉 6~8 对。花小，白色，花冠、花萼各 4 裂，花冠裂片与筒部等长；圆锥花序顶生，长 10~20 cm；6~7 月开花。核果肾形，深蓝黑色；秋天果熟，红黑色，被白粉。

【识别要点】 单叶对生，全缘，革质而有光泽。花白色，芳香，无梗，花冠裂片与筒部等长；花药超出花冠裂片。核果肾形，熟时红黑色。

【生态习性】 女贞原产于我国长江流域及其以南地区，朝鲜、日本也有分布。女贞喜光，喜温暖湿润气候，稍耐荫，耐修剪，有一定耐寒性。在微酸性土壤中生长迅速，中性、微碱性土壤中亦能生长。萌芽力强，适应范围广。

【观赏价值及园林用途】 女贞枝干扶疏，枝叶茂密，树形整齐，是园林中常用的观赏树种，可于庭院孤植或丛植，亦可作为行道树。因其适应性强，生长快又耐修剪，也常用作绿篱。

女贞还可作为砧木，嫁接繁殖桂花、丁香、金叶女贞等。

【物候历】 叶展期 3 月 20 日至 7 月 5 日(叶芽膨大期 3 月 20 日，叶芽开放期 4 月 23 日，初叶期 4 月 29 日，盛叶期 6 月 5 日，全叶期 6 月 12 日，叶成形期 7 月 5 日)，花期 5 月 11 日至 7 月 13 日(花芽膨大期 5 月 11 日，吐蕾期 6 月 16 日，初花期 6 月 18 日，盛花期 6 月 28 日，末花期 7 月 3 日，无花期 7 月 13 日)，果期 7 月 3 日至 12 月 26 日(坐果期 7 月 3 日，成熟期 10 月 22 日，初落果期 11 月 12 日，盛落果期 12 月 26 日)。

【重要物候节点图谱】

叶芽膨大期

全叶期

初花期

盛花期

末花期

坐果期

成熟期

第二章 落叶乔木

1.银杏(白果)

【学名】 *Ginkgo biloba* L.

【科属】 银杏科 银杏属

【主要形态特征】 落叶乔木，高达 40 m，胸径可达 4 m，幼树树皮近平滑，浅灰色，大树树皮灰褐色，不规则纵裂，具顶生营养性长枝和侧生生殖性短枝。叶互生，在长枝上辐射状散生，在短枝上 3~5 枚成簇生状，有细长的叶柄，折扇形，两面淡绿色，先端常 2 裂，具多数叉状并列细脉。雌雄异株，稀同株，球花单生于短枝的叶腋；雄球花成葇荑花序状，雌球花有长梗，梗端常分 2 叉(稀 3~5 叉)，叉端生一具有盘状珠托的胚珠。种子核果状，椭圆形、长圆状倒卵形、卵圆形或近球形，假种皮肉质，被白粉，成熟时淡黄色或橙黄色；种皮骨质，白色，常具 2(稀 3)纵棱；内种皮膜质。

【识别要点】 叶扇形，互生，在长枝上散生，在短枝上簇生，长枝上的叶大都具 2 裂，短枝上的叶常具波状缺刻。球花单性，雌雄异株。种子核果状，具肉质黄色假种皮。

【生态习性】 银杏主要分布在山东、江苏、四川、河北、湖北、河南等地。全国最大的银杏培育基地是山东省郯城县。银杏属我国特产,最早出现于3.45亿年前的石炭纪,曾广泛分布于北半球的欧洲、亚洲、美洲,中生代侏罗纪,银杏曾广泛分布于北半球,白垩纪晚期开始衰退。至50万年前,发生了第四纪冰川运动,地球突然变冷,绝大多数银杏类植物濒于绝种,其中在欧洲、北美洲和亚洲绝大部分地区的银杏类植物已灭绝,只有在中国优越的自然条件下,才奇迹般地存活。所以,银杏被科学家称为"活化石""植物界的熊猫"。

银杏寿命长,适宜生长在水热条件比较优越的亚热带季风区。适宜生长的土壤为黄壤或黄棕壤,pH值5~6。喜光,耐寒,耐干旱,不耐水涝,病虫害少。一般3月下旬至4月上旬萌动展叶,4月上旬至中旬开花,9月下旬至10月上旬种子成熟,10月下旬至11月落叶。常采用播种、萌蘖、扦插繁殖。

【观赏价值及园林用途】 银杏树体高大,树干通直,姿态优美,冠大荫浓,叶形古雅,春夏翠绿,深秋金黄,是理想的园林绿化、行道树种。银杏生命力强,叶形奇特,易于嫁接繁殖和整形修剪,也是制作盆景的优质材料。银杏盆景干粗、枝曲、根露、造型独特、苍劲潇洒、妙趣横生,是中国盆景中的一绝,被誉为"有生命的艺雕"。

【栽培变种】

(1)垂直银杏'Pendula'枝条下垂。

(2)塔形银杏'Fastigiata'枝向上伸,形成圆柱形或尖塔形树冠。

(3)斑叶银杏'Variegata'叶有黄斑。

(4)黄叶银杏'Aurea'叶黄色。

(5)裂叶银杏'Laciniata'叶较大,有深裂。

(6)叶籽银杏'Epiphylla'部分种子着生在叶片上,种柄和叶柄合生;种子小而形状多变。

【物候历】 叶展期2月26日至6月5日(叶芽膨大期2月26日,叶芽开放期4月6日,初叶期4月11日,盛叶期4月25日,全叶期5月18日,叶成形期6月5日),花期3月26日至5月8日(花芽膨大期3月26日,吐蕾期4月11日,初花期4月13日,盛花期4月20日,末花期4月27日,无花期5月8日),果期4月27日至10月8日(坐果期4月27日,成熟期8月26日,初落果期9月2日,盛落果期10月8日),叶脱落期8月26日至11月16日(叶初变色期8月26日,叶片始落期9月1日,落叶盛期11月7日,落叶末期11月10日,无叶期11月16日)。

【重要物候节点图谱】

叶芽开放期

初叶期

盛叶期

吐蕾期

末花期

坐果期

初落果期

叶片始落期

2.落羽杉

【学名】 *Taxodium distichum* (L.) Rich.

【科属】 杉科 落羽杉属

【主要形态特征】 落叶乔木,树干基部常膨大,具膝状呼吸根;树皮赤褐色,裂成长条片。大枝近水平开展,侧生短枝排成两列,嫩枝开始呈绿色,秋季变为棕色。羽状复叶,扁线形,互生,叶长 1.0~1.8 cm,淡绿色,冬季与小枝俱落。球果圆球形,幼时紫色,成熟后淡褐黄色,有白粉。花期 4 月下旬,球果 10 月成熟。

【识别要点】 树干基部常膨大,具膝状呼吸根。树皮赤褐色,大枝近水平开展,侧生短枝排成两列,嫩枝开始绿色,秋季变为棕色。叶扁线形,互生,羽状排列,冬季与小枝俱落。主干明显,圆满通直,从主干基部到顶部不分叉。

【生态习性】 落羽杉原产于美国密西西比河两岸,我国已成功引种了 80 多年。喜光,耐水湿,有一定的耐寒能力。

【观赏价值及园林用途】 落羽杉枝叶茂盛,秋季落叶较迟,秋叶变为红褐色,冠形雄伟秀丽,是优美的庭园、道路、水边优良绿化树种。

【同属相似种】 池杉(*Taxodium ascendens* Brongn.)树干基部膨大,通常有屈膝状的呼吸根(低湿地生长尤为显著);树皮褐色,纵裂,成长条片脱落;枝条向上伸展,树冠较窄,呈尖塔形;当年生小枝绿色,细长,通常微向下弯垂,二年生小枝呈褐红色。叶钻形,微内曲,在枝上螺旋状伸展,基部下延,长 4~10 mm,先端有渐尖的锐尖头。球果圆球形或矩圆状球形,有短梗,向下斜垂,熟时褐黄色,径 1.8~3 cm。花期 3~4 月,球果 10 月成熟。原产于北美东南部,耐水湿,可用作低湿地的造林树种或作庭园树。

【物候历】 叶展期 3 月 2 日至 6 月 22 日(叶芽膨大期 3 月 2 日,叶芽开放期 3 月 29 日,初叶期 4 月 11 日,盛叶期 5 月 6 日,全叶期 5 月 31 日,叶成形期 6 月 22 日),花期 3 月 2 日至 5 月 6 日(花芽膨大期 3 月 2 日,吐蕾期 3 月 28 日,初花期 4 月 6 日,盛花期 4 月 15 日,末花期 4 月 24 日,无花期 5 月 6 日),果期 4 月 25 日至 12 月 20 日(坐果期 4 月 25 日,成熟期 10 月 20 日,初落果期 11 月 11 日,盛落果期 12 月 20 日),叶脱落期 10 月 22 日至 12 月 20 日(叶初变色期 10 月 22 日,落叶始期 10 月 26 日,落叶盛期 11 月 20 日,落叶末期 12 月 16 日,无叶期 12 月 20 日)。

【重要物候节点图谱】

叶芽膨大期

叶芽开放期

初叶期

盛叶期

盛花期

坐果期

成熟期

3.水杉

【学名】 *Metasequoia glyptostroboides* Hu et Cheng

【科属】 杉科 水杉属

【主要形态特征】 落叶乔木，高达 35~40 m，胸径达 1.6~2.4 m。树皮灰褐色或深灰色，裂成条片状脱落；大枝不规则轮生，小枝对生或近对生，下垂。叶扁线形，柔软，几乎无柄，淡绿色，交互对生，呈羽状排列，上面中脉凹下，下面沿中脉两侧有 4~8 条气孔线，冬季与无芽小枝俱落。球果近球形，当年成熟，下垂，蓝色，可食用，果鳞交互对生。每年 3~4 月开花，果实 11 月成熟。

【识别要点】 大枝不规则轮生；小枝对生或近对生，下垂；叶扁线形，柔软，交互对生。

【生态习性】 水杉为喜光性强的速生树种，对环境条件的适应性较强。喜温暖湿润、夏季凉爽、冬季有雪而不严寒的气候，适宜土壤为酸性山地黄壤、紫色土或冲积土，pH 值 4.5~5.5。水杉具有一定的耐寒性，耐水湿能力强，在轻盐碱地可以生长，在长期积水、排水不良的地方生长缓慢，树干基部通常膨大和有纵棱。采用播种和扦插繁殖。

【观赏价值及园林用途】 水杉是中国特产的孑遗珍贵树种，被列为第一批国家一级保护植物，有植物王国“活化石”之称。它对于古植物、古气候、古地理和地质学，以及裸子植物系统发育的研究均有重要的意义。此外，水杉树干通直挺拔，树形壮丽，叶色翠绿，入秋后叶色金黄，是著名的庭院观赏树。其可在公园、庭院、草坪、绿地中孤植、列植或群植，也可成片栽植营造风景林。因为水杉对二氧化硫有一定的抗性，其还是工矿区绿化的好树种。

【物候历】 叶展期 3 月 19 日至 6 月 16 日（叶芽膨大期 3 月 19 日，叶芽开放期 3 月 29

日，初叶期 4 月 1 日，盛叶期 5 月 6 日，全叶期 5 月 24 日，叶成形期 6 月 16 日)，花期 2 月 20 日至 5 月 8 日(花芽膨大期 2 月 20 日，吐蕾期 2 月 26 日，初花期 3 月 23 日，盛花期 4 月 20 日，末花期 4 月 26 日，无花期 5 月 8 日)，果期 4 月 27 日至 11 月 8 日(坐果期 4 月 27 日，成熟期 9 月 24 日，初落果期 10 月 4 日，盛落果期 11 月 8 日)，叶脱落期 10 月 26 日至 12 月 20 日(叶初变色期 10 月 26 日，叶片始落期 11 月 4 日，落叶盛期 12 月 1 日，落叶末期 12 月 12 日，无叶期 12 月 20 日)。

【重要物候节点图谱】

叶芽开放期

全叶期

叶片始落期

落叶盛期

无叶期

4.玉兰(白玉兰)

【学名】 *Magnolia denudata* Desr.

【科属】 木兰科 木兰属

【主要形态特征】 落叶乔木，高达 25 m，径粗可达 2 m，树冠幼时狭卵形，成熟大树则呈宽卵形或松散广卵形。幼时树皮灰白色，平滑少裂，老时则呈深灰色，粗糙开裂。小枝灰褐色，幼枝及芽具柔毛。叶互生，倒卵形，先端突尖而短钝，基部圆形或广楔形，幼时背面有毛。花先叶开放，直立，钟状，顶生，朵大；花萼、花瓣相似，共 9 片，纯白色，厚而肉质，有香气。蓇葖果成熟后开裂，种子红色。3~4 月初开花，6~7 月果熟。

【识别要点】 木兰科树种的识别特征是幼枝上残存环状托叶痕。玉兰幼枝及芽具柔毛。叶互生，先端突尖，基部楔形，幼时背面有毛。花大，白色，单生枝顶，早春叶前开放，花萼与花瓣相似共 9 片。种子具鲜红色肉质外种皮。

【生态习性】 玉兰原产于我国中部。喜光，有一定的耐寒性，喜肥沃、湿润而排水良好的酸性土壤，在中性及弱碱性的土壤上亦可生长。较耐干旱，不耐积水，生长慢。对二氧化硫和氯气具有一定的抗性和吸收能力。栽植时应选择避风向阳、排水良好的地方。开花前应有充足的水分和肥料，以促其花大香浓。

【观赏价值及园林用途】 白玉兰树形魁伟，花白如玉，花香似兰，早春白花满树，十分美丽，是驰名中外的珍贵庭园观花树种。古时多在亭、台、楼、阁前栽植，现多见于园林、厂矿中孤植、散植，或于道路两侧作行道树。

【栽培变种】 黄玉兰‘Feihuang’先花后叶，花为金黄色，极为罕见。喜阳性至半阴性环境及排水良好的土壤。

【物候历】 叶展期3月10日至5月31日(叶芽膨大期3月10日,叶芽开放期3月31日,初叶期4月7日,盛叶期4月25日,全叶期5月10日,叶成形期5月31日),花期3月2日至4月10日(花芽膨大期3月2日,吐蕾期3月20日,初花期3月22日,盛花期3月31日,末花期4月7日,无花期4月10日),果期3月31日至10月20日(坐果期3月31日,成熟期8月26日,初落果期10月8日,盛落果期10月20日),叶脱落期10月20日至11月19日(叶初变色期10月20日,叶片始落期10月27日,落叶盛期11月11日,落叶末期11月16日,无叶期11月19日)。

【重要物候节点图谱】

叶芽膨大期

初叶期

全叶期

花芽膨大期

吐蕾期

盛花期

坐果期

成熟期

5.二乔玉兰(朱砂玉兰)

【学名】 *Magnolia soulangeana* Soul.-Bod.

【科属】 木兰科 木兰属

【主要形态特征】 落叶小乔木,高6~10 m。叶倒卵形,先端短急尖,基部楔形,表面中脉基部常有毛,背面多少有柔毛,叶柄多柔毛,侧脉7~9对。花芽窄卵形,密被灰黄绿色长绢毛;花瓣6片,外面淡紫色,基部色较深,里面白色,有香气;萼片3片,常呈花瓣状,长度只达花瓣一半或与之等长。小枝紫褐色,无毛。聚合蓇葖果卵形或倒卵形,熟时黑色。花期4月,果期9月。

【识别要点】 花主色调紫红色,花瓣6片,外面淡紫色,基部色较深,里面白色;萼片3片,常呈花瓣状,长度只达花瓣一半或与之等长。叶柄及叶表面中脉基部常有毛,小枝紫褐色,无毛。蓇葖果熟时黑色。

【生态习性】 二乔玉兰原产于我国,在华北、华中地区,以及江苏、陕西、四川、云南等地均有栽培。系玉兰和紫玉兰的杂交种,与二亲本相近,但更耐旱,耐寒,不宜移植。性喜阳光和温暖湿润的气候。二乔玉兰最宜在酸性、富含腐殖质而排水良好的地域生长。较喜肥,但忌大肥，不耐积水。繁殖用嫁接、压条、扦插或播种均可。

【观赏价值及园林用途】 二乔玉兰花大色艳，观赏价值很高，是城市绿化的极好花木。在国内外庭院中普遍栽培，广泛用于公园、绿地和庭园等孤植观赏。树皮、叶、花均可提取芳香浸膏。

【栽培变种】

(1)红运‘Hongyun’花色深红或紫，每年春、夏、秋三次开花，可在庭园孤植，也可群栽，现已趋向行道树的应用。

(2)常春‘Semperflorens’一年能多次开花。

(3)丹馨‘Frangant Cloud’株矮而花瓣圆短。叶近圆形，花粉红色，每年春、夏开两次花。

【物候历】 叶展期3月11日至6月5日(叶芽膨大期3月11日，叶芽开放期4月1日，初叶期4月9日，盛叶期4月27日，全叶期5月12日，叶成形期6月5日)，花期3月11日至4月14日(花芽膨大期3月11日，吐蕾期3月22日，初花期3月25日，盛花期4月1日，末花期4月9日，无花期4月14日)，果期4月1日至10月12日(坐果期4月1日，成熟期8月25日，初落果期9月29日，盛落果期10月12日)，叶脱落期10月20日至11月19日(叶初变色期10月20日，叶片始落期10月27日，落叶盛期11月2日，落叶末期11月10日，无叶期11月19日)。

【重要物候节点图谱】

叶芽膨大期

叶芽开放期

初叶期

盛叶期

花芽膨大期

盛花期

6.望春玉兰(望春花)

【学名】 *Magnolia biondii* Pamp.

【科属】 木兰科 木兰属

【主要形态特征】 落叶乔木，高6~12 m。树皮灰色或暗绿色；小枝无毛或近梢处有毛；芽卵形，密被淡黄色柔毛。叶互生，长椭圆状披针形或卵状披针形，侧脉10~15对，先端急尖，基部楔形，有时近圆形，上面暗绿色，无毛，下面浅绿色，初被贴生绵毛，后变无毛。花白色，芳香，花被片9枚，外轮3片近条形，长约1 cm，内两轮近匙形，基部带紫红色，内轮的较狭小；早春叶前开花。聚合果圆柱形，稍扭曲，长8~13 cm，种子1~2枚，外种皮红色。花期3月，果期9月。

【识别要点】 芽卵形，密被淡黄色柔毛。叶长椭圆状披针形或卵状披针形，上面暗绿色，无毛，下面浅绿色，初被贴生绵毛，后变无毛。花白色，花被片9枚，外轮3片近条形，长约1 cm，内两轮近匙形，基部带紫红色，内轮较狭小。

【生态习性】 望春玉兰原产于甘肃、陕西、河南、湖北、湖南、四川等地。喜光，喜温凉湿润气候及微酸性土壤。

【观赏价值及园林用途】 望春玉兰树干光滑，枝叶茂密，树形优美，花色素雅，气味浓郁芳香，早春开放，花瓣白色，外面基部紫红色，十分美观，夏季叶大浓绿，有特殊香气，是药用、香料、用材、观赏兼用的优良珍贵树种，还是广玉兰、白玉兰和含笑花的嫁接砧木。

【同属相似种】 宝华玉兰(*Magnolia zenii* Cheng)树皮灰色，较平滑，当年生枝黄绿色，二年生枝紫色。叶倒卵状长圆形，下面沿脉被长毛。花被片9枚，匙形，上部白色，中部向下渐呈紫红色。产于江苏(句容宝华山)，为中国的特有植物，数量很少，应加强繁育，促其自然更新，并发展人工引种栽培。潍坊植物园于2009年引种成功。

【物候历】 叶展期2月28日至5月26日(叶芽膨大期2月28日，叶芽开放期3月20日，初叶期3月27日，盛叶期4月20日，全叶期5月6日，叶成形期5月26日)，花期2月3日至4月1日(花芽膨大期2月3日，吐蕾期3月2日，初花期3月4日，盛花期3月12日，末花期3月26日，无花期4月1日)，果期3月29日至10月8日(坐果期3月29日，成熟期8月25日，初落果期9月5日，盛落果期10月8日)，叶脱落期10月20日至11月20日(叶初变色期10月20日，叶片始落期10月26日，落叶盛期11月9日，落叶末期11月16日，无叶期11月20日)。

【重要物候节点图谱】

叶芽膨大期

叶芽开放期

全叶期

吐蕾期

盛花期

坐果期

7.日本辛夷(皱叶木兰)

【学名】 *Magnolia kobus* DC.

【科属】 木兰科　木兰属

【主要形态特征】 落叶乔木，小枝紫褐色，无毛。叶倒卵状椭圆形，先端急渐尖，基部楔形，背面脉上有毛，叶面因叶脉凹入而起皱。花白色，芳香，径约10 cm；花瓣6~9片，质薄而略狭长，外面基部常带淡紫色；萼片 3 片，狭小而早落；早春叶前开花。秋季果实成熟，粉红色，开裂后沿白线垂下红色种子。

【识别要点】幼枝无毛，叶背面脉上有毛，叶面因叶脉凹入而起皱。花白色，顶生，花瓣 6~9 片，质薄而略狭长，外面基部常带淡紫色；萼片 3 片，狭小而早落；果实成熟后粉红色。

【生态习性】 日本辛夷原产于日本和朝鲜南部，我国青岛、南京、杭州等地有栽培。喜光，性强健，生长快。

【观赏价值及园林用途】 日本辛夷树形、花朵、果实均美观，多作为主要观赏树种或背景树布置于庭园、休憩小区及住宅区等，是美丽的庭院绿化树种。

【物候历】 叶展期 3 月 2 日至 5 月 31 日(叶芽膨大期 3 月 2 日，叶芽开放期 3 月 20 日，初叶期 3 月 29 日，盛叶期 4 月 25 日，全叶期 5 月 10 日，叶成形期 5 月 31 日)，花期 2 月 21 日至 4 月 8 日(花芽膨大期 2 月 21 日，吐蕾期 3 月 15 日，初花期 3 月 18 日，盛花期 3 月 23 日，末花期 4 月 1 日，无花期 4 月 8 日)，果期 3 月 29 日至 10 月 2 日(坐果期 3 月 29 日，成熟期 8 月 24 日，初落果期 9 月 5 日，盛落果期 10 月 2 日)，叶脱落期 10 月 20 日至 11 月 26 日(叶初变色期 10 月 20 日，叶片始落期 10 月 26 日，落叶盛期 11 月 11 日，落叶末期 11 月 16 日，无叶期 11 月 26 日)。

【重要物候节点图谱】

全叶期

盛叶期

吐蕾期

盛花期

坐果期

8.厚朴

【学名】 *Magnolia officinalis* Rehd.et Wils.

【科属】 木兰科 木兰属

【主要形态特征】 落叶乔木，高达 20 m。树皮厚，紫褐色，有辛辣味，不开裂。小枝粗壮，幼时黄绿色，有绢状毛。叶大，近革质，长 23~45 cm，宽 10~24 cm，7~9 片聚生于枝端，倒卵状长椭圆形，先端具短急尖或圆钝，基部楔形，全缘而微波状，上面绿色，无毛，下面灰绿色，被灰色弯曲毛，有白粉。花白色，芳香，花梗粗短，被长柔毛，花被片 9~12(17)枚，厚肉质，外轮 3

片盛开时常向外反卷，内两轮白色，盛开时直立。聚合果长圆状卵圆形，种子有鲜红色外种皮。花与叶同时开放，花期 5~6 月，果期 8~10 月。

【识别要点】 叶先端具短急尖或圆钝，基部楔形，全缘而微波状，上面绿色，无毛，下面灰绿色，被灰色弯曲毛，有白粉。花被片厚肉质。

【生态习性】 厚朴原产于我国中部和西部。喜光，喜温凉湿润、湿度相对大的气候环境，宜在肥沃疏松、排水良好的微酸性砂壤土上栽培。根系发达，生长快，萌生力强，寿命可长达100 余年。用种子繁殖。

【观赏价值及园林用途】 厚朴是木兰属分布较广，而且较原始的种类，对研究东亚和北美的植物区系及木兰科分类有科学意义。它叶大浓荫，花大而美丽，可栽作庭荫树及观赏树。现为国家二级重点保护野生植物。

【亚种】 凹叶厚朴(庐山厚朴)[*ssp.biloba*(Rehd. et Wils.)Law] 形态与厚朴相似，唯叶端凹入为其主要不同点；花叶同放，聚合果大而红色，颇为美丽。原产于我国东南部，浙江、福建有大量栽培。

【物候历】 叶展期 2 月 21 日至 6 月 5 日(叶芽膨大期 2 月 21 日，叶芽开放期 4 月 2 日，初叶期 4 月 9 日，盛叶期 4 月 27 日，全叶期 5 月 12 日，叶成形期 6 月 5 日)，花期 3 月 16 日至 5 月 16(花芽膨大期 3 月 16 日，吐蕾期 4 月 2 日，初花期 4 月 14 日，盛花期 5 月 4 日，末花期 5 月 12 日，无花期 5 月 16 日)，果期 4 月 12 日至 10 月 10 日(坐果期 4 月 12 日，成熟期 8 月 20 日，初落果期 9 月 1 日，盛落果期 10 月 10 日)，叶脱落期 10 月 16 日至 11 月 20 日(叶初变色期 10 月 16 日，叶片始落期 10 月 25 日，落叶盛期 11 月 10 日，落叶末期 11 月 14 日，无叶期 11 月 20 日)。

【重要物候节点图谱】

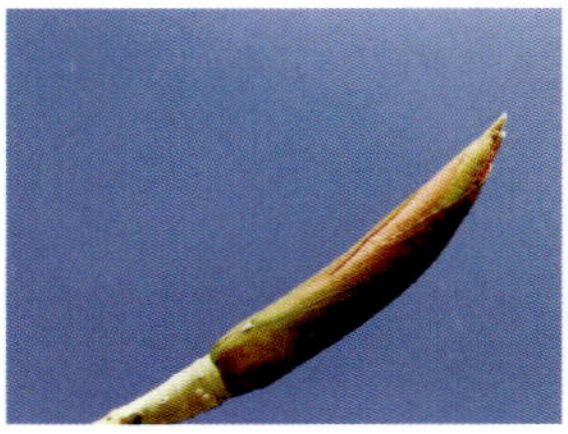

叶芽膨大期

初叶期

盛叶期

全叶期

9.鹅掌楸(马褂木)

【学名】 *Liriodendron chinense* (Hemsl.)Sarg.

【科属】 木兰科　鹅掌楸属

【主要形态特征】 落叶乔木，树高可达 60 m 以上。树干通直光滑，干皮灰白色，裂缝不明显；小枝灰色或灰褐色，具环状托叶痕。单叶互生，有长柄，常 3 裂，叶端常截形，两侧各具一凹裂，叶形如马褂，故有马褂木之称；叶上面亮绿色，下面淡绿色，叶背密生白粉状突起，无毛。花杯状，花被片 9 枚，单生枝端，外轮 3 片，萼片状，绿色，向外弯垂；内二轮直立，花瓣状，黄绿色，基部有黄色条纹，形似郁金香。聚合果纺锤形，由具翅小坚果组成。花期 5~6 月，果期 9 月。

【识别要点】 树干通直光滑，干皮灰白色。叶形如马褂，背面密生白粉状突起。花杯状，黄绿色。

【生态习性】 鹅掌楸主产于华东、华中，山东、河南等地有栽培。性喜光及温和湿润气候，有一定的耐寒性，喜深厚肥沃、适湿而排水良好的酸性或微酸性土壤，在干旱土地上生长不良，但也忌低湿水涝。通常用种子繁殖。

【观赏价值及园林用途】 鹅掌楸树干端直，树姿雄伟，叶形奇特，花朵美丽，为世界珍贵的庭院观赏树之一，宜作庭荫树和行道树。鹅掌楸是中国特有的珍稀植物、国家二级重点保护野生植物。

【物候历】 叶展期 3 月 8 日至 6 月 5 日(叶芽膨大期 3 月 8 日，叶芽开放期 3 月 29 日，初叶期 4 月 1 日，盛叶期 4 月 27 日，全叶期 5 月 12 日，叶成形期 6 月 5 日)，花期 3 月 8 日至 6 月 16 日(花芽膨大期 3 月 8 日，吐蕾期 3 月 29 日，初花期 4 月 18 日，盛花期 5 月 19 日，末花期 6 月 7 日，无花期 6 月 16 日)，果期 4 月 23 日至 11 月 16 日(坐果期 4 月 23 日，成熟期 10 月 8 日，初落果期 10 月 12 日，盛落果期 11 月 16 日)，叶脱落期 10 月 20 日至 12 月 1 日(叶初变色期 10 月 20 日，叶片始落期 10 月 27 日，落叶盛期 11 月 10 日，落叶末期 11 月 28 日，无叶期 12 月 1 日)。

【重要物候节点图谱】

叶芽开放期

叶片始落期

盛花期

盛叶期

花芽膨大期

落叶盛期

10.北美鹅掌楸

【学名】 *Liriodendron tulipifera* L.

【科属】 木兰科　鹅掌楸属

【主要形态特征】 落叶乔木，原产地高达 60 m。外型与鹅掌楸相似，主要不同点：干皮棕褐色，深纵裂。小枝褐色或紫褐色，常带白粉。叶较宽短，通常 5 裂，侧裂较浅，近基部常有小裂片，叶端常凹入，幼叶背面有细毛。花较大而形似郁金香，花瓣淡黄绿色而近基部有不规则的黄色带，花色艳丽，花期 5 月。聚合果具翅小坚果，淡褐色，果期 9~10 月。习性与用途均与鹅掌楸相似。

【识别要点】 干皮棕褐色,深纵裂;叶长两侧中下部各具短而渐尖的裂片;花杯状,外轮绿色。

【生态习性】 北美鹅掌楸原产于北美东南部,我国青岛、庐山、南京、广州等地也有分布。强阳性树,幼年耐寒性较弱,成年耐寒性强,喜湿润而排水良好的土壤,在干旱或积水处则生长不良。一般繁殖方式为播种繁殖。

【观赏价值及园林用途】 北美鹅掌楸是一种生长迅速、富丽堂皇的树种,可在大花园里作观赏树。

【杂交种】 杂种鹅掌楸(*L.chinense*×*L.tulipifera*)是20世纪中叶在南京用鹅掌楸与北美鹅掌楸杂交育成的,树干和枝皮呈紫褐色,叶形介于两者之间,与马褂木相似。花色呈现从浅金黄色到深金黄色之间的一系列过渡类型。杂种鹅掌楸具有花朵大、数量多、开花早、花期长等优点。它发叶早,落叶迟,耐寒性较强,较亲本有明显的杂种优势。

另外,还有栽培变种金边北美鹅掌楸'Aureo-marginatum'叶边黄色。

【物候历】 叶展期3月8日至6月5日(叶芽膨大期3月8日,叶芽开放期3月29日,初叶期4月1日,盛叶期4月27日,全叶期5月12日,叶成形期6月5日),花期3月8日至6月16日(花芽膨大期3月8日,吐蕾期4月16日,初花期4月18日,盛花期5月11日,末花期6月7日,无花期6月16日),果期4月23日至11月16日(坐果期4月23日,成熟期10月8日,初落果期10月12日,盛落果期11月16日),叶脱落期10月20日至12月1日(叶初变色期10月20日,叶片始落期10月27日,落叶盛期11月10日,落叶末期11月26日,无叶期12月1日)。

【重要物候节点图谱】

初叶期

全叶期

花芽膨大期

盛花期

11.美桐(一球悬铃木)

【学名】 *Platanus occidentalis* L.

【科属】 悬铃木科 悬铃木属

【主要形态特征】 落叶大乔木,高40 m。树皮有浅沟,呈小块状剥落;嫩枝被有黄褐色绒毛。叶大,阔卵形,通常3浅裂,稀为5浅裂,宽10~22 cm,长度比宽度略小;基部截形,阔心形,或稍呈楔形;裂片短三角形,中裂片宽度远大于长度,边缘有数个粗大锯齿;上下两面初时被灰黄色绒毛，不久脱落，上面秃净，下面仅在脉上有毛；掌状脉 3 条，离基约 1 cm；叶柄密被绒毛。头状果序圆球形，单生，稀为 2 个，直径约 3 cm，宿存花柱极短；小坚果先端钝，基部的绒毛长为坚果之半，不突出头状果序外。

【识别要点】 树皮有浅沟，呈小块状裂，不易剥落，灰褐色；嫩枝有黄褐色绒毛被。叶大，阔卵形，通常 3 浅裂，稀为 5 浅裂，裂片呈广三角形，中裂片宽度大于长度；掌状脉 3 条，离基部 1 cm 发出。球状果序多数单生，宿存花柱极短。

【生态习性】 美桐原产于北美洲，多分布于美国中南部纬度偏北、经度偏东的地区。现被广泛引种于我国北部及中部地区。

【观赏价值及园林用途】 秋季落叶前叶色变褐，蔚为壮观美丽。园林中可将美桐用作行道树、庭荫树、园景树、风景林等。

【物候历】 叶展期 3 月 2 日至 6 月 20 日(叶芽膨大期 3 月 2 日，叶芽开放期 4 月 3 日，初叶期 4 月 12 日，盛叶期 5 月 7 日，全叶期 5 月 26 日，叶成形期 6 月 20 日)，花期 3 月 28 日至 5 月 11 日(花芽膨大期 3 月 28 日，吐蕾期 4 月 15 日，初花期 4 月 17 日，盛花期 4 月 25 日，末花期 5 月 2 日，无花期 5 月 11 日)，果期 4 月 27 日至次年 1 月 20 日(坐果期 4 月 27 日，成熟期 10 月 12 日，初落果期 12 月 2 日，盛落果期次年 1 月 20 日)，叶脱落期 10 月 18 日至 12 月 16 日 (叶初变色期 10 月 18 日，叶片始落期 10 月 22 日，落叶盛期 11 月 16 日，落叶末期 11 月 26 日，无叶期 12 月 16 日)。

【重要物候节点图谱】

叶芽开放期

叶成形期

吐蕾期

初花期

盛花期

成熟期

叶片始落期

12.英桐(二球悬铃木)

【学名】 *Platanus acerifolia* Willd.

【科属】 悬铃木科　悬铃木属

【主要形态特征】 落叶大乔木，高 30 m，树皮光滑，大片块状脱落，剥落后呈绿白色，光滑。嫩枝密生灰黄色绒毛；老枝秃净，红褐色。叶阔卵形，宽 12~25 cm，长 10~24 cm，上下两面嫩时有灰黄色毛被，下面的毛被更厚而密，以后变秃净，仅在背脉腋内有毛；基部截形或微心形，上部掌状 5 裂，有时 7 裂或 3 裂；中央裂片阔三角形，宽度与长度约相等；裂片全缘或有

1~2 个粗大锯齿。果枝有头状果序 1~2 个，稀为 3 个，常下垂；头状果序直径约 2.5 cm，坚果之间无突出的绒毛。

【识别要点】 树皮灰绿色，薄片状剥落，剥落后呈绿白色，光滑。叶近三角形，掌状 5 裂，有时 7 裂或 3 裂；掌状脉 3 条，近基部发出。果球 1~2 个，常 2 个一串。

【生态习性】 本种是三球悬铃木（*P.orientalis*）与一球悬铃木（*P.occidentalis*）的杂交种，久经栽培，我国东北、华中及华南地区均有引种。喜光，不耐荫，喜温暖湿润气候。对土壤要求不严，耐干旱、瘠薄，亦耐湿。根系浅易风倒，萌芽力强，耐修剪。抗烟尘、硫化氢等有害物质，对氯气、氯化氢抗性弱。

【观赏价值及园林用途】 由于它树体高大，枝叶茂密，冠大荫浓，栽培容易，成荫快，耐污染，抗烟尘，对城市环境适应能力强，因此是世界著名的四大行道树种之一。

【物候历】 叶展期 3 月 6 日至 6 月 25 日（叶芽膨大期 3 月 6 日，叶芽开放期 4 月 5 日，初叶期 4 月 12 日，盛叶期 5 月 9 日，全叶期 5 月 29 日，叶成形期 6 月 25 日），花期 3 月 28 日至 5 月 11 日（花芽膨大期 3 月 28 日，吐蕾期 4 月 17 日，初花期 4 月 19 日，盛花期 4 月 27 日，末花期 5 月 4 日，无花期 5 月 11 日），果期 5 月 9 日至次年 1 月 16 日（坐果期 5 月 9 日，成熟期 10 月 12 日，初落果期 12 月 2 日，盛落果期次年 1 月 16 日），叶脱落期 10 月 18 日至 12 月 16 日（叶初变色期 10 月 18 日，叶片始落期 10 月 22 日，落叶盛期 11 月 16 日，落叶末期 11 月 26 日，无叶期 12 月 16 日）。

【重要物候节点图谱】

初叶期

全叶期

花芽膨大期

盛花期

坐果期

成熟期

13.法桐（三球悬铃木）

【学名】 *Platanus orientalis* L.

【科属】 悬铃木科　悬铃木属

【主要形态特征】 树皮灰褐色，薄片状剥落。嫩枝被黄褐色绒毛，老枝秃净，干后红褐色，有细小皮孔。叶大，阔卵形，长宽近相等，掌状 5~7 裂，稀为 3 裂，中央裂片深裂过半，长大于宽，两侧裂片稍短，边缘有少数裂片状粗齿；上下两面初时被灰黄色毛被，以后脱落，仅在背脉上有毛。果球常 3 个或多达 6 个串生，稀为 2 个；宿存花柱突出呈刺状，小坚果之间有黄色绒毛,突出头状果序外。

【识别要点】 树皮灰褐色,薄片状剥落。叶阔卵形,掌状 5~7 裂,中央裂片深裂过半,长大于宽;掌状脉 5 条或 3 条,从基部发出。果球常 3 个或多达 6 个串生。

【生态习性】 法桐原产于欧洲东南部及亚洲西部。喜光,喜温暖湿润气候,较耐寒。适生于微酸性或中性、排水良好的土壤,微碱性土壤虽能生长,但易发生黄化。抗空气污染能力较强,叶片具有吸收毒气和滞尘的作用。

【观赏价值及园林用途】 三球悬铃木作为行道树绿化树种被广泛栽植,也为速生用材树种。

【物候历】 叶展期 3 月 5 日至 6 月 25 日(叶芽膨大期 3 月 5 日,叶芽开放期 4 月 6 日,初叶期 4 月 15 日,盛叶期 5 月 9 日,全叶期 5 月 29 日,叶成形期 6 月 25 日),花期 3 月 28 日至 5 月 11 日(花芽膨大期 3 月 28 日,吐蕾期 4 月 16 日,初花期 4 月 19 日,盛花期 4 月 27 日,末花期 5 月 4 日,无花期 5 月 11 日),果期 5 月 6 日至次年 1 月 16 日(坐果期 5 月 6 日,成熟期 10 月 12 日,初落果期 12 月 2 日,盛落果期次年 1 月 16 日),叶脱落期 10 月 18 日至 12 月 16 日(叶初变色期 10 月 18 日,叶片始落期 10 月 22 日,落叶盛期 11 月 16 日,落叶末期 11 月 26 日,无叶期 12 月 16 日)。

【重要物候节点图谱】

初叶期

全叶期

成熟期

盛落果期

14.枫香

【学名】 *Liquidambar formosana* Hance

【科属】 金缕梅科 枫香树属

【主要形态特征】 落叶乔木,高达 30 m,胸径最大可达 1 m。树皮灰褐色,方块状剥落;树干上有眼状枝痕。单叶互生,掌状 3 裂,薄革质,阔卵形,缘有齿,齿尖有腺状突;中裂片较长,先端尾状渐尖,两侧裂片平展,基部心形。掌状脉 3~5 条,在上下两面均显著,网脉明显可见。花单性同株,无花瓣;雄花序穗状,多个排成总状,雌花序头状,雌花具 4~7 个尖萼齿。蒴果,集成球形果序,下垂,有宿存花柱及针刺状萼齿。

【识别要点】 树皮灰褐色,方块状剥落,树干上有眼状枝痕。叶互生,掌状 3 裂,边缘有锯齿,掌状脉 3~5 条,托叶红色条形,被毛,早落。果序球形,有宿存花柱及针刺状萼齿。

【生态习性】 枫香分布于我国秦岭及淮河以南各省份。喜温暖湿润气候,性喜光,幼树稍耐荫,耐干旱瘠薄土壤,不耐水涝。深根性,主根粗长,抗风力强,不耐移植及修剪。不耐盐碱。

【观赏价值及园林用途】 枫香秋季昼夜温差变大后叶变为红、紫、橙红等颜色,在草地孤植、丛植,或于山坡、池畔与其他树木混植,可增添园中秋色。又因枫香具有较强的耐火性和对有毒气体的抗性,可用于厂矿区绿化。

【同属相似种】 北美枫香(*L. styraciflua* L.)小枝红褐色,通常有木栓质翅。叶 5~7 掌状裂,背面主脉有明显白簇毛。原产北美。树形优美,秋叶红色或紫色,宜栽作观赏树。

【物候历】 叶展期 2 月 21 日至 5 月 24 日(叶芽膨大期 2 月 21 日,叶芽开放期 4 月 6 日,初叶期 4 月 9 日,盛叶期 4 月 27 日,全叶期 5 月 4 日,叶成形期 5 月 24 日),花期 2 月 21 日至 4 月 25 日(花芽膨大期 2 月 21 日,吐蕾期 4 月 6 日,初花期 4 月 8 日,盛花期 4 月 15 日,末花期 4 月 23 日,无花期 4 月 25 日),果期 4 月 23 日至 11 月 10 日(坐果期 4 月 23 日,成熟期 10 月 8 日,初落果期 10 月 25 日,盛落果期 11 月 10 日),叶脱落期 10 月 18 日至 12 月 1 日(叶初变色期 10 月 18 日,叶片始落期 10 月 29 日,落叶盛期 11 月 11 日,落叶末期 11 月 26 日,无叶期 12 月 1 日)。

【重要物候节点图谱】

叶芽开放期

初叶期

全叶期

花芽膨大期

初花期

盛花期

成熟期

叶初变色期

15.杜仲

【学名】 *Eucommia ulmoides* Oliv.

【科属】 杜仲科 杜仲属

【主要形态特征】 落叶乔木,高达 20 m。小枝光滑,黄褐色或较淡,具片状髓。单叶互生,椭圆形,先端渐尖,缘有锯齿,幼叶上面疏被柔毛,老叶表面网脉下陷,下面叶脉处疏被毛。花单性异株,生于一年生枝基部苞片的腋内,有花柄,无花被,与叶同时开放或先叶开放;雄花有雄蕊 6~10 枚,雌花有一裸露而延长的子房,顶端有 2 叉状花柱。小坚果有翅,长椭圆形,扁而薄,顶端下凹,内有种子 1 粒。花期 4~5 月,果期 9 月。

【识别要点】 皮、枝及叶均含胶质,枝、叶、果断裂后有弹性丝相连。花与叶同时开放。

【生态习性】 杜仲原产于我国中西部地区。喜光，耐寒，适应性强。在酸性、中性、钙质或轻盐土上均能适应。

【观赏价值及园林用途】 杜仲是杜仲科杜仲属仅存的孑遗植物，它不仅有很高的经济价值，而且对于研究被子植物系统演化以及中国植物区系的起源等都具有极为重要的科学价值。杜仲树皮可供药用。其枝叶茂密，树形美观，可栽作庭荫树及行道树。

【物候历】 叶展期 3 月 6 日至 6 月 2 日(叶芽膨大期 3 月 6 日，叶芽开放期 3 月 28 日，初叶期 4 月 6 日，盛叶期 4 月 27 日，全叶期 5 月 12 日，叶成形期 6 月 2 日)，花期 3 月 10 日至 4 月 18 日(花芽膨大期 3 月 10 日，吐蕾期 3 月 26 日，初花期 3 月 28 日，盛花期 4 月 8 日，末花期 4 月 12 日，无花期 4 月 18 日)，果期 4 月 12 日至 11 月 26 日(坐果期 4 月 12 日，成熟期 9 月 29 日，初落果期 10 月 20 日，盛落果期 11 月 26 日)，叶脱落期 10 月 18 日至 12 月 1 日(叶初变色期 10 月 18 日，叶片始落期 10 月 26 日，落叶盛期 11 月 10 日，落叶末期 11 月 26 日，无叶期 12 月 1 日)。

【重要物候节点图谱】

叶芽膨大期

初叶期

盛叶期

初花期

盛花期

坐果期

16.榉树(大叶榉)

【学名】 *Zelkova schneideriana* Hand.-Mazz.

【科属】 榆科 榉属

【主要形态特征】 落叶乔木，高达 30 m，树冠倒卵状伞形。树皮不裂，灰褐色至棕褐色，老干薄鳞片状剥落后仍光滑；一年生小枝红褐色，密被白柔毛。叶厚纸质，卵状长椭圆形，长 3~10 cm，锯齿整齐圆齿状，侧脉 7~15 对；先端渐尖，基部稍偏斜；叶面绿，干后深绿至暗褐色，被糙毛，叶背浅绿，干后变淡绿至紫红色，密被柔毛；叶秋季变色，有黄色系和红色系两个品系。坚果较小，上部歪斜，有皱纹，几无柄。花期 4 月，果熟期 10~11 月。

【识别要点】 树皮光滑，灰褐色至棕褐色，老干薄鳞片状剥落，一年生小枝密被白柔毛。叶厚纸质，锯齿整齐，羽状脉 7~15 对，表面粗糙，背面密生浅灰色柔毛。坚果较小，上部歪斜，有皱纹。

【生态习性】 榉树主产于我国中部、南部及东部地区。西南、华北、华东、华中、华南等地区均有栽培。阳性树种，喜光，稍耐荫，喜温暖气候及肥沃湿润土壤。在酸性、中性、碱性土及轻度盐碱土上均可生长。深根性，侧根发达，抗风力强，生长慢，寿命长。耐烟尘，抗污染。

【观赏价值及园林用途】 大叶榉枝叶细密、树形优美，盛夏绿荫浓密，秋叶红艳，是重要的园林风景树种。宜作庭荫树、行道树及观赏树，可孤植、丛植。榉树因其材质坚硬、材色鲜艳、花纹美丽、油漆性能优良、耐水湿、用途广等优点，成为上等家具、造船、建筑等用材。

【同属相似种】

(1)光叶榉[*Z.serrata*(Thunb.) Mak.] 树皮灰白色或褐灰色，呈不规则的片状剥落。当年生枝紫褐色或棕褐色，疏被短柔毛。叶表面光滑，背面无毛，叶缘具钝尖锯齿，叶脉直达齿端。坚果上部偏斜，凹陷，有棱。产于我国东北南部经华东、华中至西南各地。

(2)小叶榉(大果榉)(*Z.sinica* Schneid.) 树皮灰白色，呈块状剥落。小枝通常无毛，叶片特小，锯齿较钝，表面平滑，背面只在主脉上疏生柔毛和脉腋有簇毛。坚果大，无皱纹，顶端几乎不偏斜，不凹陷，具果梗。产于我国中部及东部。

【物候历】 叶展期 3 月 1 日至 6 月 8 日(叶芽膨大期 3 月 1 日，叶芽开放期 3 月 31 日，初叶期 4 月 6 日，盛叶期 4 月 27 日，全叶期 5 月 15 日，叶成形期 6 月 8 日)，花期 3 月 20 日至 4 月 30 日(花芽膨大期 3 月 20 日，吐蕾期 4 月 6 日，初花期 4 月 8 日，盛花期 4 月 17 日，末花期 4 月 22 日，无花期 4 月 30 日)，果期 4 月 22 日至 10 月 16 日(坐果期 4 月 22 日，成熟期 9 月 12 日，初落果期 9 月 30 日，盛落果期 10 月 16 日)，叶脱落期 10 月 20 日至 12 月 1 日(叶初变色期 10 月 20 日，叶片始落期 11 月 4 日，落叶盛期 11 月 18 日，落叶末期 11 月 26 日，无叶期 12 月 1 日)。

【重要物候节点图谱】

叶芽膨大期

叶芽开放期

初叶期

全叶期

花芽膨大期

初花期

坐果期

叶初变色期

17.朴树(沙朴)

【学名】 *Celtis sinensis* Pers.

【科属】 榆科 朴属

【主要形态特征】　落叶乔木，高达 20 m。树皮灰褐色，粗糙而不开裂，枝条平展。当年生小枝密生毛。叶质较厚，卵形或卵状椭圆形，基部稍不对称，中部以上有浅钝齿，表面有光泽；三出脉，侧脉在六对以下，不直达叶缘；叶面无毛，叶脉沿背疏生短柔毛。核果近球形，通常单生或 2 个并生，橙黄色或橙红色，直径 5~7 mm，果柄与叶柄近等长。花期 4 月，果熟期 10 月。

【识别要点】　树皮粗糙而不开裂。叶基部稍不对称，基部全缘，中部以上有浅钝齿，三出脉，侧脉不直达叶缘。核果近球形，橙黄色或橙红色，果柄与叶柄近等长。

【生态习性】　朴树原产于我国淮河流域，秦岭以南至华南各省区。喜光，稍耐荫，对土壤要求不严，耐轻盐碱，深根性，抗风力强，对二氧化硫、氯气等有毒气体的抗性强。生长较慢，寿命长。

【观赏价值及园林用途】　朴树冠大荫浓，宜作庭荫树，也可作厂区绿化及防风、护堤树种。

【物候历】　叶展期 3 月 12 日至 6 月 5 日（叶芽膨大期 3 月 12 日，叶芽开放期 4 月 1 日，初叶期 4 月 11 日，盛叶期 5 月 1 日，全叶期 5 月 16 日，叶成形期 6 月 5 日），花期 3 月 12 日至 4 月 25 日（花芽膨大期 3 月 12 日，吐蕾期 4 月 5 日，初花期 4 月 7 日，盛花期 4 月 13 日，末花期 4 月 20 日，无花期 4 月 25 日），果期 4 月 11 日至 10 月 7 日（坐果期 4 月 11 日，成熟期 7 月 8 日，初落果期 9 月 10 日，盛落果期 10 月 7 日），叶脱落期 10 月 29 日至 12 月 6 日（叶初变色期 10 月 29 日，叶片始落期 11 月 6 日，落叶盛期 11 月 18 日，落叶末期 11 月 28 日，无叶期 12 月 6 日）。

【重要物候节点图谱】

叶芽开放期

盛叶期

全叶期

坐果期

初花期

成熟期

18.小叶朴（黑弹树）

【学名】　*Celtis bungeana* Bl.

【科属】　榆科　朴属

【主要形态特征】　落叶乔木，高达 10 m。树皮灰色或暗灰色；当年生小枝淡棕色，老后色较深，无毛，散生椭圆形皮孔。叶厚纸质，狭卵形、长圆形、卵状椭圆形至卵形，基部宽楔形至近圆形，稍偏斜，中部以上疏具不规则浅齿，无毛。果单生叶腋，果柄较细软，无毛，长 10~25 mm，果成熟时蓝黑色，近球形。花期 4~5 月，果熟期 10~11 月。

【识别要点】 树皮浅灰色，平滑，小枝通常无毛。叶卵形或卵状椭圆形，先端渐尖，叶缘中部以上具锯齿，两面无毛。果单生，熟时蓝黑色，光亮，果柄长约为叶柄长的2倍。

【生态习性】 小叶朴分布于我国东北南部、华北、长江流域及西南各地区。喜光，耐寒，耐旱，较耐荫。

【观赏价值及园林用途】 小叶朴枝叶茂密，树形美观，宜作庭荫树及城市绿化树种。

【物候历】 叶展期3月2日至6月2日(叶芽膨大期3月2日，叶芽开放期3月30日，初叶期4月11日，盛叶期4月27日，全叶期5月15日，叶成形期6月2日)，花期3月10日至4月26日(花芽膨大期3月10日，吐蕾期3月25日，初花期4月3日，盛花期4月13日，末花期4月18日，无花期4月26日)，果期4月12日至10月1日(坐果期4月12日，成熟期8月24日，初落果期9月20日，盛落果期10月1日)，叶脱落期10月26日至12月12日(叶初变色期10月26日，叶片始落期11月9日，落叶盛期11月18日，落叶末期11月24日，无叶期12月12日)。

【重要物候节点图谱】

叶芽开放期

初花期

盛叶期

全叶期

坐果期

叶初变色期

19.珊瑚朴(大果朴)

【学名】 *Celtis julianae* Schneid.

【科属】 榆科 朴属

【主要形态特征】 落叶乔木，高达30 m。树皮淡灰色至深灰色；当年生小枝、叶柄、果柄密生黄褐色茸毛，老后深褐色。叶厚纸质，宽卵形至尖卵状椭圆形，长6~12 cm，基部近圆形或二侧稍不对称，叶面粗糙至稍粗糙，叶背密生短柔毛，近全缘至上部以上具浅钝齿。果单生叶腋，果梗粗壮，明显长于叶柄，果大，椭圆形至近球形，金黄色至橙黄色，味甜可食。花期3~4月，果期9~10月。

【识别要点】 树皮灰色，老树干上满布小疣状突起。小枝、叶背及叶柄均密被黄褐色茸毛。叶背面网脉隆起，密被黄柔毛。花序红褐色，状如珊瑚。核果大，单生，熟时金黄色至橙黄色。果梗明显长于叶柄。

【生态习性】 珊瑚朴主产于长江流域及河南、陕西等地。喜光，稍耐荫，耐干旱。

【观赏价值及园林用途】 珊瑚朴树高干直，冠大荫浓，姿态优美，宜作庭荫树、行道树及四旁绿化树种。

【物候历】 叶展期3月25日至6月12日(叶芽膨大期3月25日,叶芽开放期4月7日,初叶期4月11日,盛叶期5月6日,全叶期5月21日,叶成形期6月12日),花期3月6日至4月16日(花芽膨大期3月6日,吐蕾期3月22日,初花期3月24日,盛花期4月6日,末花期4月11日,无花期4月16日),果期4月11日至10月16日(坐果期4月11日,成熟期9月12日,初落果期9月16日,盛落果期10月16日),叶脱落期10月22日至12月2日(叶初变色期10月22日,叶片始落期11月4日,落叶盛期11月17日,落叶末期11月28日,无叶期12月2日)。

【重要物候节点图谱】

盛叶期

全叶期

初花期

盛花期

20.青檀

【学名】 *Pteroceltis tatarinowii* Maxim.

【科属】 榆科　青檀属

【主要形态特征】 落叶乔木,高达20 m。树皮灰色或深灰色,长片状剥落。小枝黄绿色,干时变栗褐色,疏被短柔毛,具明显的椭圆形或近圆形皮孔。单叶互生,卵形,先端长尖或渐尖,基部全缘,3主脉,侧脉不直达齿端。小坚果周围有薄翅,黄绿色或黄褐色,有放射线条纹,下端截形或浅心形,顶端有凹缺。

【识别要点】 树皮长片状剥落,叶基部全缘,3主脉,小坚果周围有薄翅,顶端内凹,果柄纤细,较长于叶柄。

【生态习性】 中国特产,黄河流域及长江流域有分布。喜光,稍耐荫,耐干旱瘠薄,根系发达,萌芽性强,寿命长。喜钙,喜生于石灰岩山地。

【观赏价值及园林用途】 青檀为我国特有的单种属,对研究榆科系统发育有学术价值。青檀可作为石灰岩山地绿化造林树种,也可栽作庭荫树。因其材质硬,纹理直,结构细,可供建筑、家具及细木工用。茎皮、枝皮纤维为制造驰名内外的宣纸的优质原料。

【物候历】 叶展期3月10日至6月5日(叶芽膨大期3月10日,叶芽开放期4月1日,初叶期4月9日,盛叶期4月29日,全叶期5月12日,叶成形期6月5日),花期3月15日至5月6日(花芽膨大期3月15日,吐蕾期4月13日,初花期4月15日,盛花期4月22日,末花期4月28日,无花期5月6日),果期4月27日至10月12日(坐果期4月27日,成熟期9月1日,初落果期9月20日,盛落果期10月12日),叶脱落期10月20日至

12 月 4 日(叶初变色期 10 月 20 日,叶片始落期 11 月 4 日,落叶盛期 11 月 20 日,落叶末期 11 月 26 日,无叶期 12 月 4 日)。

【重要物候节点图谱】

初叶期

全叶期

盛花期

末花期

坐果期

成熟期

21.榆树(白榆、家榆)

【学名】 *Ulmus pumila* L.

【科属】 榆科　榆属

【主要形态特征】 落叶乔木,高达 20~25 m,枝多开展,树冠近球形或卵圆形。树皮粗糙,深灰色,不规则纵裂。小枝灰色细长,有散生皮孔,常排成二列鱼骨状。单叶互生,卵状长椭圆形,长 2~8 cm,叶缘多为单锯齿,基部稍偏斜不对称,羽状脉每边 9~16 条。花两性,早春先叶开花或花叶同放,紫褐色,聚伞花序簇生。翅果近圆形,顶端有凹缺。花期 3~4 月,果熟期 4~5 月。

【识别要点】 叶基不对称,羽状脉;花两性,无花瓣;翅果近圆形,无毛,顶端有凹缺。

【生态习性】 榆树分布于我国东北、华北、西北、华东及华中各地。喜光,耐寒,耐旱,耐盐碱,不耐水湿;根系发达,抗风力强,生长快,寿命长;对有毒气体有一定的抗性。

【观赏价值及园林用途】 榆树可作西北荒漠,华北及淮北平原、丘陵,东北荒山、砂地及滨海盐碱地的造林或“四旁”绿化树种,以及防风、固堤树种。老桩可制作盆景。

【栽培变种】

(1)垂枝榆‘Pendula’枝条下垂,树冠伞形。以榆树为砧木进行高接繁殖,我国西北和华北地区有栽培。

(2)龙爪榆‘Tortuosa’小枝弯曲下垂,树冠球形。以榆树为砧木进行高接繁殖。

(3)中华金叶榆‘Jinye’落叶小乔木,叶片金黄色,有自然光泽,色泽艳丽,观赏性极佳。生长迅速,枝条密集,耐强度修剪,对寒冷、干旱气候及盐碱土壤具有极强的适应性,是我国目前彩叶树种中应用范围最广的一个。

(4)金叶垂榆‘Gold leaf’是垂枝榆的金叶变种。枝条柔软,细长下垂,叶色金黄,树冠丰满。喜光,抗干旱,耐盐碱,耐瘠薄,耐修剪,耐寒,不耐水湿。对有害气体有较强的抗性。

(5)钻天榆‘Pyramidalis’树干直,树冠窄。

【物候历】 叶展期3月6日至6月12日(叶芽膨大期3月6日,叶芽开放期4月2日,初叶期4月8日,盛叶期4月30日,全叶期5月16日,叶成形期6月12日),花期2月16日至4月11日(花芽膨大期2月16日,吐蕾期3月6日,初花期3月8日,盛花期3月20日,末花期3月28日,无花期4月11日),果期3月20日至4月20日(坐果期3月20日,成熟期4月5日,初落果期4月11日,盛落果期4月20日),叶脱落期11月2日至12月1日(叶初变色期11月2日,叶片始落期11月11日,落叶盛期11月20日,落叶末期11月26日,无叶期12月1日)。

【重要物候节点图谱】

初叶期

盛花期

坐果期

成熟期

22.美国榆

【学名】 *Ulmus americana* L.

【科属】 榆科 榆属

【主要形态特征】 落叶乔木,在原产地高达40 m。树皮灰色,不规则纵裂;小枝幼时有细毛或几无毛,后变无毛。叶长7~12 cm,中部或中下部较宽;先端渐尖,基部极偏斜,一边楔形,一边半圆形至半心脏形,边缘具重锯齿;叶面除主脉凹陷处有疏毛外,其余无毛,叶背毛较多或仅脉腋有簇生毛。翅果椭圆形或宽椭圆形,两面无毛而边缘具睫毛,顶端缺口不封闭或微封闭,果核部分位于翅果近中部。花果期3~4月。

【识别要点】 叶片大,卵形或卵状椭圆形,边缘具重锯齿,叶基部错开。翅果椭圆形,果翅边缘密生睫毛。

【生态习性】 美国榆原产于美国,在当地普遍栽培。我国山东、北京、江苏等地有引种栽培,生长良好。它生长迅速、耐寒、耐压;在肥沃、排水良好的壤土上生长较好。

【观赏价值及园林用途】 美国榆因其用作行道树而备受推崇,并因其独特的花瓶状冠而受到赞赏。其多用于园林绿化,还用作木材。

【同属相似种】 大叶垂榆(巨叶垂榆)'Pendula'枝条下垂,叶形巨大,叶色葱绿,观赏价值极高,适应性强,凡生长榆树的地方都能正常生长。其是美化街道、公园、学校等环境的优良树种之一。

【物候历】 叶展期3月18日至6月9日(叶芽膨大期3月18日,叶芽开放期4月11

日，初叶期4月19日，盛叶期5月12日，全叶期5月17日，叶成形期6月9日），花期2月16日至4月6日（花芽膨大期2月16日，吐蕾期3月12日，初花期3月14日，盛花期3月20日，末花期3月25日，无花期4月6日），果期3月25日至4月27日（坐果期3月25日，成熟期4月7日，初落果期4月12日，盛落果期4月27日），叶脱落期10月9日至11月20日（叶初变色期10月9日，叶片始落期10月17日，落叶盛期10月24日，落叶末期11月6日，无叶期11月20日）。

【重要物候节点图谱】

叶芽开放期

初叶期

盛叶期

初花期

盛花期

坐果期

成熟期

23.榔榆

【学名】 *Ulmus parvifolia* Jacq.

【科属】 榆科　榆属

【主要形态特征】 落叶乔木，高达15 m。树干基部有时呈板状根，树皮灰色或灰褐色，裂成不规则鳞状薄片剥落，露出红褐色内皮，近平滑，微凹凸不平。当年生枝密被短柔毛，深褐色。叶较小而厚，卵状椭圆形至倒卵形，长2~5 cm，单锯齿，基歪斜，羽状脉每边10~15条，细脉在两面均明显。花期9月，果期9~10月。

【识别要点】 树皮灰色或灰褐色，裂成不规则鳞状薄片剥落，露出红褐色内皮，近光滑。叶较小而厚，单锯齿，基歪斜。

【生长习性】 榔榆原产于我国华北中南部及华东、中南及西南各地，日本、朝鲜也有分布。喜光，耐干旱瘠薄；深根性，萌芽力强，生长速度偏慢，寿命长；对二氧化硫等有毒气体及烟尘抗性较强。

【观赏价值及园林用途】 榔榆树形及枝态优美，树皮斑驳雅致，秋日叶色变红，具有较高的观赏价值。宜作庭荫树、行道树及观赏树，也可孤植、丛植或与亭榭、山石配植，还是制作盆景的好材料。

【栽培变种】

(1)斑叶榔榆'Variegata'叶有白色斑纹。

(2)金斑榔榆'Aurea'叶片黄色,但叶脉绿色。

(3)金叶榔榆'Golden Sun'嫩枝红色,幼叶金黄或橙黄色,老叶变绿色。

(4)锦榆'Rainbow'春季新芽红色,幼叶有白色或奶黄色斑纹,老叶变绿色。

【物候历】 叶展期 3 月 15 日至 6 月 12 日(叶芽膨大期 3 月 15 日,叶芽开放期 4 月 11 日,初叶期 4 月 20 日,盛叶期 5 月 8 日,全叶期 5 月 26 日,叶成形期 6 月 12 日),花期 8 月 15 日至 9 月 23 日(花芽膨大期 8 月 15 日,吐蕾期 8 月 24 日,初花期 9 月 3 日,盛花期 9 月 10 日,末花期 9 月 18 日,无花期 9 月 23 日),果期 9 月 10 日至 10 月 18 日(坐果期 9 月 10 日,成熟期 9 月 20 日,初落果期 10 月 6 日,盛落果期 10 月 18 日),叶脱落期 10 月 28 日至 12 月 1 日(叶初变色期 10 月 28 日,叶片始落期 11 月 4 日,落叶盛期 11 月 16 日,落叶末期 11 月 26 日,无叶期 12 月 1 日)。

【重要物候节点图谱】

叶芽膨大期

叶芽开放期

初叶期

盛叶期

坐果期

成熟期

24.裂叶榆(青榆)

【学名】 *Ulmus laciniata* (Trautv.) Mayr.

【科属】 榆科 榆属

【主要形态特征】 落叶乔木,高达 27 m。树皮淡灰褐色或灰色,浅纵裂,裂片较短,常翘起,表面常呈薄片状剥落;一年生枝幼时被毛,后变无毛或近无毛,二年生枝淡褐灰色、淡灰褐色或淡红褐色,小枝无木栓翅。叶倒卵形,长 6~18 cm,先端通常 3~7 裂,裂片三角形,渐尖或尾状,不裂之叶先端具或长或短的尾状尖头,基部明显歪斜,较长的一边常覆盖叶柄,缘有重锯齿,表面粗糙,背面有短柔毛。翅果椭圆形,长 1~2 cm,果核部分位于翅果的中部或稍向下。花期 3 月,果期 4~5 月。

【识别要点】 树皮常呈薄片状剥落。叶先端通常 3~7 裂,基部明显歪斜。

【生态习性】 裂叶榆原产于亚洲东北部,我国东北、华北及陕西等地均有分布,生于海拔 700~2200 m 地带的山坡、谷地、溪边之林中。多植于湿润的山谷、平地或杂木林内。

【观赏价值及园林用途】 裂叶榆树形高大，树冠丰满，生长较快，适生范围广，兼顾用材与观赏，春季发芽早，适于作道路行道树绿化、庭院观赏等用途。

【物候历】 叶展期 2 月 24 日至 5 月 20 日（叶芽膨大期 2 月 24 日，叶芽开放期 3 月 21 日，初叶期 3 月 28 日，盛叶期 4 月 20 日，全叶期 5 月 6 日，叶成形期 5 月 20 日），花期 2 月 26 日至 3 月 28 日（花芽膨大期 2 月 26 日，吐蕾期 3 月 9 日，初花期 3 月 11 日，盛花期 3 月 17 日，末花期 3 月 22 日，无花期 3 月 28 日），果期 3 月 22 日至 4 月 20 日（坐果期 3 月 22 日，成熟期 4 月 6 日，初落果期 4 月 11 日，盛落果期 4 月 20 日），叶脱落期 10 月 18 日至 11 月 26 日（叶初变色期 10 月 18 日，叶片始落期 10 月 26 日，落叶盛期 11 月 8 日，落叶末期 11 月 16 日，无叶期 11 月 26 日）。

【重要物候节点图谱】

叶芽膨大期

初叶期

全叶期

盛花期

坐果期

成熟期

25.刺榆

【学名】 *Hemiptelea davidii* （Hance） Planch.

【科属】 榆科　刺榆属

【主要形态特征】 落叶小乔木，高可达 15 m，或呈灌木状。树皮深灰色或褐灰色，不规则条状深裂，小枝具粗而硬的长刺。单叶互生，形似榆，长 2~6 cm，羽状脉，通常为整齐之单锯齿，叶有黑斑点。花杂性，同株。小坚果黄绿色，扁而偏斜，上半部有一鸡冠状翅。花期 4~5 月，果期 9~10 月。

【识别要点】 小枝具粗而硬的长刺。小坚果扁而偏斜，上半部有一鸡冠状翅。

【生态习性】 刺榆为中国原产种，主产于河北、河南、山西、山东等省的山地荒坡；东北、西北、华东地区也有分布。喜光，耐寒，耐干旱瘠薄；适应性强，萌蘖能力强，生长速度较慢。以种子繁育为主，也可扦插或分株繁育。

【观赏价值及园林用途】 刺榆为干旱瘠薄地带的重要绿化树种，可作固沙树种。木材淡褐色，坚硬而细致，可供制农具及器具用；因树枝有棘刺，生长颇速，常呈灌木状，故也是作绿篱用的树种。

【物候历】 叶展期3月2日至5月24日(叶芽膨大期3月2日,叶芽开放期3月28日,初叶期4月6日,盛叶期4月27日,全叶期5月4日,叶成形期5月24日),花期3月15日至5月8日(花芽膨大期3月15日,吐蕾期4月8日,初花期4月11日,盛花期4月24日,末花期4月30日,无花期5月8日),果期4月20日至11月2日(坐果期4月20日,成熟期9月8日,初落果期10月20日,盛落果期11月2日),叶脱落期10月19日至11月26日(叶初变色期10月19日,叶片始落期11月2日,落叶盛期11月10日,落叶末期11月20日,无叶期11月26日)。

【重要物候节点图谱】

叶芽开放期

初叶期

盛叶期

花芽膨大期

盛花期

26.桑(桑树)

【学名】 *Morus alba* L.

【科属】 桑科 桑属

【主要形态特征】 落叶乔木,高达16 m。树皮厚,灰色,具不规则浅纵裂;小枝褐黄色,有细毛,嫩枝及叶含汁液。单叶互生,卵形或宽卵形,长5~15 cm,先端急尖、渐尖或圆钝,基部圆形至浅心形,边缘锯齿粗钝;表面鲜绿色,无毛,背面沿脉有疏毛,脉腋有簇毛;叶柄长1.5~5.5 cm,具柔毛。花单性,与叶同时生出;雄花序下垂,长2~3.5 cm,密被白色柔毛,淡绿色;雌花序长1~2 cm。聚花果(桑葚)圆筒形,长1~2.5 cm,成熟时红色或暗紫色,多汁味甜。花期4~5月,果期5~8月。

【识别要点】 冬芽红褐色,小枝褐黄色,叶锯齿粗钝,边缘不裂,先端长尖或渐尖,下面脉腋有簇生毛。

【生态习性】 中国特产,黄河流域及长江流域有分布。喜光,对气候、土壤适应性都很强。耐寒,耐旱,耐湿;抗风,耐烟尘,抗有毒气体;根系发达,生长快,萌芽力强,耐修剪,寿命长。

【观赏价值及园林用途】 桑树树冠丰满,枝叶茂密,秋叶金黄,适生性强,管理容易,为城市绿化的先锋树种。宜孤植作庭荫树,也可与喜荫花灌木配植树坛、树丛或与其他树种混植风景林,也是"四旁"绿化的主要树种。

【同属相似种及栽培变种】

(1)鸡桑(*Morus australis* Poir.)树皮灰褐色,冬芽暗红色。叶卵形,不裂或3~5浅裂,先端急尖或尾状,基部楔形或心形,边缘具粗锯齿,上面幼时密生刺毛,叶脉细。花序短,果椭圆形。

(2)蒙桑[*Morus mongolica* (Bur.)Schneid.]小枝暗红色,老枝灰黑色,冬芽灰白色。叶长椭圆状卵形,不裂或3~5浅裂,基部心形,锯齿粗,齿端刺芒状,两面平滑无毛,叶脉明显。花序长,果圆柱形。

(3)龙桑(*Morus alba* L.'Tortuosa')枝条扭曲,状如游龙。

【物候历】 叶展期3月15日至6月12日(叶芽膨大期3月15日,叶芽开放期4月7日,初叶期4月15日,盛叶期5月6日,全叶期5月21日,叶成形期6月12日),花期3月15日至4月27日(花芽膨大期3月15日,吐蕾期4月8日,初花期4月11日,盛花期4月18日,末花期4月23日,无花期4月27日),果期4月23日至5月31日(坐果期4月23日,成熟期5月10日,初落果期5月20日,盛落果期5月31日),叶脱落期11月4日至12月1日(叶初变色期11月4日,叶片始落期11月8日,落叶盛期11月18日,落叶末期11月26日,无叶期12月1日)。

【重要物候节点图谱】

初叶期

全叶期

花芽膨大期

初花期

盛花期

坐果期

成熟期

27.构树(楮树)

【学名】 *Broussonetia papyrifera* (Linn.) L'Hert. ex Vent.

【科属】 桑科 构属

【主要形态特征】 落叶乔木,高达16 m。树皮浅灰色,平滑,不易裂开;全株含汁液;小枝密生丝状刚毛。单叶互生,稀对生,卵圆至阔卵形,长8~20 cm,顶端锐尖,基部圆形或近心形,时有不规则深裂(幼枝上的叶更为明显),缘有粗齿,两面密生柔毛,叶柄长3~5 cm。花单性异株,雄花序为柔荑花序,雌花序头状。聚花果球形,熟时橙红色,肉质。花期4~5月,果期7~9月。

【识别要点】 叶互生,时有不规则深裂,缘有粗齿,两面密生柔毛,聚花果球形,熟时橙红色,肉质。

【生态习性】 构树分布于中国黄河、长江和珠江流域地区,也见于越南、日本。强阳性树种,适应性强,耐旱、耐瘠、抗污染性强。用种子或扦插繁殖。

【观赏价值及园林用途】　构树外貌虽较粗野,但枝叶茂密、生长快、繁殖容易、抗污染性强,是城乡绿化的重要树种,尤其适合用作大气污染严重的工矿区及荒山坡地绿化,亦可用作庭荫树及防护林。构树树皮纤维长而柔软,是造纸的高级原料。根和种子均可入药。

【物候历】　叶展期 3 月 18 日至 7 月 5 日(叶芽膨大期 3 月 18 日,叶芽开放期 4 月 12 日,初叶期 4 月 20 日,盛叶期 5 月 30 日,全叶期 6 月 15 日,叶成形期 7 月 5 日),花期 3 月 14 日至 5 月 24 日(花芽膨大期 3 月 14 日,吐蕾期 4 月 16 日,初花期 4 月 18 日,盛花期 4 月 27 日,末花期 5 月 18 日,无花期 5 月 24 日),果期 5 月 18 日至 8 月 17 日(坐果期 5 月 18 日,成熟期 8 月 10 日,初落果期 8 月 13 日,盛落果期 8 月 17 日),叶脱落期 10 月 20 日至 11 月 26 日(叶初变色期 10 月 20 日,叶片始落期 10 月 26 日,落叶盛期 11 月 10 日,落叶末期 11 月 20 日,无叶期 11 月 26 日)。

【重要物候节点图谱】

叶芽膨大期

初叶期

全叶期

花芽膨大期

盛花期

末花期

坐果期

成熟期

28.柘树

【学名】　*Cudrania tricuspidata* (Carr.) Bur.ex Lav.

【科属】　桑科　柘属

【主要形态特征】　落叶小乔木,高达 10 m,有时灌木状。树皮淡灰色,成不规则的薄片状剥落。小枝有细毛,后脱落,有硬刺。单叶互生,卵形至倒卵形,顶端锐或渐尖,基部楔形或圆形,全缘或 3 浅裂,幼时两面有毛,老时仅背面沿主脉上有细毛。花单性异株,集成球形头状花序。聚花果近球形，径约 2.5 mm，橘红色，肉质。花期 6 月，果熟期 9~10 月。

【识别要点】 小枝有硬刺，叶全缘或 3 浅裂，幼时两面有毛。头状花序。聚花果近球形，橘红色，肉质。

【生态习性】 柘树分布于河北南部、华东、中南、西南各地。喜光亦耐荫，适应性强，耐干旱瘠薄，是喜钙树种。根系发达，生长较慢。

【观赏价值及园林用途】 柘树叶形秀丽，适应性强，可在公园的边角、背阴处、街头绿地作庭荫树或刺篱，也是绿化荒滩、保持水土的先锋树种。

【物候历】 叶展期 3 月 12 日至 6 月 8 日（叶芽膨大期 3 月 12 日，叶芽开放期 4 月 3 日，初叶期 4 月 11 日，盛叶期 4 月 30 日，全叶期 5 月 15 日，叶成形期 6 月 8 日），花期 5 月 2 日至 6 月 25 日（花芽膨大期 5 月 2 日，吐蕾期 5 月 22 日，初花期 5 月 27 日，盛花期 6 月 10 日，末花期 6 月 18 日，无花期 6 月 25 日），果期 6 月 10 日至 10 月 29 日（坐果期 6 月 10 日，成熟期 9 月 20 日，初落果期 10 月 8 日，盛落果期 10 月 29 日），叶脱落期 10 月 20 日至 11 月 26 日（叶初变色期 10 月 20 日，叶片始落期 10 月 26 日，落叶盛期 11 月 11 日，落叶末期 11 月 20 日，无叶期 11 月 26 日）。

【重要物候节点图谱】

初叶期

全叶期

花芽膨大期

盛花期

坐果期

初落果期

叶初变色期

落叶盛期

29.枫杨

【学名】 *Pterocarya stenoptera* C. DC.

【科属】 胡桃科　枫杨属

【主要形态特征】 落叶大乔木，高达 30 m。干皮灰褐色，幼时光滑，老时纵裂。小枝灰色，髓片状，裸芽具柄，密被锈毛。偶数羽状复叶互生，小叶 10~16 片，对生，缘有细齿，叶轴具翅。花单性，雌雄同株，葇荑花序。坚果具 2 长翅，成串下垂。

【识别要点】 偶数羽状复叶，叶轴具翅。葇荑花序。坚果具 2 长翅，成串下垂。

【生态习性】 枫杨为中国原产树种，现广泛分布于黄河流域、长江流域至华南、西南各地，以河溪两岸最为常见。喜光，适应性强，耐寒，耐低湿；深根性，侧根发达，生长快，萌蘖性强；对二氧化硫、氯气等抗性强。叶片有毒，鱼池附近不宜栽植。以播种繁育为主。

【观赏价值及园林用途】 枫杨树冠广展，枝叶茂密，生长快速，根系发达，为河床两岸低洼湿地的良好绿化树种，既可以作为行道树，也可成片种植或孤植于草坪及坡地，均可形成一定景观。

【物候历】 叶展期3月2日至6月5日(叶芽膨大期3月2日，叶芽开放期3月28日，初叶期4月7日，盛叶期4月28日，全叶期5月13日，叶成形期6月5日)，花期3月20日至4月30日(花芽膨大期3月20日，吐蕾期4月5日，初花期4月7日，盛花期4月18日，末花期4月24日，无花期4月30日)，果期4月24日至10月20日(坐果期4月24日，成熟期8月5日，初落果期9月2日，盛落果期10月20日)，叶脱落期10月12日至11月22日(叶初变色期10月12日，叶片始落期10月20日，落叶盛期11月2日，落叶末期11月15日，无叶期11月22日)。

【重要物候节点图谱】

叶芽膨大期

叶芽开放期

初叶期

全叶期

盛花期

吐蕾期

坐果期

30.胡桃(核桃)

【学名】 *Juglans regia* L.

【科属】 胡桃科 胡桃属

【主要形态特征】 落叶乔木，高达35 m，树皮银灰色，浅纵裂，枝条髓部片状。小枝粗壮，近无毛。奇数羽状复叶，小叶5~9片，椭圆状卵形至长椭圆形，顶端钝圆或急尖、短渐尖，基部歪斜，近于圆形，通常全缘，侧脉11~15对。雄花成葇荑花序，长5~10 cm，雌花1~3朵聚生。核果球形，成对或单生，果核有两条纵棱。花期3~4月，果期8~9月。

【识别要点】 小叶全缘，核果球形，成对或单生，果核有两条纵棱。

【生态习性】 胡桃原产于波斯(今伊朗)一带。喜光，喜温凉气候，不耐湿热。喜深厚、肥沃、湿润而排水良好的微酸性至微碱性土壤，深根性，不耐移植。

【观赏价值及园林用途】 核桃树冠雄伟，树干洁白，枝叶繁茂，绿荫盖地，在园林中可作道路绿化。果实供生食及榨油，与扁桃、腰果、榛子并称为世界著名的“四大干果”。

【物候历】 叶展期3月4日至6月7日(叶芽膨大期3月4日，叶芽开放期4月1日，初叶期4月10日，盛叶期4月30日，全叶期5月16日，叶成形期6月7日)，花期4月1日至4月29日(花芽膨大期4月1日，吐蕾期4月10日，初花期4月12日，盛花期4月18日，末花期4月24日，无花期4月29日)，果期4月24日至9月5日(坐果期4月24日，成熟期8月15日，初落果期8月20日，盛落果期9月5日)，叶脱落期10月8日至11月12日(叶初变色期10月8日，叶片始落期10月20日，落叶盛期11月1日，落叶末期11月8日，无叶期11月12日)。

【重要物候节点图谱】

叶芽膨大期

初叶期

盛花期

全叶期

吐蕾期

初花期

坐果期

31.胡桃楸(核桃楸)

【学名】 *Juglans mandshurica* Maxim.

【科属】 胡桃科 胡桃属

【主要形态特征】 落叶乔木，高达20 m；枝条扩展，树冠扁圆形；树皮灰色，具浅纵裂；幼枝密被短茸毛。奇数羽状复叶，长6~17 cm；小叶9~17枚，长椭圆形，缘有细齿，上面初被稀疏短柔毛，后来除中脉外其余无毛，深绿色，下面色淡，被贴伏的短柔毛及星芒状毛；先端渐尖，基部歪斜，截形至近心脏形。雄性葇荑花序长9~20 cm，雌性穗状花序具4~10花，花序轴被有茸毛。果序俯垂，通常具果5~7个，序轴被短柔毛；核果顶端尖，密被腺毛。花期5月，果期8~9月。

【识别要点】 树皮具浅纵裂，幼枝密被短茸毛。奇数羽状复叶，小叶9~17枚，对生，无柄，先端渐尖，基部歪斜，长椭圆形，缘有细齿，下面被贴伏的短柔毛及星芒状毛。果序通常具果5~7个，序轴被短柔毛；果实球状、卵状或椭圆状，顶端尖，密被腺毛。果核表面具8条纵棱，其中2条较显著，各棱间具不规则皱曲及凹穴，顶端具尖头。

【生态习性】 胡桃楸分布于我国东北及华北地区，朝鲜、俄罗斯、日本也有分布。喜光，耐寒性强；喜生于土层深厚、肥沃、排水良好的土壤，深根性，抗风力强。

【观赏价值及园林用途】 胡桃楸因其株形优美，秋叶金黄，可用作园景树、行道树及庭荫树等用材树种。属国家二级保护植物。

【同属相似种】 野核桃(*Juglans cathayensis* Dode)与本属其他种的主要区别是小叶长成后下面密被短柔毛及星芒状毛；果序长而下垂；核果卵状或阔卵状，顶端尖，有6~8条纵向棱脊，棱脊之间有不规则排列的尖锐的刺状凸起和凹陷。

【物候历】叶展期3月2日至6月2日(叶芽膨大期3月2日，叶芽开放期3月31日，初叶期4月6日，盛叶期4月27日，全叶期5月12日，叶成形期6月2日)，花期3月31日至4月26日(花芽膨大期3月31日，吐蕾期4月7日，初花期4月9日，盛花期4月18日，末花期4月22日，无花期4月26日)，果期4月22日至8月25日(坐果期4月22日，成熟期8月12日，初落果期8月16日，盛落果期8月25日)，叶脱落期10月18日至11月22日(叶初变色期10月18日，叶片始落期10月24日，落叶盛期11月6日，落叶末期11月17日，无叶期11月22日)。

【重要物候节点图谱】

叶芽开放期

初叶期

花芽膨大期

盛花期

叶成形期

坐果期

32.美国山核桃(薄壳山核桃)

【学名】 *Carya illinoinensis* (Wangenh.) K. Koch

【科属】 胡桃科 山核桃属

【主要形态特征】乔木，高可达50 m，树皮粗糙，深纵裂。小枝被柔毛，灰褐色，具稀疏皮孔。奇数羽状复叶，长25~35 cm，叶柄及叶轴初被柔毛，后几乎无毛，具9~17枚小叶；小叶具极短的小叶柄，卵状披针形至长椭圆状披针形，通常稍成不对称的镰状弯曲，长7~18 cm，顶端渐尖，边缘具单锯齿或重锯齿，初被腺体及柔毛，后毛脱落而常在脉上有疏毛。雄性葇荑花序3条1束，几无总梗，长8~14 cm；雌性穗状花序直立，花序轴密被柔毛，具3~10雌花。果实矩圆状或长椭圆形，有4条纵棱，外果皮4瓣裂，革质，内果皮平滑，灰褐色，有暗褐色斑点，顶端有黑色条纹。5月开花，9~11月果熟。

【识别要点】 树皮粗糙，深纵裂。小枝灰褐色，具稀疏皮孔。奇数羽状复叶，具9~17枚小叶；小叶通常稍成不对称的镰状弯曲，边缘具单锯齿或重锯齿。果实矩圆状或长椭圆形，长3~5 cm，有4条纵棱，外果皮4瓣裂，革质，内果皮平滑，灰褐色，有暗褐色斑点，顶端有黑色条纹。

【生态习性】 美国山核桃原产于北美洲，现已成为世界性的干果类树种之一。喜光，喜温暖湿润气候，较耐水湿，不耐干旱瘠薄，有一定的耐寒性。

【观赏价值及园林用途】 美国山核桃是含油量最高的植物之一，也可用作行道树及庭荫树。

【物候历】 叶展期3月2日至5月26日（叶芽膨大期3月2日，叶芽开放期3月29日，初叶期4月13日，盛叶期4月27日，全叶期5月4日，叶成形期5月26日），花期3月30日至6月6日（花芽膨大期3月30日，吐蕾期4月19日，初花期4月22日，盛花期5月24日，末花期5月30日，无花期6月6日），果期5月24日至10月22日（坐果期5月24日，成熟期9月20日，初落果期10月1日，盛落果期10月22日），叶脱落期10月20日至12月8日（叶初变色期10月20日，叶片始落期10月26日，落叶盛期11月19日，落叶末期11月27日，无叶期12月8日）。

【重要物候节点图谱】

叶芽开放期

盛叶期

成熟期

33.栗（板栗）

【学名】 *Castanea mollissima* Bl.

【科属】 壳斗科 栗属

【主要形态特征】 落叶乔木，高达15~20 m，树皮深灰色，干皮交错深纵裂，小枝有短毛或散生长绒毛；无顶芽。单叶互生，长椭圆形，下面有灰白色星状短绒毛或长单毛，侧脉10~18对，缘齿尖芒状。花单性，雌雄同株，雄花为直立葇荑花序，雌花集生于枝条上部的雄花序基部，单独或2~3朵生于总苞内。总苞球状，密被针刺，内含坚果2~3粒。成熟后总苞裂开，栗果脱落。坚果紫褐色，被黄褐色茸毛，或近光滑，果肉淡黄。果实含糖、淀粉、蛋白质、脂肪及多种维生素、矿物质。花期5月，果期8~10月。

【识别要点】 枝无顶芽，雄花序直立或斜出，总苞球状，密被针刺。叶长椭圆形，下面有灰白色星状毛,缘齿尖芒状。

【生态习性】 板栗原产于中国,我国辽宁以南各地均有分布,华北及长江流域栽培较集中。喜光,耐旱,对土壤要求不严,喜肥沃温润、排水良好的砂质壤土,对有害气体抗性强。忌积水,忌土壤黏重。深根性,根系发达,萌芽力强,耐修剪,虫害较多。寿命长达 300 年以上。

【观赏价值及园林用途】 板栗树冠圆广,枝茂叶大,在公园草坪及坡地孤植或群植均适宜,是绿化结合生产的良好树种。亦可作山区绿化造林和水土保持树种。

【物候历】 叶展期 3 月 12 日至 6 月 12 日(叶芽膨大期 3 月 12 日,叶芽开放期 4 月 6 日,初叶期 4 月 13 日,盛叶期 5 月 6 日,全叶期 5 月 21 日,叶成形期 6 月 12 日),花期 4 月 29 日至 6 月 26 日(花芽膨大期 4 月 29 日,吐蕾期 5 月 26 日,初花期 5 月 28 日,盛花期 6 月 7 日,末花期 6 月 17 日,无花期 6 月 26 日),果期 6 月 11 日至 9 月 29 日(坐果期 6 月 11 日,成熟期 9 月 8 日,初落果期 9 月 20 日,盛落果期 9 月 29 日),叶脱落期 10 月 28 日至 11 月 26 日(叶初变色期 10 月 28 日,叶片始落期 11 月 1 日,落叶盛期 11 月 11 日,落叶末期 11 月 20 日,无叶期 11 月 26 日)。

【重要物候节点图谱】

叶芽开放期

全叶期

花芽膨大期

盛花期

坐果期

叶初变色期

34.槲树(柞栎、波罗栎)

【学名】 *Quercus dentata* Thunb.

【科属】 壳斗科 栎属

【主要形态特征】 落叶乔木,高达 20~25 m;树皮暗灰色,粗糙,具深沟。小枝粗壮,有沟棱并密生黄灰色星状绒毛。叶大,倒卵形或倒卵状椭圆形,长 15~25 cm,先端钝圆,基部耳形或楔形,缘有不规则波状缺裂,幼叶两面有毛,老叶表面平滑,背面密生褐色星状毛;叶柄短,密被绒毛。总苞之鳞片披针形并反曲，棕红色，包围坚果约 1/2。花期 4~5 月，果熟期 9~10 月。

【识别要点】 小枝密生黄灰色星状绒毛。叶柄短，密被绒毛，老叶表面平滑，背面密生褐色星状毛。总苞之鳞片披针形并反曲，棕红色。

【生态习性】 槲树分布于我国东北东部及南部、华北、西北、华东、华中及西南各地，朝鲜、日本也有分布。喜光，耐旱，耐寒，在酸性土、钙质土及轻度石灰土上均能生长。深根性，萌芽、萌蘖能力强，寿命长，有较强的抗风、抗火、抗烟尘及抗有害气体的能力。

【观赏价值及园林用途】 槲树树干挺直，叶片宽大，树冠广展，寿命较长，叶片入秋呈橙黄色且经久不落，可孤植、片植或与其他树种混植，季相色彩极其丰富。

【同属相似种】

(1)槲栎(*Quercus aliena* Bl.)树皮暗灰色，深纵裂。小枝圆柱形，灰褐色，近无毛，具圆形淡褐色皮孔。叶片长椭圆状倒卵形，长 10~20 cm，先端钝或短渐尖，基部楔形或圆形，叶背被灰棕色细绒毛，叶缘为浅波状钝齿，有侧脉 10~15 对，叶柄长 1~3 cm，无毛。壳斗杯形，包围坚果约 1/2，直径 1.2~2 cm，小苞片卵状披针形，排列紧密，被灰白色短柔毛。坚果椭圆形至卵形，高 1.7~2.5 cm，果脐微突起。产于陕西、山东、江苏。萌芽性强，可进行萌芽更新。

(2)锐齿槲栎(*Quercus aliena var.acuteserrata* Maxim.ex Wenz.)叶较小，先端渐尖，叶缘锯齿尖锐，齿尖内弯。壳斗稍浅，仅包围坚果 1/3。产于辽东南部、华北、西北至华南、西南山地。喜凉爽气候及湿润土壤。

【物候历】 叶展期 3 月 25 日至 6 月 18 日(叶芽膨大期 3 月 25 日，叶芽开放期 4 月 12 日，初叶期 4 月 16 日，盛叶期 5 月 15 日，全叶期 6 月 2 日，叶成形期 6 月 18 日)，花期 4 月 18 日至 5 月 23 日(花芽膨大期 4 月 18 日，吐蕾期 5 月 1 日，初花期 5 月 3 日，盛花期 5 月 10 日，末花期 5 月 17 日，无花期 5 月 23 日)，果期 5 月 12 日至 9 月 22 日(坐果期 5 月 12 日，成熟期 8 月 26 日，初落果期 9 月 6 日，盛落果期 9 月 22 日)，叶脱落期 10 月 18 日至 12 月 16 日(叶初变色期 10 月 18 日，叶片始落期 10 月 26 日，落叶盛期 11 月 16 日，落叶末期 11 月 30 日，无叶期 12 月 16 日)。

【重要物候节点图谱】

叶芽开放期

初叶期

盛叶期

花芽膨大期

盛花期

35.蒙古栎

【学名】 *Quercus mongolica* Fisch.

【科属】 壳斗科 栎属

【主要形态特征】 落叶乔木，高达 30 m，树皮灰褐色，纵裂。幼枝紫褐色，有棱，无毛。顶芽长卵形，微有棱，芽鳞紫褐色，有缘毛。叶片倒卵形至长倒卵形，顶端短钝尖或短突尖，基部窄圆形或耳形，叶缘具 7~10 钝齿或粗齿，侧脉每边 7~11 对；叶柄长 2~8 mm，无毛。壳斗杯形，包围坚果 1/3~1/2，直径 1.5~1.8 cm，高 0.8~1.5 cm，壳斗外壁小苞片三角状卵形，呈半球形疣状突起，密被灰白色短绒毛，伸出口部边缘呈流苏状。坚果卵形至长卵形，直径 1.3~1.8 cm，高 2~2.3 cm，无毛，果脐微突起。花期 4~5 月，果期 9 月。

【识别要点】 小枝粗壮，紫褐色，具棱，无毛。叶常集生枝端，倒卵形，先端钝尖，基部窄圆形或耳形，缘有深波状缺刻，叶背淡绿，仅幼叶沿脉有毛，侧脉 7~11 对，叶柄极短，光滑无毛。壳斗小苞片三角状卵形，呈半球形疣状突起，密被灰白色短绒毛。坚果无毛。

【生态习性】 蒙古栎主产于我国北部及东北部地区，朝鲜、日本、俄罗斯也有分布。喜光，耐寒性强，耐干旱瘠薄，抗病虫害；生长速度中等偏慢。

【观赏价值及园林用途】 蒙古栎是北方荒山造林树种之一，也可用于园林绿化。

【物候历】 叶展期 3 月 1 日至 5 月 24 日（叶芽膨大期 3 月 1 日，叶芽开放期 3 月 22 日，初叶期 3 月 29 日，盛叶期 4 月 16 日，全叶期 5 月 6 日，叶成形期 5 月 24 日），花期 3 月 20 日至 5 月 1 日（花芽膨大期 3 月 20 日，吐蕾期 4 月 1 日，初花期 4 月 3 日，盛花期 4 月 9 日，末花期 4 月 18 日，无花期 5 月 1 日），果期 4 月 13 日至 9 月 15 日（坐果期 4 月 13 日，成熟期 9 月 3 日，初落果期 9 月 9 日，盛落果期 9 月 15 日），叶脱落期 10 月 18 日至 12 月 1 日（叶初变色期 10 月 18 日，叶片始落期 10 月 22 日，落叶盛期 11 月 4 日，落叶末期 11 月 23 日，无叶期 12 月 1 日）。

【重要物候节点图谱】

盛叶期

吐蕾期

盛花期

坐果期

初落果期

落叶盛期

36.辽东栎

【学名】 *Quercus wutaishanica* H.Mayr.(*Q. liaotungensis* Koidz.)

【科属】 壳斗科 栎属

【主要形态特征】 落叶乔木,高达 15 m,树皮灰褐色,纵裂。幼枝绿色,无毛,老时灰绿色,具淡褐色圆形皮孔。叶片倒卵形至长倒卵形,顶端圆钝或短渐尖,基部窄圆形或耳形,叶缘有 5~7 对波状疏齿,叶面绿色,背面淡绿色,幼时沿脉有毛,老时无毛,侧脉 5~7 对;叶柄长 2~5 mm,无毛。壳斗浅杯形,包围坚果约 1/3,直径 1.2~1.5 cm,高约 8 mm;小苞片长三角形,扁平微突起,被稀疏短绒毛。坚果卵形至卵状椭圆形,直径 1~1.3 cm,高 1.5~1.8 cm,顶端有短绒毛;果脐微突起。花期 4~5 月,果期 8~9 月。

【识别要点】 幼枝绿色,无毛,老枝具淡褐色圆形皮孔。叶缘具波状疏齿,叶背仅幼时沿脉有疏柔毛,侧脉 5~7 对,基部狭并常耳形,叶柄极短,相同于蒙古栎。壳斗小苞片三角形,扁平或背部突起,呈鳞状;坚果顶端有短绒毛。

【生态习性】 辽东栎主产于黄河流域及东北各省。喜光,耐寒性强,耐干旱瘠薄,萌芽性强。

【观赏价值及园林用途】 辽东栎可用作园林绿化树种。

【物候历】 叶展期 3 月 2 日至 6 月 5 日(叶芽膨大期 3 月 2 日,叶芽开放期 3 月 28 日,初叶期 4 月 6 日,盛叶期 4 月 27 日,全叶期 5 月 18 日,叶成形期 6 月 5 日),花期 3 月 28 日至 4 月 24 日(花芽膨大期 3 月 28 日,吐蕾期 4 月 9 日,初花期 4 月 11 日,盛花期 4 月 14 日,末花期 4 月 19 日,无花期 4 月 24 日),果期 4 月 19 日至 8 月 6 日(坐果期 4 月 19 日,成熟期 7 月 12 日,初落果期 7 月 20 日,盛落果期 8 月 6 日),叶脱落期 10 月 20 日至 11 月 20 日(叶初变色期 10 月 20 日,叶片始落期 10 月 26 日,落叶盛期 11 月 6 日,落叶末期 11 月 11 日,无叶期 11 月 20 日)。

【重要物候节点图谱】

初叶期

全叶期

吐蕾期

盛花期

坐果期

37.辽东桤木(水冬瓜)

【学名】 *Alnus sibirica* Fisch.ex Turcz.

【科属】 桦木科 桤木属

【主要形态特征】 落叶乔木,高达 20 m,树皮灰褐色,光滑。叶近圆形,先端圆,缘有不规则粗齿和浅裂状缺刻,侧脉 5~8 对,直伸齿尖,背脉稍有毛,但脉腋无簇毛。果序 2~8 个集生。

【识别要点】 树皮灰褐色,光滑;叶近圆形,先端圆,脉腋无簇毛,叶柄密被短柔毛。

【生态习性】 辽东桤木为中国原产树种,产于我国东北及山东(崂山),俄罗斯、朝鲜也有分布。喜光,幼时稍耐荫,适生于温凉湿润、土层深厚肥沃的立地环境,抗寒性强,不耐干旱瘠薄,也不耐积水涝洼,萌芽力强,生长快速。

【观赏价值及园林用途】 辽东桤木干形通直,叶片宽大,树姿雄伟,生长快速,是湿润地区及溪流两岸的优良园林绿化树种。

【物候历】 叶展期 3 月 10 日至 6 月 5 日(叶芽膨大期 3 月 10 日,叶芽开放期 4 月 6 日,初叶期 4 月 12 日,盛叶期 5 月 2 日,全叶期 5 月 17 日,叶成形期 6 月 5 日),花期 2 月 18 日至 3 月 20 日(花芽膨大期 2 月 18 日,吐蕾期 2 月 21 日,初花期 2 月 23 日,盛花期 3 月 5 日,末花期 3 月 13 日,无花期 3 月 20 日),果期 3 月 13 日至 9 月 1 日(坐果期 3 月 13 日,成熟期 7 月 22 日,初落果期 8 月 16 日,盛落果期 9 月 1 日),叶脱落期 10 月 9 日至 12 月 1 日(叶初变色期 10 月 9 日,叶片始落期 10 月 25 日,落叶盛期 11 月 14 日,落叶末期 11 月 26 日,无叶期 12 月 1 日)。

【重要物候节点图谱】

叶芽开放期

盛叶期

花芽膨大期

盛花期

38.辽椴(糠椴、大叶椴)

【学名】 *Tilia mandshurica* Rupr.et Maxim

【科属】 椴树科 椴树属

【主要形态特征】 落叶乔木,高可达 20 m,树皮灰色,当年生枝黄绿色,密生浅褐色星状绒毛,冬芽大而圆钝。叶互生,广卵圆形,长 8~15 cm,基部斜心形或截形,缘有带尖头的粗齿,表面疏生星状毛,背面密生灰白色星状茸毛,但脉腋无簇毛;叶柄密被灰褐色星状毛。聚伞花序具花 7~12 朵,黄色。坚果近球形,外被黄褐色绒毛,基部有 5 棱。

【识别要点】 树皮灰色，幼枝密生浅褐色星状绒毛。叶缘有带尖头的粗齿，表面疏生星状毛，叶背面及苞片背面密生灰白色星状毛，但脉腋无簇毛。坚果基部有 5 棱。

【生态习性】 辽椴主产于我国东北，华北也有分布。性喜光，耐寒，较耐荫，喜凉爽湿润气候以及深厚、肥沃而排水良好的中性和微酸性土壤。不耐盐碱土壤，不耐烟尘污染。深根性，主根发达，耐修剪。病虫害很少。

【观赏价值及园林用途】 椴树叶形美丽，树姿清幽，夏日浓荫铺地，黄花满树，是很好的庭荫树、行道树，也是优良的蜜源树种，北方园林应推广应用。

【同属相似种及变种】

(1)紫椴(*Tilia amurensis* Rupr.)树皮暗灰色，小枝无毛带紫色。叶阔卵形或卵圆形，长 3.5~8 cm，侧脉 4~5 对，先端尾尖，基部心形，叶缘锯齿有小尖头，仅背面脉腋有簇毛，叶柄无毛。坚果球形，无纵棱，密被褐色毛。属国家二级重点保护野生植物。主产于东北及华北，喜光，耐寒性强，抗烟尘和有毒气体。

(2)小叶紫椴[*Tilia amurensis* Rupr. var.*taquetii* (Schneid) Liou et Li]与原变种的区别在于嫩枝及花序被淡红色星状柔毛，叶片较小，基部不呈心形，往往为截形或微凹入。

【物候历】 叶展期 3 月 2 日至 5 月 26 日(叶芽膨大期 3 月 2 日，叶芽开放期 3 月 19 日，初叶期 3 月 29 日，盛叶期 4 月 20 日，全叶期 5 月 6 日，叶成形期 5 月 26 日)，花期 4 月 12 日至 6 月 12 日(花芽膨大期 4 月 12 日，吐蕾期 5 月 17 日，初花期 5 月 20 日，盛花期 5 月 27 日，末花期 6 月 5 日，无花期 6 月 12 日)，果期 6 月 5 日至 10 月 20 日(坐果期 6 月 5 日，成熟期 9 月 2 日，初落果期 9 月 8 日，盛落果期 10 月 20 日)，叶脱落期 10 月 14 日至 11 月 30 日(叶初变色期 10 月 14 日，叶片始落期 11 月 2 日，落叶盛期 11 月 16 日，落叶末期 11 月 26 日，无叶期 11 月 30 日)。

【重要物候节点图谱】

叶芽膨大期

叶芽开放期

叶成形期

花芽膨大期

初花期

盛花期

坐果期

成熟期

39.梧桐(青桐)

【学名】 *Firmiana simplex* (L.)W.F.Wight

【科属】 梧桐科 梧桐属

【主要形态特征】 落叶乔木,高达15~20 m;树干挺直,树皮绿色,光滑。单叶互生,掌状3~5裂,长15~20 cm,基部心形,裂片全缘,两面均无毛或略被短柔毛。花单性同株,无花瓣,萼片5片,淡黄绿色,成顶生圆锥花序。蓇果在成熟前开裂成5舟形膜质心皮;种子大如豌豆,着生于心皮的裂缘。花期6~7月,果熟期10~11月。

【识别要点】 树皮绿色,光滑;花淡黄绿或黄白色,萼片长7~9 mm。叶掌状3~5裂,基部心形,基生脉7条,叶柄与叶片等长,嫩叶被淡白色毛。蓇果在成熟前开裂成5舟形膜质心皮。

【生态习性】 梧桐原产于我国南北各省,也分布于日本。喜光,喜温暖湿润气候,耐寒性不强。在砂质土壤上生长较好。

【观赏价值及园林用途】 梧桐干形端直,干皮光绿,叶大荫浓,清爽宜人,对多种有毒气体有抗性,适于园林绿化和厂矿绿化。

【物候历】 叶展期3月28日至6月23日(叶芽膨大期3月28日,叶芽开放期4月22日,初叶期4月27日,盛叶期5月18日,全叶期6月3日,叶成形期6月23日),花期5月31日至8月8日(花芽膨大期5月31日,吐蕾期6月27日,初花期6月29日,盛花期7月9日,末花期7月20日,无花期8月8日),果期7月20日至11月10日(坐果期7月20日,成熟期10月16日,初落果期11月1日,盛落果期11月10日),叶脱落期10月29日至11月22日(叶初变色期10月29日,叶片始落期11月5日,落叶盛期11月10日,落叶末期11月16日,无叶期11月22日)。

【重要物候节点图谱】

叶芽膨大期

叶芽开放期

初叶期

盛叶期

盛花期

末花期

成熟期

叶初变色期

40.毛白杨

【学名】 *Populus tomentosa* Carr.

【科属】 杨柳科　杨属

【主要形态特征】 落叶乔木，高达 30 m，树干端直，树皮青白色，老时深灰色，纵裂，皮孔菱形；幼枝具灰白色毛，老枝平滑无毛。叶三角状卵形，长 10~15 cm，缘有不整齐浅裂状齿，嫩叶、叶柄及叶背均密生灰白色毛，后渐脱落。葇荑花序下垂，雌雄异株，先叶开放。蒴果长卵形，2 裂。花期 3 月。果期 4 月。

【识别要点】 白杨系。树干端直，树皮青白色，幼枝及叶背面密生灰白色毛。叶三角状卵形，下垂葇荑花序，蒴果。

【生态习性】 毛白杨原产于我国辽宁南部、内蒙古，南至长江流域，以黄河中下游为适生区。强阳性树种。喜凉爽湿润气候，在暖热多雨的气候下易受病害。对土壤要求不严，喜深厚肥沃的沙壤土，不耐过度干旱瘠薄。稍耐碱，耐烟尘，抗污染。多用埋条、留根、压条、分蘖法繁殖。

【观赏价值及园林用途】 本种生长快，树干通直挺拔，树形优美，叶大荫浓，适应性强，生长较快，为速生用材林、防护林和道路、河渠、矿区绿化的优良树种。

【变种】 抱头(窄冠)毛白杨(var. Fastigiata Y. H. Wang)侧枝直立向上，形成紧密狭长的树冠。山东、河北等地有分布，北京紫竹院公园有少量栽培。

【物候历】 叶展期 3 月 2 日至 5 月 26 日(叶芽膨大期 3 月 2 日，叶芽开放期 3 月 31 日，初叶期 4 月 6 日，盛叶期 4 月 20 日，全叶期 5 月 6 日，叶成形期 5 月 26 日)，花期 2 月 12 日至 3 月 31 日(花芽膨大期 2 月 12 日，吐蕾期 3 月 10 日，初花期 3 月 12 日，盛花期 3 月 20 日，末花期 3 月 26 日，无花期 3 月 31 日)，果期 3 月 26 日至 4 月 20 日(坐果期 3 月 26 日，成熟期 4 月 2 日，初落果期 4 月 5 日，盛落果期 4 月 20 日)，叶脱落期 9 月 20 日至 11 月 26 日(叶初变色期 9 月 20 日，叶片始落期 9 月 29 日，落叶盛期 11 月 10 日，落叶末期 11 月 20 日，无叶期 11 月 26 日)。

【重要物候节点图谱】

叶芽开放期

盛叶期

初花期

盛花期

成熟期

盛落果期

41.旱柳(柳树)

【学名】 *Salix matsudana* Koidz.

【科属】 杨柳科 柳属

【主要形态特征】 落叶乔木,高达 20 m。树皮灰黑色,纵裂;小枝直立或斜展,黄绿色或褐色,枝顶微垂,无顶芽。叶披针形或狭披针形,互生,长 5~10 cm,先端长渐尖,基部楔形,缘具细腺齿;幼叶有丝状柔毛,叶背有白粉;叶柄短,长 2~4 mm。雌雄异株,葇荑花序,种子细小,具丝状毛。

【识别要点】 树皮灰黑色,小枝直立或斜展。叶披针形或狭披针形,先端长渐尖,基部楔形,叶缘具细腺齿,叶背有白粉。雌花具 2 腺体,花药黄色。

【生态习性】 旱柳原产于我国东北、华北、西北地区,俄罗斯、朝鲜、日本也有分布。喜光,较耐寒,耐干旱。喜湿润、排水通气良好的沙壤土。

【观赏价值及园林用途】 旱柳枝条柔软,树冠丰满,是我国北方常用的庭荫树、行道树。常栽培在河湖岸边或孤植于草坪上,亦用作公路行道树、防护林及沙荒造林、农村"四旁"绿化等。

【栽培变种】

(1)龙爪柳(龙须柳)'Tortuosa'高达 12 m,枝条自然扭曲。常作栽培观赏,但生长势较弱,树体小,易衰老。

(2)绦柳(旱垂柳)'Pendula'枝条细长下垂,外形似垂柳。区别在于小枝较短,黄色;叶线状披针形,边缘具腺状小锯齿,表面浓绿色,背面为绿灰白色,两面均平滑无毛,叶柄长 5~8 mm,雌花有 2 腺体。我国北方城市常栽培,并常被误认为是垂柳。

(3)馒头柳'Umbraculifera'分枝密,端梢齐整,树冠半圆球形,状如馒头。北京常见栽培,因枝条柔软,树冠丰满,多作庭荫树及行道树。

【物候历】 叶展期 2 月 21 日至 6 月 5 日(叶芽膨大期 2 月 21 日,叶芽开放期 3 月 26 日,初叶期 4 月 1 日,盛叶期 4 月 27 日,全叶期 5 月 12 日,叶成形期 6 月 5 日),花期 3 月 5 日至 4 月 27 日(花芽膨大期 3 月 5 日,吐蕾期 4 月 6 日,初花期 4 月 8 日,盛花期 4 月 14 日,末花期 4 月 22 日,无花期 4 月 27 日),果期 4 月 12 日至 5 月 14 日(坐果期 4 月 12 日,成熟期 4 月 18 日,初落果期 5 月 2 日,盛落果期 5 月 14 日),叶脱落期 10 月 15 日至 12 月 1 日(叶初变色期 10 月 15 日,叶片始落期 10 月 24 日,落叶盛期 11 月 9 日,落叶末期 11 月 26 日,无叶期 12 月 1 日)。

【重要物候节点图谱】

叶芽膨大期

初叶期

叶成形期

盛花期

成熟期

42.垂柳

【学名】 *Salix babylonica* L.

【科属】 杨柳科 柳属

【主要形态特征】 落叶乔木，高达 18 m；枝条细长，柔软下垂，褐色或带紫色。叶狭长披针形，基部宽，前端渐尖，长 9~16 cm，微有毛，缘具细锯齿，表面绿色，背面色较淡；叶柄长 6~12 mm。雌花只有 1 腺体，雄花具 2 雄蕊，花药红黄色。

【识别要点】 枝条柔软，细长下垂，褐色或带紫色。叶狭长披针形，基部宽，前端渐尖，微有毛，表面绿色，背面色较淡。雌花只有 1 腺体。

【生态习性】 垂柳主要分布于长江流域及其以南各地平原地区，华北、东北亦有栽培。性喜水湿，耐水淹，也耐干旱；生长快。

【观赏价值及园林用途】 垂柳枝条细长，柔软下垂，随风飘舞，姿态优美潇洒，植于河岸及湖池边最为理想，是重要的庭院观赏树，亦可用作行道树、庭荫树、护岸固堤树及平原造林树种。此外，垂柳对有毒气体抗性较强，并能吸收二氧化硫，也适用于工厂绿化。

【同属相似种】 金丝柳(金枝垂柳)(*S.alba*'Tristis')是金枝白柳(*S.alba*'Vitellina')与垂柳的杂交种，雄株，树形高大，树冠圆形。小枝冬季亮黄色，细长下垂；叶狭披针形，呈亮绿色，幼枝、叶柄及幼叶均有银白色绢毛，托叶早落。花药黄色，花序长。金丝柳树形优美，抗病虫能力强。近年，在我国北方城市有引种栽培，在面积较大的园林中造景效果最佳。

【物候历】 叶展期 2 月 20 日至 6 月 3 日(叶芽膨大期 2 月 20 日，叶芽开放期 3 月 24 日，初叶期 4 月 1 日，盛叶期 4 月 25 日，全叶期 5 月 8 日，叶成形期 6 月 3 日)，花期 3 月 2 日至 4 月 25 日(花芽膨大期 3 月 2 日，吐蕾期 3 月 25 日，初花期 3 月 28 日，盛花期 4 月 7 日，末花期 4 月 18 日，无花期 4 月 25 日)，果期 4 月 8 日至 5 月 6 日(坐果期 4 月 8 日，成熟期 4 月 15 日，初落果期 4 月 27 日，盛落果期 5 月 6 日)，叶脱落期 10 月 16 日至 12 月 10 日(叶初变色期 10 月 16 日，叶片始落期 10 月 27 日，落叶盛期 11 月 12 日，落叶末期 11 月 28 日，无叶期 12 月 10 日)。

【重要物候节点图谱】

初叶期

盛叶期

盛花期

坐果期

成熟期

43.柿树

【学名】 *Diospyros kaki* L.f.

【科属】 柿树科　柿属

【主要形态特征】 落叶乔木，高达 15 m。树皮方块状开裂，小枝有褐色短柔毛，芽卵状扁三角形。叶椭圆状倒卵形，长 6~18 cm，全缘，革质，背面及叶柄均有柔毛。花单性异株或杂性同株；雄花成聚伞花序，雌花单生；花冠钟状，黄白色，花萼、花冠常 4 裂。浆果大，有球形、扁球形、球形而略呈方形、卵形等；直径 3~8 cm，基部通常有棱，嫩时绿色，9~10 月成熟时呈橙黄色或橘红色。

【识别要点】 小枝有褐色短柔毛，叶背面及叶柄均有柔毛。浆果有棱，宿存萼 4 裂。

【生态习性】 柿树原产于中国，栽培、分布范围很广，栽培历史悠久。为深根性树种，抗旱、耐湿、耐寒，结果早，产量高，寿命长。对土壤要求不严，在山地、平原、微酸性、微碱性的土壤上均能生长。

【观赏价值及园林用途】 柿树入秋叶色红艳，果实满树，是北方园林中极好的观果树种，多用作庭荫树和观赏树。

【物候历】 叶展期 3 月 12 日至 5 月 24 日(叶芽膨大期 3 月 12 日，叶芽开放期 4 月 6 日，初叶期 4 月 10 日，盛叶期 4 月 27 日，全叶期 5 月 4 日，叶成形期 5 月 24 日)，花期 4 月 25 日至 6 月 7 日(花芽膨大期 4 月 25 日，吐蕾期 5 月 15 日，初花期 5 月 17 日，盛花期 5 月 24 日，末花期 5 月 31 日，无花期 6 月 7 日)，果期 5 月 31 日至 10 月 26 日(坐果期 5 月 31 日，成熟期 9 月 29 日，初落果期 10 月 13 日，盛落果期 10 月 26 日)，叶脱落期 10 月 5 日至 11 月 12 日(叶初变色期 10 月 5 日，叶片始落期 10 月 16 日，落叶盛期 10 月 26 日，落叶末期 11 月 1 日，无叶期 11 月 12 日)。

【重要物候节点图谱】

叶芽膨大期

叶芽开放期

花芽膨大期

初花期

坐果期

成熟期

44.君迁子(黑枣、软枣)

【学名】 *Diospyros lotus* L.

【科属】 柿树科 柿属

【主要形态特征】 落叶乔木,高达 14 m,树皮暗褐色,呈方块状裂。小枝幼时有灰色毛,后渐脱落;芽尖卵形,黑褐色。叶椭圆形,长 6~12 cm,表面初生柔毛,后脱落,背面灰色或苍白色。花单性异株,淡黄色或淡红色。浆果近球形,由黄变蓝黑色,外被蜡层,宿存萼 3(4)裂。

【识别要点】 小枝幼时有灰色毛,叶背面灰色或苍白色。浆果近球形,由黄变蓝黑色,外被蜡层,直径 1.5~2 cm,宿存萼 3(4)裂。

【生态习性】 君迁子分布于辽宁、河北、山东、陕西、中南及西南各地。适应性强,耐寒,耐干旱;喜肥沃深厚土壤,但对瘠薄土、中等碱性土及石灰质土有一定的忍耐力。对二氧化硫抗性强。

【观赏价值及园林用途】 本种树干挺直,树冠圆整,适应性强,可用作园林绿化。

【物候历】 叶展期 3 月 10 日至 6 月 5 日(叶芽膨大期 3 月 10 日,叶芽开放期 4 月 2 日,初叶期 4 月 11 日,盛叶期 4 月 30 日,全叶期 5 月 12 日,叶成形期 6 月 5 日),花期 4 月 22 日至 6 月 16 日(花芽膨大期 4 月 22 日,吐蕾期 5 月 20 日,初花期 5 月 23 日,盛花期 5 月 31 日,末花期 6 月 10 日,无花期 6 月 16 日),果期 6 月 10 日至 11 月 8 日(坐果期 6 月 10 日,成熟期 9 月 22 日,初落果期 10 月 10 日,盛落果期 11 月 8 日),叶脱落期 10 月 8 日至 11 月 12 日(叶初变色期 10 月 8 日,叶片始落期 10 月 18 日,落叶盛期 11 月 1 日,落叶末期 11 月 6 日,无叶期 11 月 12 日)。

【重要物候节点图谱】

叶芽膨大期

叶芽开放期

全叶期

花芽膨大期

吐蕾期

盛花期

坐果期

成熟期

45.桃

【学名】 *Prunus persica* (L.) Batsh

【科属】 蔷薇科(李亚科) 桃属

【主要形态特征】 落叶小乔木,高 3~5 m;小枝无毛,冬芽有毛,3 枚并生。叶长椭圆状披针形,长7~16 cm,中部最宽,先端渐尖,基部广楔形,缘有细锯齿;叶柄具腺体。花粉红色,花萼绿色而具红色斑点,萼外有毛;3~4 月叶前开花。果肉厚而多汁,表面被柔毛。

【识别要点】 果具纵沟,常被茸毛或白霜。叶芽 3 个并生,两侧为花芽,中间为叶芽,幼叶在叶芽内对折;无枝刺。叶锯齿钝或尖,叶柄较粗,顶端常具腺体,稀叶基两侧具腺体。花萼被柔毛或绒,花粉红色。果核两侧扁平,先端尖,具沟纹和穴孔。

【生态习性】 桃原产于我国中部及北部。喜光,较耐旱,不耐水湿,喜夏季高温的暖温带气候,有一定的耐寒能力;寿命短。

【观赏价值及园林用途】 桃用于园林绿化和庭院观赏的品种很多,用途广泛。

【变型、变种及栽培变种】

(1)单瓣白桃 [f. *alba*(Lindl.)Schneid.]花白色,单瓣。

(2)绯桃 (f. *magnifica* Schneid.)花鲜红色,重瓣。

(3)千瓣红桃 [f. *dinathiflora*(Van Houtte)Dipp.]花淡红色,半重瓣。

(4)千瓣白桃 (f. *albo-plena* Schneid.)花白色,半重瓣,密生。

(5)碧桃 (var. *duplex* Rehd.)花淡红色,重瓣。

(6)红花碧桃 (f. *aubro-plena* Schneid.)花红色,近重瓣。

(7)蟠桃 [var. *compressa* (Loudon) T.]果实扁平,核小,圆形,有深沟纹。

(8)垂枝碧桃 (var. *pendula* Dipp.)枝条下垂;花多近重瓣,并有白、粉红、红、粉白等花色种。

(9)绛桃 [f. *camelliaeflora* (Van Houtte)Dipp.]花深红色,花心白色,半重瓣,大而密生。

(10)撒金碧桃 [f. *versicolor* (Sieb.)Voss.]花半重瓣,白色,有时同一树上有粉红与白色相间的花朵,或白花而有红色条纹。

(11)菊花桃 (f. *stellata*)花鲜桃红色,花瓣细而多,形似菊花。

(12)紫叶桃 (var. *atropurpurea* Schneid.)嫩叶紫红色,后渐变为近绿色;花单瓣或重瓣,粉红或大红色。

(13)寿星桃 (var. *densa* Makino)植株矮小,节间特短,花芽密集;花重瓣或半重瓣,并有红、桃红、白等不同花色品种。

(14)塔形碧桃 (f. *pyramidalis* Dipp.)枝条直上,分枝角度小,树形窄塔形或窄圆锥形。花瓣数多,有粉红色、淡粉色、绛红色、纯白色等。

(15)'人面'桃'Dianthiflora'花粉红色,不同枝上花色有深有浅,重瓣。

【物候历】 叶展期 3 月 8 日至 6 月 5 日(叶芽膨大期 3 月 8 日,叶芽开放期 3 月 29 日,初叶期 4 月 6 日,盛叶期 4 月 30 日,全叶期 5 月 16 日,叶成形期 6 月 5 日),花期 3 月 16 日至 5 月 2 日(花芽膨大期 3 月 16 日,吐蕾期 4 月 2 日,初花期 4 月 4 日,盛花期 4 月 16 日,末花期 4 月 24 日,无花期 5 月 2 日),果期 4 月 24 日至 9 月 1 日(坐果期 4 月 24 日,成熟期 8 月 10 日,初落果期 8 月 22 日,盛落果期 9 月 1 日),叶脱落期 10 月 8 日至 11 月 26 日(叶初变色期 10 月 8 日,叶片始落期 10 月 20 日,落叶盛期 11 月 5 日,落叶末期 11 月 20 日,无叶期11 月 26 日)。

【重要物候节点图谱】

叶芽膨大期

叶芽开放期

叶成形期

花芽膨大期

初花期

盛花期

坐果期

成熟期

46.山桃(花桃)

【学名】 *Prunus davidiana* Franch.

【科属】 蔷薇科(李亚科) 桃属

【主要形态特征】 落叶小乔木,高达 10 m。树皮暗紫色或灰褐色,平滑有光泽,枝条多直立;小枝较细,冬芽无毛。叶长卵状披针形,长 5~10 cm,中下部最宽。花单生,花瓣 5 枚,阔倒卵形,淡粉红色或白色;花萼紫色,萼片外无毛;早春叶前开花。核果球形,黄绿色,表面有黄褐色柔毛。

【识别要点】 树皮暗紫色或灰褐色,平滑有光泽;小枝较细,冬芽无毛。花瓣 5 枚,萼片外无毛。果具纵沟,常被黄褐色柔毛。

【生态习性】 山桃主产于我国黄河流域。喜光,耐寒,耐旱,较耐盐碱,忌水湿。

【观赏价值及园林用途】 该品种开花特早,是北方园林中早春重要的观花树种,且冬季树皮红色光亮,深受人们的喜爱,被广泛地应用于园林绿化,也是桃树繁殖的良好砧木。

【栽培变种】

(1)白花山桃'Alba'花白色,单瓣。

(2)红花山桃'Rubra'花深粉红色,单瓣。

(3)曲枝山桃'Tortuosa'枝近直立而自然扭曲;花淡粉红色,单瓣。北京、锦州等地有栽培。

(4)白花曲枝山桃'Alba Tortuosa'花白色,单瓣;枝近直立而自然扭曲。北京林业大学校园有栽培。

(5)白花山碧桃'Albo-plena'树体较大而开展,树皮光滑,似山桃;花白色,重瓣,颇似白碧桃,但萼外近无毛,而且花期较白碧桃早半个月左右。北京园林绿地中有栽培。白花山碧桃是桃和山桃的天然杂交种,也有学者将其归入桃(*P.persica*)类。

【物候历】 叶展期3月12日至6月8日(叶芽膨大期3月12日,叶芽开放期4月1日,初叶期4月8日,盛叶期4月30日,全叶期5月16日,叶成形期6月8日),花期3月2日至4月3日(花芽膨大期3月2日,吐蕾期3月13日,初花期3月15日,盛花期3月24日,末花期3月29日,无花期4月3日),果期3月29日至7月22日(坐果期3月29日,成熟期7月10日,初落果期7月17日,盛落果期7月22日),叶脱落期10月8日至11月26日(叶初变色期10月8日,叶片始落期10月20日,落叶盛期11月5日,落叶末期11月20日,无叶期11月26日)。

【重要物候节点图谱】

叶芽开放期

初叶期

全叶期

花芽膨大期

盛花期

坐果期

47.杏

【学名】 *Prunus armeniaca* L.

【科属】 蔷薇科(李亚科) 杏属

【主要形态特征】 落叶乔木,高达10 m;小枝红褐色,无毛,芽单生。叶卵圆形或卵状椭圆形,长5~8 cm,基部圆形或广楔形,先端突尖或突渐尖,缘具钝锯齿;叶柄常带红色,且具2腺体。花通常单生,淡红色或近白色,近无梗;花萼5片,紫绿色,反曲;3~4月开花。果球形,径2~3 cm,具纵沟,熟时黄色或带红晕,近光滑,果核两侧扁,平滑。

【识别要点】 小枝红褐色,叶柄常带红色。花单生或2~3朵簇生,淡红色或近白色,近无梗,花萼紫绿色,反曲。果球形,具纵沟,黄色或带红晕。

【生态习性】 杏分布于东北、华北、西北、西南及长江中下游各地。喜光,适应性强。耐寒、耐旱性强,抗盐碱性较强,是华北地区最常见的果树之一。

【观赏价值及园林用途】 本种早春繁花满树,美丽可观,在园林中宜成林成片栽植,也可作荒山造林绿化树种。

【同属相似种】

(1)山杏(西伯利亚杏)[*Armeniaca sibirica* (L.) Lam.]落叶小乔木,有时呈灌木状。叶较小,卵圆形或近扁圆形,先端尾尖,锯齿圆钝。花单生,白色或粉红色,近无梗;叶前开花。果扁,小而肉薄,具纵沟,常被绒毛或白霜,成熟后开裂。产于我国东北、内蒙古及华北地区。喜光，耐寒性强，耐干旱瘠薄。可用作荒山绿化，也可作杏树繁殖的砧木。

(2)辽梅山杏(毛叶重瓣山杏、辽梅)(*Armeniaca sibirica* var.*pleniflora*)花多，重瓣，花型似梅花，具清香，且抗寒、抗旱、抗病，是极具观赏价值的“北方梅花”。

(3)美人梅(*Armeniaca mume*‘Beauty mei’)属园艺杂交种，由重瓣粉型梅花(*Armeniaca mume* ‘Alphandii’)与紫叶李[*Prunus cerasifera* f.*atropurpurea*(Jacq.)Rehd.]杂交而成。落叶小乔木。叶片卵圆形，长 5~9 cm，紫红色。花较似梅，粉红色，繁密，半重瓣或重瓣，先花后叶。喜阳光充足、通风良好、开阔的环境。要求土层深厚、排水良好、富含有机质的土壤。嫁接、压条、扦插繁殖。是优良的园林观赏、环境绿化的树种。

(4)江梅(*Armeniaca mume* Sieb. f. *simpliciflora* T. Y. Chen)属直枝梅类。花单瓣，花瓣为 5 瓣，呈白、粉、红等单色，花萼为紫色或紫绿相间。江梅是最常见的梅花，具有重要的观赏价值及药用价值。

【物候历】 叶展期 3 月 8 日至 5 月 29 日(叶芽膨大期 3 月 8 日，叶芽开放期 3 月 30 日，初叶期 4 月 6 日，盛叶期 4 月 22 日，全叶期 5 月 8 日，叶成形期 5 月 29 日)，花期 3 月 8 日至 4 月 11 日(花芽膨大期 3 月 8 日，吐蕾期 3 月 21 日，初花期 3 月 23 日，盛花期 4 月 2 日，末花期 4 月 8 日，无花期 4 月 11 日)，果期 4 月 8 日至 6 月 15 日(坐果期 4 月 8 日，成熟期 5 月 26 日，初落果期 6 月 7 日，盛落果期 6 月 15 日)，叶脱落期 10 月 9 日至 11 月 26 日(叶初变色期 10 月 9 日，叶片始落期 10 月 26 日，落叶盛期 11 月 12 日，落叶末期 11 月 20 日，无叶期 11 月 26 日)。

【重要物候节点图谱】

初叶期

盛叶期

吐蕾期

盛花期

坐果期

成熟期

48.梅(中国梅、干枝梅、酸梅)

【学名】 *Prunus mume* Sieb.et Zucc.

【科属】 蔷薇科 李属

【主要形态特征】 小乔木，稀灌木，高达 15 m；树皮浅灰色或带绿色，平滑；小枝绿色，光滑无毛。叶片卵形或椭圆形，叶边常具小锐锯齿，灰绿色。花单生或有时 2 朵同生于 1 芽内，直径 2~2.5 cm，香味浓，先于叶开放；花萼通常红褐色，但有些品种的花萼为绿色或绿紫色；花瓣倒卵形，花粉红色、白色或红色，近无梗，芳香；早春叶前开花。果实近球形，直径 2~3 cm，黄色或绿白色，被柔毛，味酸；果肉与核黏附在一起；核椭圆形，两侧微扁。花期冬春季，果期 5~6 月。

【识别要点】 树皮浅灰色或带绿色，平滑；小枝绿色，光滑无毛；花先于叶开放，花瓣倒卵形，果实近球形。

【生态习性】 梅原产于中国西南部地区，主要生长在温带生物群落中，喜土质疏松、排水良好、通风向阳的高燥地，对光照、水敏感。在中国已有三千多年的栽培历史，无论作观赏或果树均有许多品种。许多类型不仅可以露地栽培观赏，而且还可以栽为盆花，制作梅桩，亦可作核果类果树繁殖的砧木。

【观赏价值及园林用途】 梅花是中国十大名花之首，与兰花、竹子、菊花一起列为“四君子”，与松、竹并称为“岁寒三友”。在中国传统文化中，梅以它高洁、坚强、谦虚的品格，给人以立志奋发的激励。在严寒中，梅开百花之先，独天下而春。梅花色白雅洁，在冬末春初开花，枝干苍古，植为盆景、庭木尤富观赏价值。梅是中国特有的传统花果，已有3000多年的应用历史，园林中多用于公园、水系、庭院栽植。

我国著名梅花专家陈俊愉院士经长期而深入的研究，已经建立了一套完整的梅花分类系统。该系统将300余个梅花品种，首先按其种源组成分为真梅、杏梅和樱李梅3个种系(Branch)，其下按枝态分为若干个类(Group)，再按花的特征分为若干个型(Form)。现将其主要类型简介如下：

(1)直枝梅类[Upright Mei Group](*P.mume* var.*typica*)枝条直立或斜出。

①品字梅型[Pleiocarpa Form]雌蕊具心皮3~7，每花能结数果。品种如‘品字梅’等。

②江梅型[Single Flowered Form]花单瓣，呈红、粉、白等单色，花萼不为纯绿。品种如‘江梅’‘单粉’‘白梅’‘小玉蝶’等。

③宫粉型[Pink Double Form]花重瓣或半重瓣，呈或深或浅的粉红色，花萼绛紫色。品种有很多，如‘红梅’‘宫粉’‘粉皮宫粉’‘千叶红’等。

④玉蝶型[Alboplena Form]花重瓣或半重瓣，白色或近白色，花萼绛紫色。品种如‘玉蝶’‘三轮玉蝶’等。

⑤黄香型[Flavescens Form]花单瓣至重瓣，淡黄色。品种如‘单瓣黄香’‘南京复黄香’等。

⑥绿萼型[Green Calyx Form]花白色，单瓣、半重瓣或重瓣，花萼纯绿色。品种如‘小绿萼’‘金钱绿萼’‘二绿萼’等。

⑦洒金型[Versicolor Form]同一植株上开红、白二色斑点、条纹之花朵，单瓣或半重瓣。品种如‘单瓣跳枝’‘复瓣跳枝’‘晚跳枝’等。

⑧朱砂型[Cinnabar Purple Form]花紫红色，单瓣至重瓣；枝内新生木质部紫红色。品种如‘骨里红’‘粉红朱砂’‘白须朱砂’等。

(2)垂枝梅类[Pendulous Mer Group](*P.mume* var.*pendula*)枝条自然下垂或斜垂。

①粉花垂枝型[Pink Pendulous Form]花单瓣至重瓣，粉红，单色。品种如‘单粉垂枝’‘单红垂枝’‘粉皮垂枝’等。

②五宝垂枝型[Versicolor Pendulous Form]花复色。品种如‘跳雪垂枝’等。

③残雪垂枝型[Albiflora Pendulous Form]花白色，半重瓣，花萼绛紫色。品种如‘残雪’等。

④白碧垂枝型[Viridiflora Pendulous Form]花白色，单瓣或半重瓣，花萼纯绿色。品种如‘双碧垂枝’‘单碧垂枝’等。

⑤骨红垂枝型[Atropurpurea Pendulous Form]花紫红色，花萼绛紫色；枝内新生木质部紫红色。品种如‘骨红垂枝’‘锦红垂枝’等。

(3)龙游梅类[Tortuous Dragon Group](*P.mume* var.*tortuosa*)枝条自然扭曲。品种如‘龙游梅’(花白色，半重瓣)等。

(4)杏梅类[Apricot Mei Group](*P.mume* var.*bungo*)枝条形态介于梅、杏之间；花较似杏，花托肿大，不香或微香，花期较晚。杏梅类是梅与杏或山杏之天然杂交种，抗寒性较强。品种有单瓣的‘北杏梅’、半重瓣或重瓣的‘丰后’‘送春’等。

(5)樱李梅类[Blireiana Group](*P.*×*blireiana*,*P.cerasifera*‘*Pissardii*’×*P.mume* ‘Alphandii’)枝叶似紫叶李；花较似梅，淡紫红色，半重瓣或重瓣，花梗长约 1 cm；花叶同放。樱李梅类是紫叶李与‘宫粉梅’的人工杂交种，19 世纪末首先在法国育成。品种如‘美人梅’‘小美人梅’等。

【物候历】 叶展期 2 月 12 日至 6 月 2 日(叶芽膨大期 2 月 12 日，叶芽开放期 3 月 22 日，初叶期 3 月 31 日，盛叶期 4 月 27 日，全叶期 5 月 12 日，叶成形期 6 月 2 日)，花期 2 月 16 日至 4 月 11 日(花芽膨大期 2 月 16 日，吐蕾期 3 月 5 日，初花期 3 月 8 日，盛花期 3 月 22 日，末花期 3 月 31 日，无花期 4 月 11 日)，果期 3 月 31 日至 6 月 30 日(坐果期 3 月 31 日，成熟期 6 月 3 日，初落果期 6 月 18 日，盛落果期 6 月 30 日)，叶脱落期 9 月 18 日至 10 月 27 日(叶初变色期 9 月 18 日，叶片始落期 9 月 29 日，落叶盛期 10 月 7 日，落叶末期 10 月 18 日，无叶期 10 月 27 日)。

【重要物候节点图谱】

叶芽开放期

初叶期

花芽膨大期

盛花期

坐果期

49.李

【学名】 *Prunus salicina* Lindl.

【科属】 蔷薇科(李亚科) 李属

【主要形态特征】 落叶乔木，高达 7 m；小枝褐色，通常无毛；腋芽单生。单叶互生，倒卵状椭圆形，长 3~7 cm，先端突尖或渐尖，基部楔形，缘具不规则细钝齿。花白色，径 1.5~2 cm，具长柄，3 朵簇生，花萼、花冠各为 5 枚，花期 4 月，叶前开花。核果近球形，具 1 纵沟，径 4~7 cm，外被蜡粉。

【识别要点】 叶先端突尖或渐尖，基部楔形，缘具不规则细钝齿。腋芽单生；花白色，具长柄，3 朵簇生；果具纵沟，外被蜡粉。

【生态习性】 李分布于我国东北南部、华北、华东及华中地区。其适应性强,管理粗放。

【观赏价值及园林用途】 南北各地低山区常作果树栽培,也可植于庭院观赏。

【物候历】 叶展期3月1日至5月24日(叶芽膨大期3月1日,叶芽开放期3月24日,初叶期3月30日,盛叶期4月18日,全叶期5月2日,叶成形期5月24日),花期3月14日至4月20日(花芽膨大期3月14日,吐蕾期3月28日,初花期3月30日,盛花期4月7日,末花期4月12日,无花期4月20日),果期4月12日至7月8日(坐果期4月12日,成熟期6月5日,初落果期6月25日,盛落果期7月8日),叶脱落期10月26日至11月26日(叶初变色期10月26日,叶片始落期11月2日,落叶盛期11月10日,落叶末期11月20日,无叶期11月26日)。

【重要物候节点图谱】

初叶期

全叶期

吐蕾期

盛花期

坐果期

50.樱桃李(欧洲樱李)

【学名】 *Prunus cerasifera* Ehrh.

【科属】 蔷薇科(李亚科) 李属

【主要形态特征】 落叶灌木或小乔木,高可达8 m;枝条细长,开展,暗灰色,有时有棘刺;小枝暗红色,无毛。叶片椭圆形、卵形或倒卵形,长3~6 cm,先端急尖,基部楔形或近圆形,边缘有圆钝锯齿;上面深绿色,中脉微下陷;下面颜色较淡,中脉和侧脉均突起。花1朵,稀2朵;花梗无毛或微被短柔毛;花直径2~2.5 cm;萼筒钟状,与萼片近等长,萼筒和萼片外面无毛;花瓣白色,长圆形或匙形,边缘波状。核果近球形或椭圆形,直径2~3 cm,黄色、红色或黑色,微被蜡粉。花期4月,果期8月。

【识别要点】 叶上面深绿色,下面颜色较淡,中脉和侧脉均突起。花白色。核果黄色、红色或黑色,微被蜡粉。

【生态习性】 樱桃李原产于新疆。中亚、天山、伊朗、小亚细亚、巴尔干半岛均有分布。

【观赏价值及园林用途】 樱桃李由于长期栽培,变种、变型颇多,有黑叶李f.*nigra* Bailey(枝叶黑紫色)、红叶李'Newportii'(叶红色,花白色)、紫叶李[f.*atropurpurea*(Jacq.)Rehd.](叶紫红色,花较小,淡粉红色,果小,暗红色)、紫叶矮樱(*Prunus cistena*×N.E.Hansen)等观叶品种。其中,紫叶李和红叶李在华北地区园林应用较广。紫叶矮樱为紫叶李和矮樱的杂交种,因其枝条萌发力强、生长快、耐修剪、叶色亮丽,初生叶暗红色,成熟叶紫红色,所以既可作为彩篱或色块整体栽植,也可丛植和孤植,是优良的观叶树种。

【物候历】 叶展期2月12日至5月16日(叶芽膨大期2月12日,叶芽开放期3月16

日，初叶期 3 月 28 日，盛叶期 4 月 16 日，全叶期 4 月 30 日，叶成形期 5 月 16 日)，花期 2 月 20 日至 4 月 18 日(花芽膨大期 2 月 20 日，吐蕾期 3 月 23 日，初花期 3 月 25 日，盛花期 4 月 5 日，末花期 4 月 11 日，无花期 4 月 18 日)，果期 4 月 11 日至 8 月 15 日(坐果期 4 月 11 日，成熟期 8 月 5 日，初落果期 8 月 10 日，盛落果期 8 月 15 日)，叶脱落期 11 月 8 日至 12 月 16 日(叶初变色期 11 月 8 日，叶片始落期 11 月 20 日，落叶盛期 11 月 26 日，落叶末期 12 月 1 日，无叶期 12 月 16 日)。

【重要物候节点图谱】

初叶期

花芽膨大期

盛花期

成熟期

51.樱桃

【学名】 *Prunus pseudocerasus* Lindl.

【科属】 蔷薇科(李亚科) 樱属

【主要形态特征】 落叶小乔木，株高可达 6 m，嫩枝无毛或微被毛。叶卵圆形至卵状椭圆形，先端渐尖或尾尖，基部圆形，边缘具大小不等的尖锐重锯齿，齿尖有小腺体，上面无毛或微具毛，下面有稀疏柔毛；叶柄有短柔毛。花 2~6 朵成伞房状花序，白色，花瓣端凹缺；萼筒及花梗被短柔毛；萼片卵圆形或长圆状三角形，花后反折。核果近球形，无沟，红色或橘红色。花期 3~4 月，果期 5~6 月。

【识别要点】 花 2~6 朵成伞房状花序，白色，花瓣端凹缺；萼筒及花梗被短柔毛，萼片花后反折。核果近球形，红色或橘红色，无沟。

【生态习性】 樱桃分布于华北、华东、华中至四川，朝鲜、日本也有分布。喜光，喜温暖湿润气候及排水良好的沙质土壤，较耐干旱瘠薄。

【观赏价值及园林用途】 樱桃新叶娇艳，红果满树，极为美观。孤植、丛植、群植均宜。除用作果树栽培，也可用于园林绿化。

【物候历】 叶展期 2 月 28 日至 5 月 24 日(叶芽膨大期 2 月 28 日，叶芽开放期 3 月 20 日，初叶期 3 月 28 日，盛叶期 4 月 20 日，全叶期 5 月 6 日，叶成形期 5 月 24 日)，花期 2 月 28 日至 4 月 6 日(花芽膨大期 2 月 28 日，吐蕾期 3 月 16 日，初花期 3 月 18 日，盛花期 3 月 25 日，末花期 3 月 30 日，无花期 4 月 6 日)，果期 4 月 6 日至 5 月 18 日(坐果期 4 月 6 日，成熟期 5 月 12 日，初落果期 5 月 15 日，盛落果期 5 月 18 日)，叶脱落期 10 月 18 日至 11 月 26 日(叶初变色期 10 月 18 日，叶片始落期 10 月 24 日，落叶盛期 11 月 10 日，落叶末期 11 月 16 日，无叶期 11 月 26 日)。

【重要物候节点图谱】

叶芽开放期

初叶期

全叶期

花芽膨大期

吐蕾期

盛花期

坐果期

成熟期

52.山樱花

【学名】 *Cerasus serrulata* (Lindl.) G. Don [*Prunus serrulata* (Lindl.)]

【科属】 蔷薇科(李亚科)　樱属

【主要形态特征】 落叶乔木,高 3~8 m,树皮灰褐色或灰黑色。小枝灰白色或淡褐色,无毛,腋芽单生。叶与花互生,卵状椭圆形,长 5~9 cm,缘有芒状单或重锯齿,齿尖有腺体,表面深绿色,背面淡绿色,无毛。花序伞房总状或近伞形,有花 2~3 朵;花瓣白色,稀粉红色,倒卵形,先端下凹,径 2.5~4 cm;萼筒管状而无毛,萼片水平开展,花萼、花瓣均为 5 枚。核果球形或卵球形,紫黑色,径 8~10 mm。花期 4~5 月,果期 6~7 月。

【识别要点】 叶卵状椭圆形,缘有芒状单或重锯齿,花白色或稀粉红色,无香,2~3 朵,成伞状花序;叶前开花。萼筒管状而无毛,边缘全缘。核果紫黑色。

【生态习性】 山樱花原产于中国、朝鲜及日本。喜光,有一定耐寒和抗旱能力。喜温暖湿润的气候,对土壤的要求不严,对烟尘、有害气体及海潮风的抵抗力均较弱,不耐盐碱土。根系较浅,忌积水低洼地。

【观赏价值及园林用途】 山樱花为早春重要的观花树种,常用于园林观赏。宜群植,形成"花海"景观,也可孤植或三五成丛点缀于绿地。

【同属相似种及变种】

(1)枝垂山樱(仙台枝垂)(*Cerasus serrulata*'Sendai-shidare')叶片初时紫色;花蕾粉红色,开花白色,花朵直径 3.5 cm;萼筒长钟形,浅紫褐色;花瓣 5 枚,圆形;枝条较粗,树势强健,属栽培广泛的传统品种。

(2)垂枝大叶早樱(垂枝樱花)[*Cerasus subhirtella* var. *pendula* (Tanaka) Yu et Li] 是大叶早樱(野生早樱)[*Cerasus subhirtella* (Miq.) Sok.] 的变种。树皮灰褐色,枝条开展成弯弓形,小枝下垂呈鞭状。叶片卵形至卵状长圆形,边缘有细锐锯齿和重锯齿,上面暗绿色,下面淡绿色，伏生白色疏柔毛。花序伞形，有花数朵，花柄长；萼筒管状，近平滑无毛，基部稍膨大，颈部稍缩小。花瓣淡红色，倒卵长圆形，先端下凹，花叶同开。核果卵球形，黑色。

(3)八重红枝垂樱'Plena-rosea' 是垂枝大叶早樱的重瓣花品种。花枝低垂，花瓣多层，重瓣，多枚，开张，淡红转白色。花瓣常卷曲，小花梗细长，花成束，下垂，先叶开放。

【物候历】 叶展期 3 月 2 日至 6 月 12 日（叶芽膨大期 3 月 2 日，叶芽开放期 3 月 30 日，初叶期 4 月 8 日，盛叶期 4 月 30 日，全叶期 5 月 16 日，叶成形期 6 月 12 日），花期 2 月 28 日至 4 月 21 日（花芽膨大期 2 月 28 日，吐蕾期 3 月 29 日，初花期 4 月 1 日，盛花期 4 月 8 日，末花期 4 月 16 日，无花期 4 月 21 日），果期 4 月 16 日至 6 月 21 日（坐果期 4 月 16 日，成熟期 6 月 4 日，初落果期 6 月 15 日，盛落果期 6 月 21 日），叶脱落期 10 月 18 日至 11 月 26 日（叶初变色期 10 月 18 日，叶片始落期 10 月 24 日，落叶盛期 11 月 10 日，落叶末期 11 月 16 日，无叶期 11 月 26 日）。

【重要物候节点图谱】

初叶期

叶成形期

盛花期

坐果期

花芽膨大期

吐蕾期

成熟期

53.日本晚樱

【学名】 *Prunus lannesiana* Carr.

【科属】 蔷薇科（李亚科） 樱属

【主要形态特征】 落叶乔木，高达 10 m；树皮带银灰色。叶片椭圆状卵形、长椭圆形至倒卵形，叶缘重锯齿具长芒，表面无毛，背面沿叶脉有短柔毛。花单或重瓣，下垂，初放时粉红色，后白色，花瓣顶端内凹，有香气；萼筒管状，带紫红色，外有短柔毛，萼片边缘有细齿；花 2~5 朵聚生成伞房状，具叶状苞片；4 月中、下旬开花。核果近球形，熟时由红色变紫褐色。

【识别要点】 花单或重瓣，下垂，粉红色或白色，有香气，萼筒管状，带紫红色。叶缘有重锯齿且具长芒。

【生长习性】 日本晚樱原产于日本，属浅根性树种，阳性，喜温湿气候，较耐寒。

【观赏价值及园林用途】 其花大而芳香，盛开时繁花似锦。花期较其他樱花晚而长，为重要的园林观花树种。

【栽培变种】 本种园艺品种极多，主要由本种及其变种与其他种类杂交培育而成。按花色分,有纯白、粉白、深粉至淡黄色,幼叶有黄绿、红褐至紫红诸色,花瓣有单瓣、半重瓣至重瓣之别。

(1)绯红晚樱'Hatzakura'花半重瓣,白色而染绯红色。

(2)白花晚樱'Albida'花白色,单瓣。

(3)粉白晚樱'普贤象樱花''Albo-rosea'花苞初开时是粉红色的,但等到全开时会变成粉白色。花芯伸出2片由雌蕊叶化而成的绿叶。将花喻为普贤菩萨乘坐的象的鼻子,将已叶化的雌蕊前端残留的2个花柱比作象牙,'普贤象樱花'即由此得名。

(4)'牡丹'晚樱(红叶樱)'Botanzakura'花粉红色或淡粉红色,重瓣;幼叶古铜色。在我国各地栽培较多。

(5)绿樱(郁金)'Grandiflora'在开花初期特别是花蕾初绽时,花淡黄绿色,重瓣,特征明显,花瓣基部绿色深重。到中晚期,花颜色变得浅淡,尖端颜色逐渐淡化,花瓣略带淡红色。花瓣受强日光照射后,绿色将变成黄白色。嫩叶茶绿色。

(6)大岛樱(var.speciosa)野生樱花的代表,树高可达15 m。花白色,单瓣,端2裂,径3~4 cm,呈伞房状。萼筒长钟形,萼片呈披针形,边缘有锯齿,花整体无毛。3、4月花叶同开。

【物候历】 叶展期3月8日至6月8日(叶芽膨大期3月8日,叶芽开放期3月30日,初叶期4月7日,盛叶期4月30日,全叶期5月15日,叶成形期6月8日),花期3月18日至5月8日(花芽膨大期3月18日,吐蕾期4月7日,初花期4月9日,盛花期4月20日,末花期4月26日,无花期5月8日),果期4月20日至7月10日(坐果期4月20日,成熟期6月16日,初落果期6月28日,盛落果期7月10日),叶脱落期10月26日至12月1日(叶初变色期10月26日,叶片始落期11月2日,落叶盛期11月10日,落叶末期11月22日,无叶期12月1日)。

【重要物候节点图谱】

初叶期

盛叶期

花芽膨大期

初花期

盛花期

54.东京樱花(日本樱花、江户樱)

【学名】 *Prunus×yedoensis* Matsum.

【科属】 蔷薇科(李亚科) 樱属

【主要形态特征】 落叶乔木,高达15 m;树皮灰色,平滑;小枝淡紫褐色,无毛,嫩枝绿色,被疏柔毛。叶椭圆状卵形或倒卵状椭圆形,长5~12 cm,先端渐尖或尾尖,缘具尖锐重锯齿,齿端渐尖,有小腺体,背脉及叶柄具柔毛。花白色或淡粉红色,花瓣5枚,椭圆卵形,先端凹缺,全缘二裂,有香气。萼筒、花梗被短柔毛,萼片有细尖腺齿,萼筒管状;花3~4朵成伞形或短总状花序。核果近球形,黑色,径约 1 cm。花期 4 月,果期 5 月。

【识别要点】 嫩枝有毛。叶缘具尖锐重锯齿,背脉及叶柄具柔毛。花白色或淡粉红色,花瓣 5 枚,先端凹缺,有香气,萼筒短管状而有毛,萼片有细尖腺体;果黑色。

【生态习性】 东京樱花原产于日本,我国各地有栽培。喜光,性强健,生长快,开花多且早,但寿命较短。

【观赏价值及园林用途】 东京樱花开花时花繁艳丽,满树烂漫,如云似霞,极为壮观,为著名的观花树种。唯花期很短,只能保持 5~6 天。

【物候历】 叶展期 2 月 12 日至 5 月 24 日(叶芽膨大期 2 月 12 日,叶芽开放期 3 月 30 日,初叶期 4 月 8 日,盛叶期 4 月 23 日,全叶期 5 月 8 日,叶成形期 5 月 24 日),花期 3 月 4 日至 4 月 13 日(花芽膨大期 3 月 4 日,吐蕾期 3 月 23 日,初花期 3 月 25 日,盛花期 3 月 30 日,末花期 4 月 6 日,无花期 4 月 13 日),果期 4 月 6 日至 6 月 8 日(坐果期 4 月 6 日,成熟期 5 月 18 日,初落果期 5 月 24 日,盛落果期 6 月 8 日),叶脱落期 10 月 18 日至 11 月 26 日(叶初变色期 10 月 18 日,叶片始落期 10 月 24 日,落叶盛期 11 月 10 日,落叶末期 11 月 16 日,无叶期 11 月 26 日)。

【重要物候节点图谱】

叶芽开放期

盛叶期

盛花期

成熟期

55.稠李

【学名】 *Prunus padus* L.

【科属】 蔷薇科(李亚科) 稠李属

【主要形态特征】 落叶乔木,高达 13~15 m。树皮灰褐色或黑褐色,浅纵裂,小枝紫褐色,有棱,幼枝灰绿色,近无毛。单叶互生,叶椭圆形、倒卵形或长圆状倒卵形,长 6~14 cm,宽 3~5 cm,先端突渐尖,基部宽楔形或圆形,缘具尖细锯齿,有侧脉 8~11 对;叶表深绿色,叶背灰绿色,仅脉腋有簇毛,叶柄长 1 cm 以上,近叶片基部有 2 腺体。腋生总状花序,下垂,基部常有叶片,长达 7~15 cm,有花 10~20 朵;花瓣白色,略有异味,径 1~1.5 cm;雄蕊多数,黄色,雄蕊长不足花瓣长之半,花梗长 1~1.5 cm。核果近球形,红褐色至黑色,有光泽,径 6~8 mm。花期 4~5 月,8~9 月果熟。

【识别要点】 树皮灰褐色或黑褐色,浅纵裂,小枝紫褐色,幼枝灰绿色,近无毛。叶表深绿色,叶背灰绿色,仅脉腋有簇毛。下垂总状花序,雄蕊长不足花瓣长之半。核果红褐色至黑色。

【生态习性】 稠李产于我国东北、华北、内蒙古及西北地区,北欧、俄罗斯、朝鲜、日本也有分布。喜光也耐荫，抗寒力较强，怕积水，不耐干旱瘠薄，在湿润肥沃的沙质土壤上生长良好。萌蘖力强，病虫害少。以播种繁殖为主，也可以分蘖繁殖。

【观赏价值及园林用途】 稠李花序长而下垂，花白如雪，极为壮观。入秋，叶色黄带微红，衬以紫黑果穗，十分美丽，是良好的观花、观叶、观果树种。稠李是蜜源树种，果很酸，不堪食，但成熟时常引来鸟类，为庭院增加生气。

【物候历】 叶展期 2 月 8 日至 5 月 8 日(叶芽膨大期 2 月 8 日，叶芽开放期 3 月 7 日，初叶期 3 月 14 日，盛叶期 4 月 5 日，全叶期 4 月 16 日，叶成形期 5 月 8 日)，花期 3 月 3 日至 4 月 20 日(花芽膨大期 3 月 3 日，吐蕾期 4 月 1 日，初花期 4 月 2 日，盛花期 4 月 10 日，末花期 4 月 14 日，无花期 4 月 20 日)，果期 4 月 14 日至 8 月 26 日(坐果期 4 月 14 日，成熟期 8 月 12 日，初落果期 8 月 15 日，盛落果期 8 月 26 日)，叶脱落期 10 月 16 日至 11 月 10 日(叶初变色期 10 月 16 日，叶片始落期 10 月 20 日，落叶盛期 10 月 26 日，落叶末期 11 月 2 日，无叶期 11 月 10 日)。

【重要物候节点图谱】

叶芽膨大期

叶芽开放期

初叶期

盛叶期

盛花期

吐蕾期

坐果期

成熟期

56.山楂

【学名】 *Crataegus pinnatifida* Bunge

【科属】 蔷薇科(苹果亚科)　山楂属

【主要形态特征】 落叶小乔木，高达 6 m；树皮粗糙，暗灰色或灰褐色，常有枝刺。小枝紫褐色，老枝灰褐色。单叶互生，宽卵形或三角状卵形，长 5~10 cm，羽状 5~9 深裂，裂缘有锯齿；托叶镰形，边缘有锯齿。花白色，成顶生伞房花序；花序梗、花柄都有长柔毛；萼片内外两面无毛或内面顶端有毛；花药粉红色。花 5~6 月开放。果近球形，深红色，有浅色斑点，径 1.5~2 cm。花期 5~6 月，果期 9~10 月。

【识别要点】 常有枝刺。叶羽状深裂，侧脉伸至裂片先端及裂片缺刻处；托叶大，呈蝶翅状。果深红色，有浅色斑点。

【生态习性】 山楂原产于我国东北、华北、内蒙古至江苏、浙江，朝鲜、俄罗斯也有分布。喜光，耐寒，喜冷凉干燥气候及排水良好土壤。

【观赏价值及园林用途】 山楂初夏开花满树洁白，秋季红果累累，是重要的观赏树种，在山东主要作果树栽培，也用于城市绿化。

【同属相似种及变种】

（1）毛山楂（*Crataegus maximowiczii* C. K. Schneid.）落叶灌木或小乔木，小枝粗壮，嫩时密被灰白色柔毛，二年生枝无毛，紫褐色，多年生枝灰褐色，有光泽，疏生长圆形皮孔。叶片宽卵形或菱状卵形，长 4~6 cm，先端急尖，基部楔形，边缘每侧各有 3~5 浅裂和疏生重锯齿，上面散生短柔毛，下面密被灰白色长柔毛，沿叶脉较密；叶柄被稀疏柔毛。复伞房花序，多花，总花梗和花梗均被灰白色柔毛，花瓣近圆形，白色，花药粉红色。果实球形，直径约 8 mm，红色，幼时被柔毛，后脱落。

（2）野山楂（*Crataegus cuneata* Siebold et Zucc.）落叶灌木，树皮浅裂，褐黄色，分枝密，通常具细刺；小枝细弱，有棱，幼时被柔毛，一年生枝紫褐色，老枝灰褐色，散生长圆形皮孔。叶片宽倒卵形至倒卵状长圆形，长 2~6 cm，先端急尖，基部窄楔形，下延连于叶柄，边缘有不规则重锯齿，顶端常有 3 或稀 5~7 浅裂片，上面无毛，有光泽，下面具稀疏柔毛，沿叶脉较密，以后脱落，叶脉显著。伞房花序具花 5~7 朵，总花梗和花梗均被柔毛；花药红色；花瓣近圆形或倒卵形，白色，基部有短爪。果实近球形或扁球形，直径 1~1.2 cm，黄色或橙红色。

（3）山里红（大山楂）（*Crataegus pinnatifida* Bunge var. *major* N. E. Br.）与山楂相比，果形较大，直径可达 2.5 cm，深亮红色；叶片大，分裂较浅；植株生长茂盛。

（4）无毛山楂（秃山楂）（*Crataegus pinnatifida* Bunge var. *psilosa* Schneid.）与山楂相比，叶片、叶柄、总花梗及小花梗、萼筒等各处均滑净无毛。

【物候历】 叶展期 3 月 2 日至 5 月 26 日（叶芽膨大期 3 月 2 日，叶芽开放期 3 月 30 日，初叶期 4 月 6 日，盛叶期 4 月 26 日，全叶期 5 月 6 日，叶成形期 5 月 26 日），花期 4 月 11 日至 5 月 14 日（花芽膨大期 4 月 11 日，吐蕾期 4 月 25 日，初花期 4 月 27 日，盛花期 5 月 6 日，末花期 5 月 11 日，无花期 5 月 14 日），果期 5 月 11 日至 10 月 29 日（坐果期 5 月 11 日，成熟期 9 月 20 日，初落果期 9 月 26 日，盛落果期 10 月 29 日），叶脱落期 10 月 16 日至 11 月 16 日（叶初变色期 10 月 16 日，叶片始落期 10 月 20 日，落叶盛期 10 月 29 日，落叶末期 11 月 8 日，无叶期 11 月 16 日）。

【重要物候节点图谱】

叶芽膨大期

全叶期

花芽膨大期

末花期

无花期

叶芽开放期

盛花期

坐果期

57.木瓜

【学名】 *Chaenomeles sinensis* (Thouin) Koehne

【科属】 蔷薇科(苹果亚科) 木瓜属

【主要形态特征】 落叶小乔木,高达 10 m,树皮斑状薄片剥落。小枝无刺,短小枝常呈棘状,紫红色,二年生枝紫褐色。单叶互生,卵状椭圆形,长 5~8 cm,革质,缘有芒状锐齿。花单生叶腋,粉红色,径 3~4 cm;雄蕊多数,长不及花瓣之半;萼片三角状披针形,边缘有腺齿,外面无毛,内面密被浅褐色绒毛,反折。果实长椭圆形,长 10~15 cm,暗黄色,木质,味芳香,果梗短。花期 4 月,9~10 月果熟。

【识别要点】 树皮斑状薄片剥落,小枝无刺。花单生,粉红色;萼片具腺齿,内面密被浅褐色绒毛,反折。叶具芒状锐齿,叶柄具腺齿。果实长椭圆形,暗黄色,木质,味芳香。

【生态习性】 木瓜分布于我国东部及中南部。喜光,喜温暖湿润气候及肥沃、深厚而排水良好的土壤,耐寒性不强。

【观赏价值及园林用途】 本种花红果香,干皮斑驳秀丽,常植于庭园观赏。

【物候历】 叶展期 2 月 16 日至 5 月 24 日(叶芽膨大期 2 月 16 日,叶芽开放期 3 月 11 日,初叶期 3 月 20 日,盛叶期 4 月 16 日,全叶期 5 月 2 日,叶成形期 5 月 24 日),花期 3 月 20 日至 4 月 27 日(花芽膨大期 3 月 20 日,吐蕾期 4 月 1 日,初花期 4 月 3 日,盛花期 4 月 11 日,末花期 4 月 20 日,无花期 4 月 27 日),果期 4 月 20 日至 11 月 6 日(坐果期 4 月 20 日,成熟期 9 月 20 日,初落果期 10 月 8 日,盛落果期 11 月 6 日),叶脱落期 10 月 18 日至 11 月 20 日(叶初变色期 10 月 18 日,叶片始落期 10 月 22 日,落叶盛期 11 月 6 日,落叶末期 11 月 16 日,无叶期 11 月 20 日)。

【重要物候节点图谱】

叶芽膨大期

盛叶期

花芽膨大期

叶芽开放期

初叶期

盛花期

坐果期

成熟期

58.苹果

【学名】 *Malus pumila* Mill.

【科属】 蔷薇科(苹果亚科) 苹果属

【主要形态特征】 落叶乔木,高达 15 m;小枝紫褐色,幼时密被绒毛。叶椭圆形至卵形,长 5~10 cm,先端尖,锯齿圆钝,暗绿色,背面有柔毛。花白色或带红晕,花梗与花萼均具灰白色绒毛，萼片长而尖，宿存，花丝长约等于花瓣之半，花柱 5 枚。果大，径在 5 cm 以上，两端均凹陷，顶部常有棱脊。花期 4~5 月，果熟期 7~10 月。

【识别要点】 小枝紫褐色。叶具钝锯齿，背面有柔毛。花白色或带红晕，伞房状聚伞花序。花梗与花萼均具灰白色绒毛，萼片宿存；花柱 5 枚。果顶部常有棱脊。

【生态习性】 苹果原产于欧洲及亚洲中西部。喜光，喜冷凉干燥气候。喜微酸性到中性土壤，最适于土层深厚、富含有机质、通气排水良好的沙质土壤。

【观赏价值及园林用途】 苹果不仅作为果树栽植，也可用于城市绿化。

【物候历】 叶展期 3 月 2 日至 5 月 28 日（叶芽膨大期 3 月 2 日，叶芽开放期 3 月 28 日，初叶期 4 月 6 日，盛叶期 4 月 24 日，全叶期 5 月 8 日，叶成形期 5 月 28 日），花期 3 月 2 日至 4 月 28 日（花芽膨大期 3 月 2 日，吐蕾期 4 月 6 日，初花期 4 月 8 日，盛花期 4 月 14 日，末花期 4 月 20 日，无花期 4 月 28 日），果期 4 月 20 日至 10 月 12 日（坐果期 4 月 20 日，成熟期 9 月 16 日，初落果期 9 月 26 日，盛落果期 10 月 12 日），叶脱落期 10 月 16 日至 12 月 20 日（叶初变色期 10 月 16 日，叶片始落期 10 月 26 日，落叶盛期 11 月 6 日，落叶末期 11 月 26 日，无叶期 12 月 20 日）。

【重要物候节点图谱】

叶芽膨大期

盛叶期

花芽膨大期

盛花期

叶芽开放期

坐果期

成熟期

59.山荆子

【学名】 *Malus baccata*(L.) Borkh.

【科属】 蔷薇科（苹果亚科） 苹果属

【主要形态特征】 落叶乔木，树冠广圆形，高 10~14 m。幼枝细弱，微屈曲，圆柱形，无毛，红褐色，老枝暗褐色。叶卵状椭圆形，长 3~8 cm，锯齿细尖整齐，近光滑，质较薄。伞形花序，具花 4~6 朵，无总梗，集生在小枝顶端，直径 5~7 cm；花梗细长；花瓣倒卵形，先端圆钝，基部有短爪，白色，密集，有香气；萼片长尖而脱落，花柄及萼外均无毛；雄蕊长约等于花瓣之半；花柱 5 枚或 4 枚，较雄蕊长。果近球形，亮红色或黄色，柄洼及萼洼稍微陷入。4~6 月开花，9~10 月果熟。

【识别要点】 小枝无毛。叶锯齿细尖整齐。花瓣白色，基部有短爪，萼片脱落，花柄及萼外均无毛。果小,近球形,亮红色或黄色。

【生态习性】 山荆子产于我国东北及黄河流域各地,俄罗斯、蒙古、朝鲜、日本也有分布。喜光,耐寒性强,耐干旱;深根性,寿命较长。

【观赏价值及园林用途】 山荆子树姿较美观,抗逆能力较强,生长较快,遮荫面大,白花繁密,果红而多,春花秋果,可植于园林观赏,也可用作行道树或园林绿化树种。

【物候历】 叶展期 2 月 16 日至 5 月 16 日(叶芽膨大期 2 月 16 日,叶芽开放期 3 月 18 日,初叶期 3 月 26 日,盛叶期 4 月 11 日,全叶期 4 月 30 日,叶成形期 5 月 16 日),花期 3 月 26 日至 4 月 20 日(花芽膨大期 3 月 26 日,吐蕾期 4 月 3 日,初花期 4 月 5 日,盛花期 4 月 11 日,末花期 4 月 16 日,无花期 4 月 20 日),果期 4 月 16 日至 9 月 26 日(坐果期 4 月 16 日,成熟期 9 月 12 日,初落果期 9 月 20 日,盛落果期 9 月 26 日),叶脱落期 10 月 2 日至 11 月 15 日(叶初变色期 10 月 2 日,叶片始落期 10 月 8 日,落叶盛期 10 月 20 日,落叶末期 11 月 1 日,无叶期 11 月 15 日)。

【重要物候节点图谱】

初叶期

全叶期

花芽膨大期

盛花期

坐果期

60.海棠花

【学名】 *Malus spectabilis* (Ait.) Borkh.

【科属】 蔷薇科(苹果亚科) 苹果属

【主要形态特征】 落叶小乔木,高达 9 m,树态峭立;枝条红褐色。叶椭圆形至卵状长椭圆形,长 5~8 cm,先端尖,基部广楔形或圆形,缘具紧贴细锯齿或近全缘;叶柄长 1.5~2 cm,具短柔毛。花序近伞形,有花 4~6 朵,具柔毛;花在蕾时深粉红色,开放后淡粉红至近白色;萼片较萼筒短或等长,三角状卵形,内面密被白色绒毛,宿存。果近球形,径约 2 cm,黄色,萼片宿存,基部无凹陷,梗洼隆起;果梗细长,先端肥厚。花期 4~5 月,果期 8~9 月。

【识别要点】 树态峭立,枝条红褐色。花在蕾时深粉红色,开放后淡粉红至近白色;萼片较萼筒短或等长。果黄色,果梗细长,梗洼隆起,萼片宿存,基部无凹陷。

【生态习性】 海棠花原产于我国北部地区,分布于华北、华东等地区。喜光,耐寒,耐旱,忌水湿。

【观赏价值及园林用途】 海棠花树姿潇洒,花开似锦,自古以来是雅俗共赏的名花,素有“花中神仙”“花贵妃”“花尊贵”之称,在皇家园林中常与玉兰、牡丹、桂花相配植,形成“玉棠富贵”的意境。常植人行道两侧、亭台周围、丛林边缘、水滨池畔及庭院一角等,也是制作盆景的材料。海棠花对二氧化硫有较强的抗性,也适用于城市街道绿地和矿区绿化。

【栽培变种】

(1)重瓣粉海棠(‘西府’海棠)var. *riversii* (Kirchn.) Rehd. 花较大,重瓣,粉红色;叶也较宽大。

(2)重瓣白海棠花 var. *albi-plena* Schelle. 花重瓣,白色或略带红晕。

【物候历】 叶展期 2 月 11 至 5 月 24 日(叶芽膨大期 2 月 11 日,叶芽开放期 3 月 12 日,初叶期 3 月 20 日,盛叶期 4 月 16 日,全叶期 5 月 2 日,叶成形期 5 月 24 日),花期 3 月 8 日至 4 月 22 日(花芽膨大期 3 月 8 日,吐蕾期 4 月 1 日,初花期 4 月 3 日,盛花期 4 月 11 日,末花期 4 月 18 日,无花期 4 月 22 日),果期 4 月 18 日至 10 月 8 日(坐果期 4 月 18 日,成熟期 8 月 20 日,初落果期 9 月 6 日,盛落果期 10 月 8 日),叶脱落期 10 月 16 日至 12 月 20 日(叶初变色期 10 月 16 日,叶片始落期 10 月 26 日,落叶盛期 11 月 6 日,落叶末期 11 月 26 日,无叶期 12 月 20 日)。

【重要物候节点图谱】

叶芽开放期

初叶期

全叶期

吐蕾期

盛花期

坐果期

61.西府海棠(小果海棠)

【学名】 *Malus×micromalus* Mak.

【科属】 蔷薇科(苹果亚科) 苹果属

【主要形态特征】 西府海棠是山荆子与海棠花的杂交种。小乔木,高达 2.5~5 m,树枝直立性强;小枝紫褐色或暗褐色,幼时有短柔毛,具稀疏皮孔。叶长椭圆形或椭圆形,基部多楔形,嫩叶被短柔毛;叶柄细长。伞形总状花序,有花 4~7 朵,花粉红色,花梗及花萼均具柔毛。果实近球形,直径 1~1.5 cm,红色,萼洼、梗洼均下陷。萼片少数宿存。花期 4~5 月,果期 8~9 月。

【识别要点】 小枝幼时有短柔毛;叶狭长,基部多为楔形,叶柄细长;花粉红色,花梗及花萼均具柔毛,萼片较萼筒短或等长。果红色,萼洼、梗洼均下陷,萼片大部分脱落。

【生态习性】 西府海棠原产于我国,现辽宁、河北、山西、山东、陕西、甘肃、云南等地均有栽培。喜光,耐寒,忌水涝,忌空气过湿,较耐干旱,对土质和水分要求不高,最喜肥沃、疏松、排水良好的沙质壤土;根系发达,寿命较长。

【观赏价值及园林用途】 西府海棠树姿直立,花朵密集,花美丽,各地有栽培观赏。我国北方地区种植较多。

【同属相似种】 八棱海棠:西府海棠栽培品种很多,果实的形状、大小、颜色和成熟期均有差别,其中的八棱海棠(怀来海棠)最负盛名,因果实上有八道棱状突起而得名。它枝条细长、柔软,树形十分优美,在华北地区用作苹果或花红繁殖的砧木,近年也用于园林观赏。

【物候历】叶展期 2 月 11 日至 5 月 22 日(叶芽膨大期 2 月 11 日,叶芽开放期 3 月 12 日,初叶期 3 月 18 日,盛叶期 4 月 13 日,全叶期 4 月 28 日,叶成形期 5 月 22 日),花期 3 月 8 日至 4 月 24 日(花芽膨大期 3 月 8 日,吐蕾期 4 月 6 日,初花期 4 月 8 日,盛花期 4 月 16 日,末花期 4 月 20 日,无花期 4 月 24 日),果期 4 月 20 日至 10 月 10 日(坐果期 4 月 20 日,成熟期 8 月 17 日,初落果期 9 月 8 日,盛落果期 10 月 10 日),叶脱落期 10 月 14 日至 12 月 1 日(叶初变色期 10 月 14 日,叶片始落期 10 月 20 日,落叶盛期 11 月 5 日,落叶末期 11 月 26 日,无叶期 12 月 1 日)。

【重要物候节点图谱】

叶芽膨大期

初叶期

盛花期

盛叶期

吐蕾期

初花期

坐果期

62.垂丝海棠

【学名】 *Malus halliana* (Voss) Koehne

【科属】 蔷薇科(苹果亚科)　苹果属

【主要形态特征】 落叶小乔木,高达 5 m;树冠开展。树皮灰褐色,光滑。小枝细弱,幼时褐色,有疏生短柔毛,后变为紫褐色。叶卵形或狭卵形,长 4~8 cm,基部楔形或近圆形,锯齿细钝,叶质较厚硬,叶暗绿而有光泽,背面灰绿色并有短柔毛;叶柄常紫红色。伞房花序,具花 4~6 朵;花粉红色,直径 3~3.5 cm,花瓣常在 5 数以上,花柱 4~5 枚,萼片深紫色,先端钝;花梗细长下垂,有稀疏柔毛,紫色。果梨形或倒卵形,径 6~8 mm,略带紫色,成熟很迟,萼片脱落。花期 3~4 月,果期 9~10 月。

【识别要点】 嫩枝、嫩叶均带紫红色。花粉红色,花梗红色,细长下垂。果略带紫色,成熟很迟,萼片脱落。

【生态习性】 垂丝海棠原产于我国西南部,长江流域至西南各地均有栽培。喜光,不耐荫,不耐水涝,也不甚耐寒,喜温暖湿润环境;对土壤要求不严,微酸或微碱性土壤均可生长,但以土层深厚、疏松、肥沃、排水良好略带黏质的土壤更好。此花生性强健,栽培容易,不需要特殊技术管理。

【观赏价值及园林用途】 垂丝海棠花色艳丽,花姿优美,花朵簇生枝端,花繁色艳,朵朵弯曲下垂,甚为美丽,是著名的庭园观赏花木,也可盆栽观赏。

【变种及栽培变种】

(1)白花垂丝海棠(var.*spontanea* Koidz.)叶较小,椭圆形至椭圆状倒卵形;花朵较小,淡粉红色或近白色,花柱4枚,花梗较短。

(2)重瓣垂丝海棠'Parkmanii'花红色或粉红色,半重瓣,花梗深红色。

(3)垂枝垂丝海棠'Pendula'小枝明显下垂。

(4)斑叶垂丝海棠'Variegata'叶面有白斑。

【物候历】 叶展期2月11日至5月20日(叶芽膨大期2月11日,叶芽开放期3月12日,初叶期3月14日,盛叶期4月10日,全叶期4月26日,叶成形期5月20日),花期3月8日至4月24日(花芽膨大期3月8日,吐蕾期4月4日,初花期4月6日,盛花期4月13日,末花期4月18日,无花期4月24日),果期4月18日至10月18日(坐果期4月18日,成熟期8月22日,初落果期9月16日,盛落果期10月18日),叶脱落期10月16日至12月10日(叶初变色期10月16日,叶片始落期10月20日,落叶盛期11月10日,落叶末期12月1日,无叶期12月10日)。

【重要物候节点图谱】

叶芽膨大期

叶芽开放期

全叶期

吐蕾期

初花期

盛叶期

坐果期

成熟期

63.湖北海棠(茶海棠)

【学名】 *Malus hupehensis* (Ramp.) Rehd.

【科属】 蔷薇科(苹果亚科) 苹果属

【主要形态特征】 落叶小乔木,高达8~12 m。枝硬直斜出,老枝紫色或紫褐色,幼时有毛。叶卵状椭圆形,长5~10 cm,先端渐尖,基部宽楔形,锯齿细尖;嫩叶常呈紫红色。伞房花序,具花4~6朵,花径3.5~4 cm,花瓣倒卵形,花蕾时粉红色,开放后白色,有香气;萼片略带紫色,三角状卵形,先端尖,较萼筒短或等长,脱落。果椭圆形或近球形,径约1 cm,黄绿色稍带红晕,果梗长2~4 cm。4~5月开花,8~9月果熟。

【识别要点】 幼枝被柔毛,后脱落。叶具细尖锯齿,嫩叶常呈紫红色。花蕾时粉红色,开放后白色;萼片略带紫色,萼片与萼筒等长或稍短。果椭圆形或近球形,黄绿色稍带红晕。

【生态习性】 湖北海棠原产于我国中部、西部至喜马拉雅山脉地区。喜光，较耐水湿，耐寒性强。

【观赏价值及园林用途】 本种干皮、枝条、嫩梢、幼叶、叶柄等部位均呈紫褐色，花蕾时粉红色，花开粉白色，花梗细长，小果红色，为华北地区春秋两季观花、观果的良好园林树种。

【物候历】 叶展期 2 月 20 日至 5 月 24 日(叶芽膨大期 2 月 20 日，叶芽开放期 3 月 21 日，初叶期 3 月 30 日，盛叶期 4 月 20 日，全叶期 5 月 6 日，叶成形期 5 月 24 日)，花期 3 月 21 日至 5 月 3 日(花芽膨大期 3 月 21 日，吐蕾期 4 月 7 日，初花期 4 月 9 日，盛花期 4 月 16 日，末花期 4 月 25 日，无花期 5 月 3 日)，果期 4 月 25 日至 10 月 12 日(坐果期 4 月 25 日，成熟期 8 月 20 日，初落果期 9 月 12 日，盛落果期 10 月 12 日)，叶脱落期 10 月 16 日至 12 月 1 日(叶初变色期 10 月 16 日，叶片始落期 10 月 26 日，落叶盛期 11 月 6 日，落叶末期 11 月 26 日，无叶期 12 月 1 日)。

【重要物候节点图谱】

叶芽膨大期

全叶期

初叶期

花芽膨大期

吐蕾期

盛花期

坐果期

64.北美海棠

【学名】 *Malus* ‘American’ cv.

【科属】 蔷薇科(苹果亚科)　苹果属

【主要形态特征】 落叶小乔木，株高一般在 5~7 m，树冠呈圆球状，或整株直立呈垂枝状。新干棕红色、黄绿色，老干灰棕色，有光泽，观赏性高。花朵基部合生，花白色、粉色、红色或鲜红色；花序分伞状或伞房状，果红、黄或绿色。

【识别要点】 新干棕红色、黄绿色，老干灰棕色，有光泽。花朵基部合生，花白色、粉色、红色或鲜红色。

【生态习性】 由于北美园林中应用的很多著名品种是由美国和加拿大的苗圃工作人员和植物研究人员从自然杂交的海棠中选育出来的，在北美已经流行并应用了几十年，所以被称为北美海棠。北美海棠抗性强，无病虫害，生理抗性强于其他国内外海棠品种。

【观赏价值及园林用途】 北美海棠的观赏价值很高，花色、叶色、果色和枝条色彩丰富。加之其不同季节中花、叶、果、枝和多姿的形态所突显出来的景观，使观赏期持续整年，是不可多得的集观花、观叶、观果为一体的观赏树种。因此，北美海棠在园林绿化方面有着其他树种无可比拟的魅力。

【栽培变种】 '红玉'海棠(*Malus*'Red Jade')、'红宝石'海棠(*Malus*'Hong Baoshi')、'粉芽'海棠(*Malus*'Spires')、'红丽'海棠(*Malus*'Splender')、'草莓果冻'海棠(*Malus*'Strawberry Parfait')、'凯尔斯'海棠(*Malus*'Kelsey')、'钻石'海棠(*Malus*'Sparkler)'、'王族'海棠(*Malus*'Royalty')、'绚丽'海棠(*Malus*'Radiant')、'亚当'海棠(*Malus*'Adams')、'印地安魔力'海棠(*Malus*'IndianMagic')、'雪球'海棠(*Malus*'Snowdrift')、'火焰'海棠(*Malus*'Flamer')等。

【物候历】 叶展期2月28日至5月24日(叶芽膨大期2月28日,叶芽开放期3月23日,初叶期3月30日,盛叶期4月24日,全叶期5月8日,叶成形期5月24日),花期3月28日至4月27日(花芽膨大期3月28日,吐蕾期4月5日,初花期4月8日,盛花期4月16日,末花期4月21日,无花期4月27日),果期4月21日至9月18日(坐果期4月21日,成熟期8月20日,初落果期8月26日,盛落果期9月18日),叶脱落期10月16日至12月10日(叶初变色期10月16日,叶片始落期10月20日,落叶盛期11月10日,落叶末期12月1日,无叶期12月10日)。

【重要物候节点图谱】

初叶期

盛叶期

花芽膨大期

盛花期

成熟期

65.白梨

【学名】 *Pyrus bretschneideri* Rehd.

【科属】 蔷薇科(苹果亚科) 梨属

【主要形态特征】 落叶小乔木,高达8 m;小枝幼时有柔毛;二年生枝紫褐色,具稀疏皮孔。叶卵形至卵状椭圆形,长5~11 cm ,基部广楔形至近圆形,缘有刺芒状尖锯齿,齿尖微向内曲;嫩时紫红绿色,两面均有绒毛。伞形总状花序,有花7~10朵,总花梗和花梗嫩时有绒毛;花白色,雄蕊20枚,长约等于花瓣之半;花柱5枚或4枚,与雄蕊近等长,基部无毛。果近球形,黄色,有细密斑点,果肉较软,萼脱落。4月开花,8~9月果熟。

【识别要点】 小枝幼时有柔毛。叶缘有刺芒状尖锯齿,齿尖微向内曲。花白色,花柱基部无毛。果近球形,黄色,果顶端萼片多脱落,稀部分宿存。

【生态习性】 白梨原产于我国北部及西北部,黄河流域常见栽培。喜冷凉干燥气候及肥沃湿润的沙质土,耐水湿,在平原生长最好。

【观赏价值及园林用途】 白梨主要作果树栽植,也可作庭园观赏。

【物候历】 叶展期3月2日至5月16日(叶芽膨大期3月2日,叶芽开放期3月24日,初叶期4月4日,盛叶期4月24日,全叶期5月6日,叶成形期5月16日),花期3月6

日至4月22日(花芽膨大期3月6日,吐蕾期4月2日,初花期4月4日,盛花期4月11日,末花期4月20日,无花期4月22日),果期4月16日至9月20日(坐果期4月16日,成熟期8月16日,初落果期8月24日,盛落果期9月20日),叶脱落期10月16日至12月1日(叶初变色期10月16日,叶片始落期10月26日,落叶盛期11月6日,落叶末期11月26日,无叶期12月1日)。

【重要物候节点图谱】

叶芽开放期

初叶期

叶成形期

吐蕾期

盛花期

坐果期

66.杜梨(棠梨)

【学名】 *Pyrus betulifolia* Bunge

【科属】 蔷薇科(苹果亚科)　梨属

【主要形态特征】 落叶乔木,高达10 m。小枝有时棘刺状,幼枝密被灰白色绒毛。叶菱状卵形至长圆卵形,长4~8 cm,缘有粗尖齿,幼叶两面具灰白色绒毛,老叶上面无毛而有光泽,仅背面有绒毛。伞形总状花序,密被灰白色绒毛,有花10~15朵,总花梗和花梗均被灰白色绒毛;花白色,雄蕊20枚,花药紫色,长约花瓣之半;花柱2~3枚,基部微具毛。果小,近球形,径约5~10 mm,褐色,有淡色斑点,萼片脱落,基部具带绒毛果梗。花期4月,果期8~9月。

【识别要点】 小枝有时棘刺状,幼枝密被灰白色绒毛。叶缘有粗尖齿,幼叶两面具绒毛,老叶仅背面有绒毛。花白色,花药紫色,花柱2~3枚;花序密被灰白色绒毛。果小,褐色,有淡色斑点。

【生态习性】 杜梨原产于东北南部、内蒙古、黄河流域至长江流域各地。喜光,耐寒,抗旱能力强,耐盐碱,耐涝性在梨属中最强;深根性,根萌性强,寿命长。

【观赏价值及园林用途】 杜梨白花繁多而美丽,可植于庭院观赏。生性强健,在北方盐碱地区应用较广。杜梨也是梨树的主要砧木。

【同属相似种】 豆梨(*Pyrus calleryana* Decne.)小枝粗壮,圆柱形,幼时有绒毛,后脱落。二年生枝条灰褐色。叶宽卵形至卵形,长4~8 cm,边缘有钝锯齿,两面无毛。伞形总状花序,具花6~12朵,总花梗和花梗均无毛,花瓣卵形,基部具短爪,白色;雄蕊稍短于花瓣;花柱2枚,基部无毛。梨果球形,径约1 cm,黑褐色,有斑点,果梗细长。豆梨还有红叶品种,如首都'Capital'、贵族'Aristocrat'、新布'New Bradford'等,均表现良好。

【物候历】 叶展期3月2日至5月26日(叶芽膨大期3月2日,叶芽开放期3月31

日，初叶期4月6日，盛叶期4月27日，全叶期5月11日，叶成形期5月26日），花期3月24日至4月27日（花芽膨大期3月24日，吐蕾期4月7日，初花期4月9日，盛花期4月16日，末花期4月24日，无花期4月27日），果期4月24日至9月20日（坐果期4月24日，成熟期8月20日，初落果期8月26日，盛落果期9月20日），叶脱落期10月17日至11月16日（叶初变色期10月17日，叶片始落期10月20日，落叶盛期10月26日，落叶末期11月3日，无叶期11月16日）。

【重要物候节点图谱】

初叶期

盛叶期

初花期

盛花期

坐果期

67.秋子梨

【学名】 *Pyrus usssuriensis* Maxim.

【科属】 蔷薇科（苹果亚科） 梨属

【主要形态特征】 乔木，高达10~15 m，树冠宽广。小枝粗壮，光滑无毛。嫩枝无毛或微具毛，二年生枝条黄灰色至紫褐色，老枝转为黄灰色或黄褐色，具稀疏皮孔。叶卵形至广卵形，长5~10 cm，基部圆形或近心形，缘有刺芒状尖锯齿，上下两面无毛或在幼嫩时被绒毛，秋叶变黄、橙等色。花序密集，有花5~7朵，总花梗和花梗在幼嫩时被绒毛；花瓣白色，花药紫色，花柱5枚，基部有毛。果近球形，黄色，径2~6 cm，萼宿存。花期4~5月，8~10月果熟。

【识别要点】 小枝光滑无毛，二年生枝条黄灰色至紫褐色。花序密集，花瓣白色，花药紫色，花柱5枚，基部有毛。果近球形，黄色，萼宿存。

【生态习性】 秋子梨原产于我国东北、华北和西北地区。喜光，抗寒力强，耐干旱瘠薄，也能耐水湿和碱土，适合于寒冷干燥地区生长；深根性，寿命长。

【观赏价值及园林用途】 秋子梨花甚美，秋叶色艳，可作绿化观赏树。

【物候历】 叶展期3月2日至5月16日（叶芽膨大期3月2日，叶芽开放期3月26日，初叶期4月3日，盛叶期4月24日，全叶期5月6日，叶成形期5月16日），花期3月5日至4月21日（花芽膨大期3月5日，吐蕾期4月1日，初花期4月3日，盛花期4月10日，末花期4月15日，无花期4月21日），果期4月15日至9月20日（坐果期4月15日，成熟期8月18日，初落果期8月24日，盛落果期9月20日），叶脱落期10月16日至12月1日（叶初变色期10月16日，叶片始落期10月26日，落叶盛期11月6日，落叶末期11月26日，无叶期12月1日）。

【重要物候节点图谱】

初叶期

全叶期

花芽膨大期

盛花期

坐果期

68.合欢(马缨花、绒花树、夜合花)

【学名】 *Albizia julibrissin* Durazz.

【科属】 含羞草科 合欢属

【主要形态特征】 落叶乔木,高达 10~16 m;树冠开展呈伞形;小枝无毛。二回偶数羽状复叶,具羽片 4~12(20)对;各羽片具小叶 10~30 对,小叶镰刀形,两侧极偏斜,长 6~12 mm,宽 1.5~4 mm,先端尖,叶缘及背面中脉有柔毛或近无毛,夜合昼展。头状花序排成伞房状,腋生或顶生;花萼和花瓣黄绿色,花丝粉红色,细长如绒樱。荚果线形,扁平,幼时有毛。花期 6~7 月,果期 9~11 月。

【识别要点】 二回偶数羽状复叶,小叶镰刀形,两侧极偏斜,先端尖,叶缘及背面中脉被柔毛或近无毛。头状花序排成伞房状,花萼和花瓣黄绿色,花丝粉红色,细长如绒樱。

【生态习性】 合欢原产于亚洲中部、东部及非洲,我国黄河流域及其以南地区均有分布。喜光,较耐寒。对气候和土壤适应性强,宜在排水良好、肥沃的土壤上生长,但也耐瘠薄土壤和干旱气候,不耐水涝。生长迅速。

【观赏价值及园林用途】 合欢树姿优美,叶形雅致,盛夏绒花满树,有色有香,是行道树、庭荫树、四旁绿化和庭园点缀的观赏佳树,适宜在林缘、草坪、池畔、水滨、河岸、山坡等处栽植。

【物候历】 叶展期 3 月 23 日至 6 月 26 日(叶芽膨大期 3 月 23 日,叶芽开放期 4 月 20 日,初叶期 4 月 28 日,盛叶期 5 月 24 日,全叶期 6 月 8 日,叶成形期 6 月 26 日),花期 5 月 8 日至 7 月 20 日(花芽膨大期 5 月 8 日,吐蕾期 6 月 9 日,初花期 6 月 10 日,盛花期 6 月 22 日,末花期 7 月 9 日,无花期 7 月 20 日),果期 7 月 9 日至 11 月 2 日(坐果期 7 月 9 日,成熟期 9 月 12 日,初落果期 10 月 9 日,盛落果期 11 月 2 日),叶脱落期 10 月 2 日至 10 月 26 日(叶初变色期 10 月 2 日, 叶片始落期 10 月 8 日, 落叶盛期 10 月 16 日, 落叶末期 10 月 20 日,无叶期 10 月 26 日)。

【重要物候节点图谱】

全叶期

吐蕾期

初花期

盛花期

成熟期

69.皂荚(皂角)

【学名】 *Gleditsia sinensis* Lam.

【科属】 苏木科　皂荚属

【主要形态特征】 落叶乔木，高达 30 m；枝灰色至深褐色，树干或大枝具分枝刺，刺粗壮，圆柱形，常分枝，多呈圆锥状。一回偶数羽状复叶，小叶 3~9 对，卵状椭圆形，长 3~10 cm，先端钝，缘有细钝齿，上面被短柔毛，下面中脉上稍被柔毛；网脉明显，在两面突起。花杂性，黄白色，组成总状花序。荚果带状，直而扁平，果肉较肥厚，长 12~30 cm。花期 3~5 月，果期 5~12 月。

【识别要点】 树干或大枝具分枝圆刺。一回偶数羽状复叶，小叶上面被短柔毛，下面中脉上稍被柔毛。花黄白色，花序总状。荚果带状，木质，无毛，直而扁平，果肉较肥厚。

【生态习性】 皂荚原产于我国黄河流域及其以南各地。喜光，较耐寒，喜深厚、湿润而肥沃的土壤；深根性，寿命长。对土壤要求不严，在石灰质及盐碱土甚至黏土或砂土上均能正常生长。

【观赏价值及园林用途】 皂荚冠大荫浓，树冠广阔，树形优美，寿命较长，是良好的庭荫树及四旁绿化树种。

【物候历】 叶展期 3 月 12 日至 5 月 30 日(叶芽膨大期 3 月 12 日，叶芽开放期 4 月 1 日，初叶期 4 月 9 日，盛叶期 4 月 29 日，全叶期 5 月 12 日，叶成形期 5 月 30 日)，花期 4 月 8 日至 5 月 24 日(花芽膨大期 4 月 8 日，吐蕾期 5 月 1 日，初花期 5 月 3 日，盛花期 5 月 11 日，末花期 5 月 18 日，无花期 5 月 24 日)，果期 5 月 16 日至 11 月 10 日(坐果期 5 月 16 日，成熟期 8 月 20 日，初落果期 9 月 26 日，盛落果期 11 月 10 日)，叶脱落期 10 月 26 日至 11 月 26 日(叶初变色期 10 月 26 日，叶片始落期 11 月 2 日，落叶盛期 11 月 10 日，落叶末期 11 月 20 日，无叶期 11 月 26 日)。

【重要物候节点图谱】

叶芽开放期

初叶期

盛叶期

盛花期

花芽膨大期

成熟期

70.美国皂荚(三刺皂荚)

【学名】 *Gleditsia triacanthos* L.

【科属】 苏木科　皂荚属

【主要形态特征】 落叶乔木，高可达 45 m。树皮灰黑色，具深的裂缝及狭长的纵脊；小枝深褐色，粗糙，微有棱，具圆形皮孔；刺基部略扁，粗壮，深褐色，常分枝。叶为一回或二回羽状复叶（具羽片 4~14 对），小叶 5~16 对，纸质，椭圆状披针形，先端急尖，基部楔形或稍圆，微偏斜，边缘疏生波状锯齿并被疏柔毛。荚果带形，扁平，长 30~50 cm，镰刀状弯曲或不规则旋扭，疏生灰黄色柔毛。花期 4~6 月，果期 10~12 月。

【识别要点】 枝干有单刺或分枝刺，基部略扁。一至二回羽状复叶，常簇生，小叶长椭圆状披针形，表面暗绿而有光泽，背面中脉有白毛。荚果镰形或扭曲。

【生态习性】 美国皂荚原产于美国，我国上海、南京及新疆等地有栽培。喜深厚、肥沃而排水良好的土壤，寿命长。

【观赏价值及园林用途】 美国皂荚秋叶黄色美丽，可栽作园林观赏树、庭荫树及四旁绿化树种。有无刺‘Inermis’、垂枝‘Pendula’、金叶‘Sunburst’、紫叶‘Pubylace’等栽培变种。

【物候历】 叶展期 3 月 8 日至 5 月 28 日（叶芽膨大期 3 月 8 日，叶芽开放期 4 月 2 日，初叶期 4 月 11 日，盛叶期 4 月 30 日，全叶期 5 月 12 日，叶成形期 5 月 28 日），花期 4 月 11 日至 5 月 16 日（花芽膨大期 4 月 11 日，吐蕾期 4 月 25 日，初花期 4 月 27 日，盛花期 5 月 6 日，末花期 5 月 11 日，无花期 5 月 16 日），果期 5 月 11 日至 10 月 21 日（坐果期 5 月 11 日，成熟期 8 月 20 日，初落果期 9 月 26 日，盛落果期 10 月 21 日），叶脱落期 9 月 26 日至 11 月 10 日（叶初变色期 9 月 26 日，叶片始落期 10 月 20 日，落叶盛期 10 月 26 日，落叶末期 11 月 2 日，无叶期 11 月 10 日）。

【重要物候节点图谱】

叶芽开放期

全叶期

叶成形期

花芽膨大期

71.巨紫荆

【学名】 *Cercis gigantea* Cheng et keng f.

【科属】 苏木科 紫荆属

【主要形态特征】 落叶乔木，胸径可达 40 cm，高 15 m。因为其形状巨大，又与常见的灌木状紫荆相像而得名巨紫荆。小枝灰黑色，皮孔淡灰色。叶心形或近圆形，叶柄红褐色。花于 3~4 月叶前开放，簇生于老枝上，花冠淡紫红色，花期达半月之久。与紫荆的绿色果荚不同，巨紫荆果荚呈暗红色。

【识别要点】 叶柄红褐色，叶下面近基部被毛。花淡紫红色，7~24 朵簇生。小枝灰黑色。果荚暗红色。

【生态习性】 巨紫荆原产于我国浙江、河南、湖北、广东、贵州等地。喜阳光充足，畏水湿，较耐寒。宜栽植于肥沃、排水良好的土壤上。

【观赏价值及园林用途】 巨紫荆树体高大，树形美观，适合在园林绿地孤植、丛植，或与其他树木混植，也可作庭院树或行道树。

【同属相似种】

(1)加拿大紫荆(*Cercis Canadensis*)落叶小乔木，成年植株高 7~15 m。老茎树皮鳞状剥落。叶片心形，新生叶呈浅红紫色，以后渐转为深绿色，有光泽。秋季落叶前，叶色有金黄、橘红、紫红色，对比鲜明，异常美丽。初春先叶开花，花冠扁平，圆形，从粉色一直到紫红色，但少有白色；丛生或呈总状花序，花簇繁茂夺目，花期从 3 月到 5 月。夏季结果，果实红褐色。原产美国，喜光，喜湿润肥沃土壤，耐干旱瘠薄，忌水湿。

(2)红叶加拿大紫荆'Forest Pansy'树干灰黑色，叶片春、夏、秋三季均是鲜亮的紫红色，叶背淡粉色。花先于叶开放，4~10 朵簇生成短的总状花序，老干、新枝、短枝均可着花，花玫瑰红色，花柄较长，稍下垂，花朵较为稀疏。荚果红褐色。

【物候历】 叶展期 3 月 11 日至 5 月 30 日(叶芽膨大期 3 月 11 日，叶芽开放期 3 月 29 日，初叶期 4 月 9 日，盛叶期 4 月 27 日，全叶期 5 月 12 日，叶成形期 5 月 30 日)，花期 2 月 8 日至 4 月 23 日(花芽膨大期 2 月 8 日，吐蕾期 3 月 24 日，初花期 3 月 26 日，盛花期 4 月 6 日，末花期 4 月 18 日，无花期 4 月 23 日)，果期 4 月 18 日至 11 月 20 日(坐果期 4 月 18 日，成熟期 10 月 12 日，初落果期 10 月 16 日，盛落果期 11 月 20 日)，叶脱落期 10 月 26 日至 12 月 1 日(叶初变色期 10 月 26 日，叶片始落期 11 月 2 日，落叶盛期 11 月 16 日，落叶末期 11 月 26 日，无叶期 12 月 1 日)。

【重要物候节点图谱】

叶芽开放期

全叶期

吐蕾期

坐果期

盛花期

初叶期

初花期

成熟期

72.槐树(国槐)

【学名】 *Sophora japonica* L.

【科属】 蝶形花科 槐属

【主要形态特征】 落叶乔木，高达 25 m；树皮灰黑色，浅裂；小枝绿色，幼时具短毛，老时有白色皮孔。奇数羽状复叶互生，小叶 7~17 片，对生或近对生，卵状椭圆形，长 2.5~5 cm，全缘。花黄白色，雄蕊 10 枚，离生；顶生圆锥花序；7~8 月开花。荚果在种子间缢缩呈念珠状。

【识别要点】 树皮浅裂，小枝绿色。奇数羽状复叶，小叶对生或近对生，全缘。顶生圆锥花序，花黄白色。果肉质，不裂；念珠状。

【生态习性】 槐树原产于我国北部，在黄土高原及华北平原栽培最为普遍；日本、朝鲜也有分布。喜光，耐寒，适生于肥沃、湿润而排水良好的土壤；稍耐荫，深根性，寿命长。对土壤要求不严，较耐瘠薄，石灰及轻度盐碱地上也能正常生长。

【观赏价值及园林用途】 槐树是良好的城市绿化行道树和庭荫树种。

【变型、变种及栽培变种】

(1)黄金槐'Golden Stem'一年生茎、枝为淡绿黄色，入冬后渐转黄色，二年生的树茎、枝为金黄色。叶椭圆形，光滑，淡黄绿色。

(2)畸叶槐(蝴蝶槐、五叶槐)(f.*oligophylla* Franch.) 小叶 5~7 片，常簇集在一起，大小和形状均不整齐，有时 3 裂。叶背密被软毛，花翼瓣及龙骨瓣边缘带紫色。

(3)龙爪槐(var.*pendula* Hort.)枝条扭转下垂，树冠伞形，枝条盘状，颇为美观。多对称栽植于庙宇、所堂等建筑物两侧或路边列植。龙爪槐用国槐作砧木嫁接繁殖。

(4)金叶槐(f.*flavi-rameus*)整个生长季叶色均为金黄色，小枝浅绿色。落叶后枝条呈半黄半绿，向阳面为黄色，背阴面为绿色。金叶槐是园林造景和城市绿化的优秀树种之一。

【物候历】 叶展期 3 月 12 日至 6 月 12 日(叶芽膨大期 3 月 12 日，叶芽开放期 4 月 11 日，初叶期 4 月 20 日，盛叶期 5 月 10 日，全叶期 5 月 25 日，叶成形期 6 月 12 日)，花期 5 月 8 日至 8 月 20 日(花芽膨大期 5 月 8 日，吐蕾期 7 月 20 日，初花期 7 月 22 日，盛花期 8 月 1 日，末花期 8 月 12 日，无花期 8 月 20 日)，果期 8 月 12 日至 11 月 12 日(坐果期 8 月 12 日，成熟期 10 月 8 日，初落果期 10 月 20 日，盛落果期 11 月 12 日)，叶脱落期 10 月 16 日至 11 月 20 日(叶初变色期 10 月 16 日，叶片始落期 10 月 20 日，落叶盛期 11 月 2 日，落叶末期 11 月 12 日，无叶期 11 月 20 日)。

【重要物候节点图谱】

叶芽膨大期

叶芽开放期

初叶期

叶成形期

吐蕾期

盛花期

坐果期

成熟期

73.刺槐(洋槐)

【学名】 *Robinia pseudoacacia* L.

【科属】 蝶形花科　刺槐属

【主要形态特征】 落叶乔木,高达 25 m;干皮灰黑褐色,深纵裂。枝具托叶刺,冬芽藏于叶痕内。羽状复叶互生,小叶 7~19 片,椭圆形,长 2~5 cm,全缘,先端微凹并有小刺尖。花白色,芳香;成下垂总状花序;4~5 月开花。荚果扁平,条状,长 3~11 cm,褐色,光滑,含 3~10 粒种子,二瓣裂。4~5 月开花,果期 8~9 月。

【识别要点】 干皮深纵裂。枝具托叶刺,小枝及花梗无毛。羽状复叶互生,先端微凹并有小刺尖。花白色,旗瓣基部有黄斑。荚果扁平,条状。

【生态习性】 刺槐原产于美国东部和中部,在国内已遍及华北、西北、东北南部的广大地区。喜光,喜温暖湿润气候,耐干旱瘠薄;浅根性,萌蘖性强,生长快;最喜土层深厚、肥沃、疏松、湿润的粉砂土、砂壤土和壤土;对土壤酸碱度不敏感;不耐水湿。

【观赏价值及园林用途】 刺槐树冠高大,叶色鲜绿,每当开花季节绿白相映,素雅而芳香。刺槐可作为行道树、庭荫树、工矿区绿化及荒山荒地绿化的先锋树种,尤其是在立地条件差,环境污染重的地区,也是不可缺少的园林绿化树种。

【同属相似种及栽培变种】

(1)红花刺槐[f.*decaisneana*.(Carr.)Voss]花亮玫瑰红色,较原种美丽,是杂种起源。南京、北京等地有栽培。

(2)香花槐'Idaho'树冠开阔,树干笔直。羽状复叶互生,深绿色有光泽。花粉红色,有浓郁芳香,可同时盛开 200~500 朵红花,非常壮观美丽。每年在 5 月、7 月开两次花,嫩叶微红色,不结果。

(3)金叶刺槐'Frisia'中等高度乔木,叶片全年呈黄色。

(4)曲枝刺槐'Tortuosa'枝条扭曲生长,又称疙瘩刺槐。

(5)球冠刺槐(伞形刺槐)[var.*umbraculifera* DC.]树冠呈圆球状,老年呈伞状。开花极少,无刺或具很小软刺。

(6)毛刺槐(江南槐)(*Robinia hispida* L.)茎、小枝、花梗均密被红色刺毛。托叶不变成刺状。小叶近圆形,总状花序具花 3~7 朵,花冠玫瑰红或淡紫色。

【物候历】 叶展期 3 月 12 日至 6 月 3 日 (叶芽膨大期 3 月 12 日, 叶芽开放期 4 月 2 日,初叶期 4 月 11 日,盛叶期 4 月 30 日,全叶期 5 月 15 日,叶成形期 6 月 3 日),花期 4 月 11 日至 5 月 18 日(花芽膨大期 4 月 11 日,吐蕾期 4 月 23 日,初花期 4 月 25 日,盛花期 5 月 6 日,末花期 5 月 11 日,无花期 5 月 18 日),果期 5 月 11 日至 11 月 20 日(坐果期 5 月 11 日,成熟期 8 月 2 日,初落果期 10 月 26 日,盛落果期 11 月 20 日),叶脱落期 10 月 22 日至 11 月 26 日(叶初变色期 10 月 22 日,叶片始落期 10 月 26 日,落叶盛期 11 月 10 日,落叶末期 11 月 20 日,无叶期 11 月 26 日)。

【重要物候节点图谱】

叶芽开放期

盛叶期

花芽膨大期

全叶期

初花期

盛花期

成熟期

74.八角枫(华瓜木)

【学名】 *Alangium chinense* (Lour.)Harms

【科属】 八角枫科 八角枫属

【主要形态特征】 落叶乔木,高达 15 m,常成灌木状。树皮淡灰色,平滑,小枝呈“之”字形曲折,疏被毛或无毛。单叶互生,卵圆形,长 13~20 cm,基部歪斜,全缘或有浅裂,叶柄红色,表面无毛,背面脉腋簇生毛,基出脉 3~5,入秋叶转为橙黄色。花瓣 6~8 枚,狭带状,长 1~1.5 cm,宽 1 mm,基部黏合,上部开花后反卷,外面有微柔毛,初为白色,后变黄色;花丝基部及花柱有毛;7~30(50)朵组成腋生聚伞花序;6~8 月开花。核果卵球形,长 5~7 mm,黑色。

【识别要点】 叶基部歪斜,全缘或有浅裂,叶柄红色,表面无毛,背面脉腋簇生毛,基出脉 3~5。复聚伞花序具花 7~30(50)朵,花瓣长 1~1.5 cm,基部黏合,上部开花后反卷。

【生态习性】 八角枫原产于亚洲东南部及非洲东部,我国黄河中上游、长江流域至华南、西南各地均有分布。阳性树,稍耐荫,耐寒性不强,对土壤要求不严。萌芽力强,耐修剪,根系发达,适应性强。

【观赏价值及园林用途】 八角枫根系发达,适应性强,叶片形状较美,花期较长,是良好的观赏和水土保持树种,也可栽作庭荫树。

【同属相似种】 瓜木(白锦条)[*Alangium platanifolium* (Sieb.et Zucc.) Harms]与华瓜木很相似,落叶灌木或小乔木,高达 7 m;小枝绿色,有短柔毛。叶近圆形,长 11~18cm,全缘或 3~5(7)浅裂,基部广楔形或近心形,不歪斜,幼时两面有毛。花 3~5(7)朵成腋生聚伞花序,花瓣比八角枫长。核果卵形,长 9~12 mm,蓝紫色,有棱。

【物候历】 叶展期 3 月 12 日至 6 月 5 日(叶芽膨大期 3 月 12 日,叶芽开放期 4 月 5 日,初叶期 4 月 13 日,盛叶期 5 月 6 日,全叶期 5 月 20 日,叶成形期 6 月 5 日),花期 4 月 28 日至 7 月 10 日(花芽膨大期 4 月 28 日,吐蕾期 6 月 13 日,初花期 6 月 16 日,盛花期 6 月 23 日,末花期 7 月 1 日,无花期 7 月 10 日),果期 7 月 1 日至 9 月 30 日(坐果期 7 月 1 日,成熟期 8 月 12 日,初落果期,9 月 12 日,盛落果期 9 月 30 日),叶脱落期 10 月 20 日至 12 月 1 日(叶初变色期 10 月 20 日,叶片始落期 10 月 26 日,落叶盛期 11 月 20 日,落叶末期 11 月 26 日,无叶期 12 月 1 日)。

【重要物候节点图谱】

叶芽开放期

初叶期

盛叶期

花芽膨大期

初花期

盛花期

坐果期

75.毛梾木(车梁木)

【学名】 *Cornus walteri* Wanger.

【科属】 山茱萸科 梾木属

【主要形态特征】 落叶乔木,高达 30 m;幼枝绿色带红晕,略有棱角,密被贴生灰白色短柔毛。叶对生,椭圆形至长椭圆形,长 4~10 cm,侧脉 4~5 对,两面被平伏柔毛,背面较密。伞房状聚伞花序顶生,花密,宽 7~9 cm,被灰白色短柔毛;总花梗长 1.2~2 cm;花白色,有香味,径约 9.5 mm;花瓣 4 枚,长圆披针形,长 4.5~5 mm;花柱棍棒型,长 3.5 mm,被有稀疏的贴生短柔毛;花梗长 0.8~2.7 mm,有稀疏短柔毛。花期 5 月。核果黑色,9~10 月成熟。

【识别要点】 幼枝密被灰白色短柔毛。叶椭圆形至长椭圆形,长 4~10 cm,侧脉 4~5 对,花白色,有香气。核果黑色。

【生态习性】 毛梾木主产于黄河流域,华东及西南地区也有分布。较喜光,耐干旱瘠薄,喜肥沃湿润土壤,在中性、酸性及微碱性土上均能生长;深根性,萌芽性强。

【观赏价值及园林用途】 毛梾木是重要的油料、用材及园林绿化树种。

【物候历】 叶展期 3 月 12 日至 6 月 5 日(叶芽膨大期 3 月 12 日,叶芽开放期 4 月 2 日,初叶期 4 月 9 日,盛叶期 4 月 27 日,全叶期 5 月 12 日,叶成形期 6 月 5 日),花期 4 月 11 日至 5 月 26 日(花芽膨大期 4 月 11 日,吐蕾期 5 月 4 日,初花期 5 月 6 日,盛花期 5 月 15 日,末花期 5 月 21 日,无花期 5 月 26 日),果期 5 月 25 日至 9 月 26 日(坐果期 5 月 25 日,成熟期 8 月 10 日,初落果期,9 月 8 日,盛落果期 9 月 26 日),叶脱落期 10 月 18 日至 12 月 1 日(叶初变色期 10 月 18 日,叶片始落期 10 月 22 日,落叶盛期 11 月 10 日,落叶末期 11 月 26 日,无叶期 12 月 1 日)。

【重要物候节点图谱】

盛叶期

花芽膨大期

吐蕾期

初花期

盛花期

末花期

无花期

坐果期

76.灯台树

【学名】 *Cornus controversa* Hemsl.(*Botrocaryum controversum* Pojark.)

【科属】 山茱萸科　灯台树属

【主要形态特征】 落叶乔木,高 12~20 m。侧枝轮状着生,层次明显,形如灯台,枝暗紫红色。叶互生,簇生于枝梢,卵形至卵状椭圆形,长 7~16 cm,侧脉 6~7(9)对,背面灰绿色;叶常集生枝端。花白色,伞房状聚伞花序顶生;5~6 月开花。核果近球形,由紫红变蓝黑色。果期 9~10 月。

【识别要点】 侧枝轮状着生,层次明显,形如灯台,枝暗紫红色。叶互生,卵圆形或椭圆状卵形。果核顶端有近四角形深孔。

【生态习性】 灯台树分布于辽宁、华北、西北至华南、西南地区,朝鲜、日本、印度、尼泊尔也有分布。喜光,喜湿润;生长快。

【观赏价值及园林用途】 灯台树树形整齐美观,花白色美丽,可作庭荫树及行道树,尤宜孤植。

【物候历】 叶展期 2 月 25 日至 5 月 29 日(叶芽膨大期 2 月 25 日,叶芽开放期 4 月 1 日,初叶期 4 月 6 日,盛叶期 4 月 25 日,全叶期 5 月 8 日,叶成形期 5 月 29 日),花期 4 月 1 日至 5 月 14 日(花芽膨大期 4 月 1 日,吐蕾期 4 月 21 日,初花期 4 月 23 日,盛花期 5 月 6 日,末花期 5 月 10 日,无花期 5 月 14 日),果期 5 月 10 日至 9 月 12 日(坐果期 5 月 10 日,成熟期 9 月 2 日,初落果期 9 月 5 日,盛落果期 9 月 12 日),叶脱落期 10 月 8 日至 11 月 20 日(叶初变色期 10 月 8 日,叶片始落期 10 月 16 日,落叶盛期 10 月 26 日,落叶末期 11 月 10 日,无叶期 11 月 20 日)。

【重要物候节点图谱】

叶芽膨大期

叶芽开放期

全叶期

花芽膨大期

吐蕾期

盛花期

坐果期

77.四照花

【学名】 *Dendrobenthamia japonica* (DC.)Fang var.*chinensis* (Osborn)Fang

【科属】 山茱萸科 四照花属

【主要形态特征】 落叶小乔木,高达 8 m。单叶对生,厚纸质,卵状椭圆形,长 5.5~12 cm,基部圆形或广楔形,弧形侧脉 4~5 对,全缘,背面粉绿色,有白色柔毛,脉腋有淡褐色毛。花小,成密集球形头状花序,外有花瓣状白色大型总苞片 4 枚;5~6 月开花。聚花果球形,肉质,熟时粉红色。

【识别要点】 叶对生。花小,两性,成密集球形头状花序;总苞片 4 枚,白色,花瓣状;花萼 4 裂;聚花果球形,肉质,熟时粉红色。

【生态习性】 四照花分布于我国长江流域及河南、陕西、山西、甘肃等地。喜光,耐半荫,较耐寒。

【观赏价值及园林用途】 四照花初夏白色总苞覆盖满树,光彩耀目,秋叶变红色或红褐色,是一种美丽的园林观赏树种。

其正种东瀛四照花[*D.japonica* (DC.) Fang] 产于日本和朝鲜,我国华东地区偶有栽培。与四照花的主要区别:叶薄纸质,背面淡绿色,只在脉腋有白色或淡黄色簇毛,侧脉 3~4(5)对。

【物候历】 叶展期 3 月 2 日至 5 月 20 日(叶芽膨大期 3 月 2 日,叶芽开放期 3 月 20 日,初叶期 3 月 27 日,盛叶期 4 月 20 日,全叶期 5 月 2 日,叶成形期 5 月 20 日),花期 4 月 21 日至 6 月 3 日(花芽膨大期 4 月 21 日,吐蕾期 5 月 6 日,初花期 5 月 8 日,盛花期 5 月 17 日,末花期 5 月 26 日,无花期 6 月 3 日),果期 5 月 26 日至 9 月 12 日(坐果期 5 月 26 日,成熟期 7 月 26 日,初落果期,8 月 20 日,盛落果期 9 月 12 日),叶脱落期 10 月 12 日至 12 月 1 日(叶初变色期 10 月 12 日,叶片始落期 10 月 18 日,落叶盛期 11 月 11 日,落叶末期 11 月 26 日,无叶期 12 月 1 日)。

【重要物候节点图谱】

叶芽膨大期

叶芽开放期

盛叶期

花芽膨大期

初花期

盛花期

坐果期

成熟期

78.白杜(丝棉木、明开夜合、华北卫矛)

【学名】 *Euonymus maackii* Rupr.

【科属】 卫矛科 卫矛属

【主要形态特征】 落叶小乔木,高达 8 m;小枝细长,绿色光滑。叶菱状椭圆形至卵状椭圆形,长 4~8 cm,先端长锐尖,缘有细齿,叶柄长 2~3 cm。腋生聚伞花序,淡白绿或黄绿色,花药紫色。蒴果 4 深裂,径约 1 cm,熟时果皮粉红色;假种皮橘红色。

【识别要点】 小枝细长,绿色光滑。叶先端长锐尖,叶柄细长。蒴果 4 深裂,假种皮橘红色。

【生态习性】 白杜原产于我国东北,经华北至长江流域各地,西至甘肃、陕西、四川;朝鲜及俄罗斯东部也有分布。稍耐荫,适用性强,耐寒,耐干旱,也耐水湿;深根性,根萌蘖力强,生长较慢。

【观赏价值及园林用途】 本种枝叶秀丽,宜植于园林绿地观赏,也可植于湖岸、溪边构成水景。丝绵木能以其特殊的色彩变换反映出季节的变换,给人以不同的观赏效果,在春季刚发出的树芽为嫩绿色,给人以清新幼嫩的感觉,秋季果实挂满枝梢,开裂后露出橘红色的假种皮,引人注目。

【物候历】 叶展期 2 月 28 日至 5 月 20 日(叶芽膨大期 2 月 28 日,叶芽开放期 3 月 22 日,初叶期 3 月 30 日,盛叶期 4 月 20 日,全叶期 4 月 30 日,叶成形期 5 月 20 日),花期 3 月 30 日至 6 月 4 日(花芽膨大期 3 月 30 日,吐蕾期 5 月 4 日,初花期 5 月 13 日,盛花期 5 月 23 日,末花期 5 月 29 日,无花期 6 月 4 日),果期 5 月 25 日至 11 月 10 日(坐果期 5 月 25 日,成熟期9 月 16 日,初落果期 10 月 12 日,盛落果期 11 月 10 日), 叶脱落期 10 月 20 日至 12 月 6 日 (叶初变色期 10 月 20 日,叶片始落期 10 月 27 日, 落叶盛期 11 月 4 日, 落叶末期 11 月 26 日,无叶期 12 月 6 日)。

【重要物候节点图谱】

叶芽开放期

全叶期

花芽膨大期

初花期

坐果期

成熟期

79.乌桕

【学名】 *Sapium sebiferum* (L.)Roxb.

【科属】 大戟科 乌桕属

【主要形态特征】 落叶乔木,高达 15 m;小枝细。单叶互生,菱状广卵形,长 5~9 cm,先端尾状长渐尖,基部广楔形,全缘,两面无毛,叶柄端有 2 腺体。花单性,无花瓣;成顶生穗状花序,基部为雌花,上部为雄花。蒴果 3 瓣裂,径约 1.3 cm;种子黑色,外被白蜡层。

【识别要点】 叶菱形广卵形,先端尾状长渐尖,基部广楔形,全缘,两面无毛,叶柄端有 2 腺体,长宽近相等。花单性,成顶生穗状花序。蒴果 3 瓣裂,种子外被白蜡层。

【生态习性】 乌桕原产于秦岭、淮河流域及其以南，至华南、西南各地；日本、越南、印度也有分布。喜光，喜温暖气候及肥沃深厚土壤，耐水湿；主根发达，抗风力强，生长尚快，寿命较长。

【观赏价值及园林用途】 乌桕树冠整齐，叶形秀丽，秋叶经霜时如火如荼，十分美观，有“乌桕赤于枫，园林二月中”之赞名。冬日白色的乌桕子挂满枝头，经久不凋，也颇美观，是优良的园林绿化及观赏树种。乌桕可作行道树，可栽植于道路景观带，也可栽植于广场、公园、庭院中，或成片栽植于景区、森林公园中，均能产生良好的造景效果。潍坊植物园引种后，长势良好，但成活率不高，应注意引种时间和方式。

【物候历】 叶展期 3 月 24 日至 7 月 12 日(叶芽膨大期 3 月 24 日，叶芽开放期 4 月 13 日，初叶期 4 月 24 日，盛叶期 5 月 28 日，全叶期 6 月 20 日，叶成形期 7 月 12 日)，花期 6 月 9 日至 7 月 27 日(花芽膨大期 6 月 9 日，吐蕾期 6 月 21 日，初花期 6 月 23 日，盛花期 7 月 3 日，末花期 7 月 17 日，无花期 7 月 27 日)，果期 7 月 18 日至 12 月 18 日(坐果期 7 月 18 日，成熟期 10 月 10 日，初落果期 10 月 25 日，盛落果期 12 月 18 日)，叶脱落期 10 月 22 日至 12 月 1 日(叶初变色期 10 月 22 日，叶片始落期 11 月 4 日，落叶盛期 11 月 20 日，落叶末期 11 月 26 日，无叶期 12 月 1 日)。

【重要物候节点图谱】

叶芽膨大期

叶芽开放期

盛花期

坐果期

成熟期

全叶期

吐蕾期

叶片始落期

落叶盛期

80.枣

【学名】 *Ziziphus jujuba* Mill.

【科属】 鼠李科 枣属

【主要形态特征】 落叶乔木或小乔木，高达 10 m。枝常有托叶刺，一枚长而直伸，另一枚短而向后勾曲。当年生枝常簇生于矩状短枝上，冬季脱落。单叶互生，卵形至卵状长椭圆形，长 3~6 cm，缘有细钝齿，基部 3 出脉。花小，两性，黄绿色，5 基数，2~3 朵簇生叶腋；5~6 月开花。核果椭球形，长 2~4 cm，熟后暗红色，味甜，核两端尖；8~9 月果熟。

【识别要点】 枝常有托叶刺，一枚长而直伸，另一枚短而向后勾曲。花小，两性，黄绿色。核果椭球形，熟后暗红色，味甜。果径 1.5~2.5 cm。

【生态习性】 枣原产于中国至欧洲东南部。我国自东北及内蒙古南部至华南均有栽培，以黄河中下游、华北平原栽培最为普遍。喜光，适应性强，喜干冷气候，也耐湿热，对土壤要求不严，耐干旱瘠薄，也耐低湿；根萌蘖性强，寿命长。

【观赏价值及园林用途】 枣是园林结合生产的良好树种。

【变种及栽培变种】

(1)酸枣[var.*spinosa*(Bunge)Hu ex H. F. Chow]灌木，高 1~3 m，也可长成乔木状；小枝具托叶刺。叶较小，长 1.5~3.5 cm。核果小，近球形，长 0.7~1.5 cm，果肉薄，味酸，核两端钝。常作嫁接枣树的砧木。

(2)龙爪枣(龙须枣)'Tortuosa'小枝卷曲如蛇游状，果实较小而质差。宜植于庭园观赏。

(3)葫芦枣'Lagenaria'果实中部收缩成葫芦形，可食用；可兼作园林绿化树种。

(4)无刺枣[var.*inermis*(Bunge)Rehd.]枝无托叶刺，果较大；各地栽培的大多为此变种。

【物候历】 叶展期 3 月 12 日至 6 月 17 日(叶芽膨大期 3 月 12 日，叶芽开放期 4 月 9 日，初叶期 4 月 17 日，盛叶期 5 月 12 日，全叶期 5 月 27 日，叶成形期 6 月 17 日)，花期 4 月 30 日至 7 月 20 日(花芽膨大期 4 月 30 日，吐蕾期 5 月 14 日，初花期 5 月 16 日，盛花期 6 月 20 日，末花期 7 月 12 日，无花期 7 月 20 日)，果期 6 月 19 日至 10 月 16 日(坐果期 6 月 19 日，成熟期 9 月 6 日，初落果期 9 月 21 日，盛落果期 10 月 16 日)，叶脱落期 10 月 2 日至 11 月 10 日(叶初变色期 10 月 2 日，叶片始落期 10 月 16 日，落叶盛期 10 月 26 日，落叶末期 11 月 2 日，无叶期 11 月 10 日)。

【重要物候节点图谱】

叶芽膨大期

叶芽开放期

花芽膨大期

全叶期

盛花期

坐果期

成熟期

81.枳椇(拐枣)

【学名】 *Hovenia acerba* Lindl.

【科属】 鼠李科 枳椇属

【主要形态特征】 落叶乔木，高达 25 m。单叶互生，卵形，长 8~16 cm，先端渐尖，基部近圆形，缘有细锯齿，基出 3 主脉，叶柄及主脉常带红晕。花小，两性，淡黄绿色，花柱半裂至深裂；复聚伞花序对称，腋生或顶生。果熟时黄色或黄褐色，果梗肥大肉质，经霜后味甜可食。

【识别要点】 花萼和果无毛，稀果疏被柔毛。二歧聚散圆锥花序，对称，顶生和腋生；花柱半裂或深裂。叶具整齐锯齿或近全缘。果熟时黄色或黄褐色，果梗肥大肉质。

【生态习性】 枳椇主产于长江和黄河中下游各省。陕西和甘肃南部经长江流域至华南、西南各地均有分布。喜光，喜微酸性土壤和中性土壤。深根性树种，萌芽力强，在适生地点生长迅速。

【观赏价值及园林用途】 枳椇树干挺直，树姿优美，枝叶秀美繁茂，花淡黄绿色，果梗肥厚扭曲，是良好的园林绿化和观赏树种，用作庭荫树、行道树和草坪点缀树种较为适宜。果梗可生食亦具药用价值，木材材质良好。

【同属相似种】 北枳椇(*H. dulcis* Thunb.) 叶边缘有不整齐的锯齿或粗锯齿。聚伞花序不对称，生于枝和侧枝顶端，罕见腋生。浆果状核果近球形，无毛，成熟时黑色。

【物候历】 叶展期 3 月 20 日至 6 月 26 日(叶芽膨大期 3 月 20 日，叶芽开放期 4 月 17 日，初叶期 4 月 25 日，盛叶期 5 月 20 日，全叶期 6 月 5 日，叶成形期 6 月 26 日)，花期 5 月 24 日至 7 月 12 日(花芽膨大期 5 月 24 日，吐蕾期 6 月 23 日，初花期 6 月 25 日，盛花期 7 月 2 日，末花期 7 月 7 日，无花期 7 月 12 日)，果期 7 月 7 日至 10 月 26 日(坐果期 7 月 7 日，成熟期 9 月 27 日，初落果期 10 月 20 日，盛落果期 10 月 26 日)，叶脱落期 10 月 22 日至 11 月 16 日(叶初变色期 10 月 22 日，叶片始落期 10 月 26 日，落叶盛期 11 月 2 日，落叶末期 11 月 10 日，无叶期 11 月 16 日)。

【重要物候节点图谱】

叶芽开放期

初叶期

盛叶期

花芽膨大期

盛花期

坐果期

成熟期

盛落果期

82.栾树(北京栾)

【学名】 *Koelreuteria paniculata* Laxm.

【科属】 无患子科　栾树属

【主要形态特征】 落叶乔木，高达 15 m。树皮灰褐色，细纵裂。一至二回奇数羽状复叶互生，小叶卵形或卵状椭圆形，有不规则粗齿或羽状深裂。顶生大型圆锥花序，花金黄色，小而不整齐。蒴果三角状卵形，果皮膜质膨大，红褐色或橘红色。花期 6~9 月，果期 9~10 月。

【识别要点】 一至二回羽状复叶互生，小叶有不规则粗齿或羽状深裂。花金黄色，小而不整齐。蒴果三角状卵形，果皮膜质膨大，红褐色或橘红色。

【生态习性】 栾树主产于我国北部地区，是华北平原及低山常见树种；朝鲜、日本也有分布。喜光、耐寒、耐旱，也耐低湿和盐碱地；深根性，萌芽力强，抗烟尘，病虫害少。

【观赏价值及园林用途】 栾树树形端正，枝叶茂密而秀丽，春季嫩叶多为红叶，夏季黄花满树，入秋叶色变黄，果实红色，形似灯笼，十分美丽，是理想的绿化观赏树种。宜作庭荫树、行道树及园景树，也是工业污染区绿化的好树种。

【物候历】 叶展期 3 月 12 日至 6 月 20 日（叶芽膨大期 3 月 12 日，叶芽开放期 4 月 8 日，初叶期 4 月 15 日，盛叶期 5 月 8 日，全叶期 5 月 29 日，叶成形期 6 月 20 日），花期 6 月 9 日至 9 月 1 日（花芽膨大期 6 月 9 日，吐蕾期 7 月 2 日，初花期 7 月 3 日，盛花期 7 月 28 日，末花期 8 月 17 日，无花期 9 月 1 日），果期 8 月 16 日至 10 月 26 日（坐果期 8 月 16 日，成熟期 9 月 20 日，初落果期 10 月 5 日，盛落果期 10 月 26 日），叶脱落期 10 月 20 日至 11 月 28 日（叶初变色期 10 月 20 日，叶片始落期 10 月 26 日，落叶盛期 11 月 8 日，落叶末期 11 月 22 日，无叶期 11 月 28 日）。

【重要物候节点图谱】

叶芽开放期

初叶期

全叶期

吐蕾期

初花期

盛花期

坐果期

成熟期

83.复羽叶栾树

【学名】 *Koelreuteria bipinnata* Franch.

【科属】 无患子科　栾树属

【主要形态特征】 落叶乔木，高达 20 m。顶生圆锥花序，花黄色。二回羽状复叶互生，小叶卵状椭圆形，缘有锯齿。蒴果椭圆形或近球形，具 3 棱，紫红色，老熟时褐色。花期 7~9 月，果期 8~10 月。

【识别要点】 顶生圆锥花序，花黄色。小枝近棕红色，密生皮孔。二回羽状复叶互生，小叶卵状椭圆形，缘有锯齿。蒴果椭圆形或近球形，具 3 棱，紫红色，老熟时褐色。

【生态习性】 复羽叶栾树原产于我国中南及西南部地区。喜光，喜温暖湿润气候，深根性，适应性强，耐干旱，抗风，抗大气污染，速生。

【观赏价值及园林用途】 复羽叶栾树树冠伞形，春季嫩叶多呈红色，夏叶羽状浓绿色，秋叶鲜黄色，花黄色。蒴果秋天变红色，膜质果皮膨大如小灯笼，鲜红色，成串挂在枝顶，如同艳丽的花朵。其有较强的抗烟尘能力，是城市绿化理想的观赏树种，宜作庭荫树和行道树。

【变种】

全缘栾树[var.*integrifolia*（Merr.）T. Chen] 又叫山膀胱、黄山栾树。与复羽叶栾树的区别点是小叶通常全缘，有时一侧近顶部边缘有锯齿。8~9月开花，满树金黄。蒴果三角状卵形，入秋果皮变为红色。喜温暖湿润气候和肥沃土壤，对土壤pH值要求不严，其耐寒性不及栾树。

【物候历】 叶展期3月15日至6月2日(叶芽膨大期3月15日，叶芽开放期4月4日，初叶期4月13日，盛叶期5月4日，全叶期5月20日，叶成形期6月2日)，花期6月16日至9月30日(花芽膨大期6月16日，吐蕾期8月3日，初花期8月5日，盛花期9月1日，末花期9月23日，无花期9月30日)，果期9月1日至10月24日(坐果期9月1日，成熟期9月12日，初落果期10月7日，盛落果期10月24日)，叶脱落期10月22日至12月1日(叶初变色期10月22日，叶片始落期10月26日，落叶盛期11月10日，落叶末期11月26日，无叶期12月1日)。

【重要物候节点图谱】

叶芽膨大期

初叶期

全叶期

盛花期

坐果期

成熟期

84.文冠果

【学名】 *Xanthoceras sorbifolia* Bunge

【科属】 无患子科　文冠果属

【主要形态特征】 落叶灌木或小乔木，高达3~5(8) m。树皮灰褐色，粗糙条裂；小枝幼时紫褐色，有毛，后脱落。羽状复叶互生，小叶9~19片，长椭圆形或披针形，长2~6 cm，缘有锐齿。顶生总状或圆锥花序，长约20 cm。花杂性，整齐；花瓣5裂，白色，缘有皱波，基部有黄紫晕斑。蒴果椭圆形，具有木质厚壁，顶端多为三裂，似文冠，故命名为文冠果。

【识别要点】 小枝幼时紫褐色；花瓣5裂，白色，基部有黄紫晕斑；蒴果顶端多为三裂，似文冠。

【生态习性】 文冠果是我国特有的树种，原产于我国北部干旱寒冷地区。喜光，也耐半荫；耐严寒和干旱，不耐涝；对土壤要求不严，在沙荒、石砾地、黏土及轻盐碱土上均能生长。深根性，主根发达，萌蘖力强。

【观赏价值及园林用途】 本种花序大而花朵密，春天白花满树，花期可维持20天，并有紫花品种,是优良的观赏树种兼重要的木本油料树种。在园林中配植于草坪、路边、山坡、假山旁边或建筑前都很合适,也适于山地、水库周围风景区大面积绿化造林,能起到绿化、护坡的作用。

【物候历】 叶展期 3 月 15 日至 5 月 24 日(叶芽膨大期 3 月 15 日,叶芽开放期 4 月 2 日,初叶期 4 月 12 日,盛叶期 4 月 27 日,全叶期 5 月 12 日,叶成形期 5 月 24 日),花期 3 月 24 日至 5 月 2 日(花芽膨大期 3 月 24 日,吐蕾期 4 月 10 日,初花期 4 月 12 日,盛花期 4 月 20 日,末花期 4 月 27 日,无花期 5 月 2 日),果期 4 月 30 日至 10 月 30 日(坐果期 4 月 30 日,成熟期 8 月 10 日,初落果期 8 月 20 日,盛落果期 10 月 30 日),叶脱落期 10 月 16 日至 11 月 28 日(叶初变色期 10 月 16 日,叶片始落期 10 月 24 日,落叶盛期 11 月 8 日,落叶末期 11 月 23 日,无叶期 11 月 28 日)。

【重要物候节点图谱】

初叶期

叶成形期

成熟期

初花期

盛花期

末花期

坐果期

盛落果期

85.七叶树(梭椤树)

【学名】 *Aesulus chinensis* Bunge

【科属】 七叶树科 七叶树属

【主要形态特征】 落叶乔木,高达 25 m;小枝粗壮,无毛,顶芽发达。掌状复叶,小叶通常 7 片,倒卵状长椭圆形,长 8~20 cm,缘有细齿,仅背脉有疏毛,小叶柄长0.5~1(1.5) cm。花瓣 4 枚,白色;顶生圆柱状圆锥花序,长 20~35 cm,近无毛;5~6 月开花。蒴果球形,无刺,也无突出尖头,果壳厚。

【识别要点】 小叶通常 7 片,倒卵状长椭圆形,长 8~20 cm,缘有细齿,仅背脉有疏毛;花瓣 4 枚,白色;蒴果球形,无刺,也无突出尖头。

【生态习性】 七叶树原产于黄河中下游地区及江苏、浙江等地,北京、杭州等城市多栽培。喜光,耐半荫,喜温和湿润气候,不耐严寒;喜肥沃深厚土壤;深根性,不耐移植,萌芽力不强,生长较慢,寿命长。

【观赏价值及园林用途】 七叶树树干耸直,叶大荫浓,树冠开阔,白花绚烂,是著名的观赏树种之一,宜作庭荫树及行道树。

【同属相似种】

(1)欧洲七叶树(*Aesculus hippocastanum* L.) 树冠卵形,下部枝下垂;小叶无柄,5~7 枚,倒卵状长椭圆形,长 10~20 cm,基部楔形,先端突尖,缘有不整齐重锯齿,背面绿色,幼时有褐色柔毛,后仅脉腋有褐色簇毛。花瓣 4~5 枚,白色,基部有红、黄色斑;果近球形,果皮有刺。喜光,稍耐荫,耐寒,耐盐碱。原产巴尔干半岛,北京、杭州、上海、青岛等地有少量栽培。本种树体高大,树冠开阔,花序美丽。

(2) 红花七叶树 (杂种七叶树)(*A.×carnea* Hayne) 是欧洲七叶树与美洲七叶树(*A. pavia* L.)的杂交种。小叶通常 5 枚,倒卵状椭圆形,先端尖,近无柄。花肉红色,圆锥花序长 15~20 cm,5 月开花。在欧洲广泛栽作行道树和庭园观赏树。

【物候历】 叶展期 2 月 22 日至 5 月 24 日(叶芽膨大期 2 月 22 日,叶芽开放期 3 月 19 日,初叶期 3 月 25 日,盛叶期 4 月 20 日,全叶期 5 月 6 日,叶成形期 5 月 24 日),花期 4 月 9 日至 6 月 7 日(花芽膨大期 4 月 9 日,吐蕾期 5 月 4 日,初花期 5 月 6 日,盛花期 5 月 14 日,末花期 5 月 27 日,无花期 6 月 7 日),果期 5 月 27 日至 10 月 10 日(坐果期 5 月 27 日,成熟期 8 月 15 日,初落果期 9 月 5 日,盛落果期 10 月 10 日),叶脱落期 10 月 17 日至 11 月 26 日(叶初变色期 10 月 17 日,叶片始落期 10 月 22 日,落叶盛期 11 月 4 日,落叶末期 11 月 20 日,无叶期 11 月 26 日)。

【重要物候节点图谱】

叶芽开放期

盛叶期

全叶期

花芽膨大期

盛叶期

盛花期

坐果期

成熟期

86.五角枫(地锦槭、色木)

【学名】 *Acer mono* Maxim.

【科属】 槭树科 槭属

【主要形态特征】 落叶乔木或灌木,高达 20 m。叶掌状 5 裂,裂片较宽,先端尾状锐尖,裂片不再分为 3 裂,叶基部常心形,最下部 2 裂片不向下开展,但有时可再裂出 2 小裂片而成 7 裂。顶生圆锥状伞房花序,萼片 5 片,黄绿色,花瓣 5 枚,淡白色。果翅较长,为果核之 1.5~2 倍,张开成锐角或近于钝角。

【识别要点】 叶掌状 5 裂,裂片较宽,先端尾状锐尖,裂片不再分为 3 裂,叶基部常心形,最下部 2 裂片不向下开展,但有时可再裂出 2 小裂片而成 7 裂。果翅为果核之 1.5~2 倍。

【生态习性】 五角枫分布于我国东北、华北地区至长江流域,朝鲜、日本也有分布。喜温凉湿润气候及雨量较多地区，稍耐荫，过于干冷及炎热地区均不宜生长。对土壤要求不严，在中性、酸性及石灰性土上均能生长。

【观赏价值及园林用途】 五角枫秋叶变亮黄色或红色，宜作庭院树、行道树及风景林树种。

【物候历】 叶展期2月28日至5月29日（叶芽膨大期2月28日，叶芽开放期3月24日，初叶期4月6日，盛叶期4月24日，全叶期5月8日，叶成形期5月29日），花期3月4日至5月1日（花芽膨大期3月4日，吐蕾期4月4日，初花期4月6日，盛花期4月18日，末花期4月24日，无花期5月1日），果期4月23日至11月20日（坐果期4月23日，成熟期9月29日，初落果期10月12日，盛落果期11月20日），叶脱落期10月20日至11月26日（叶初变色期10月20日，叶片始落期10月26日，落叶盛期11月6日，落叶末期11月20日，无叶期11月26日）。

【重要物候节点图谱】

叶芽膨大期

叶芽开放期

初叶期

成熟期

盛叶期

花芽膨大期

盛花期

87.挪威槭（挪威枫、国王枫）

【学名】 *Acer platanoides* L.

【科属】 槭树科 槭属

【主要形态特征】 落叶乔木，高达18~25 m，树冠近球形。枝条粗壮，树皮通常不开裂，表面有细长的条纹。叶片光滑，宽大浓密，小枝、叶和红色的芽鳞中有丰富的汁液。叶掌状5裂，先端尖，缘疏生尖齿，有光泽。花小，黄绿色，成多花的伞房花序。翅果下垂，长4~5 cm，两果翅展开近平角。

【识别要点】 枝条粗壮，树皮表面有细长的条纹。叶掌状5裂，缘疏生尖齿，表面光滑，宽大浓密，秋季叶片呈黄色。

【生态习性】 挪威槭原产于欧洲及高加索、土耳其一带。在欧洲广泛栽培，近年引种国内。喜光，较耐寒，能忍受干燥的气候条件，耐盐碱；喜肥沃、排水良好的土壤。多采用播种繁殖。

【观赏价值及园林用途】 挪威槭是一种直立生长、树形圆整、树荫浓密的树种，秋叶为美丽的金黄色，是良好的行道树和庭荫树种。栽培变种很多，有紫叶和花叶等变种。

【栽培变种】 如红王'Crimson king'(春季叶片深红色,夏季变成红褐色、紫酱色或红色,秋季变为微红铜色或橘黄色)、绿宝石皇后'Emerald Queen'(叶深绿色,秋季黄色)、皇室红'Royal Red'(叶在整个生长季节保持亮红色)及花叶'Drummondii'(叶缘具不规则的黄白色宽边)等。

【物候历】 叶展期3月16日至6月5日(叶芽膨大期3月16日,叶芽开放期4月7日,初叶期4月13日,盛叶期5月2日,全叶期5月16日,叶成形期6月5日),花期4月5日至5月2日(花芽膨大期4月5日,吐蕾期4月12日,初花期4月16日,盛花期4月24日,末花期4月28日,无花期5月2日),果期4月24日至11月2日(坐果期4月24日,成熟期9月20日,初落果期10月12日,盛落果期11月2日),叶脱落期9月29日至11月20日(叶初变色期9月29日,叶片始落期10月16日,落叶盛期10月26日,落叶末期11月8日,无叶期11月20日)。

【重要物候节点图谱】

叶芽膨大期

坐果期

叶芽开放期

初叶期

盛叶期

叶初变色期

88.三角枫(三角槭)

【学名】 *Acer buergerianum* Miq.

【科属】 槭树科 槭属

【主要形态特征】 落叶乔木,高达20 m;树皮长片状剥落。叶纸质,下面有白粉,嫩时沿叶脉有短柔毛,叶柄较短;叶片3裂,裂片向前伸,全缘或有不规则锯齿。果序嫩时有短柔毛,果核凸起,果翅展开成锐角或近于直立。

【识别要点】 叶3裂,裂片向前伸,全缘或有不规则锯齿。果翅展开成锐角。树皮长片状剥落。

【生态习性】 三角枫原产于我国山东、河南、江苏、浙江、安徽、江西、湖北、湖南、贵州、广东等地区,日本也有分布。喜温暖湿润气候,稍耐荫,较耐水湿;耐修剪,萌芽力强。

【观赏价值及园林用途】 三角枫秋叶暗红或橙色,颇为美观,宜作庭荫树、行道树及护岸树种,也可栽作绿篱。

【物候历】 叶展期3月2日至6月12日(叶芽膨大期3月2日,叶芽开放期4月7日,初叶期4月10日,盛叶期5月6日,全叶期5月21日,叶成形期6月12日),花期3月12日至4月29日(花芽膨大期3月12日,吐蕾期4月6日,初花期4月8日,盛花期4月14日,末花期4月25日,无花期4月29日),果期4月22日至10月26日(坐果期4月22日,成熟期9月2日,初落果期10月10日,盛落果期10月26日),叶脱落期10月20日至11月22日(叶初变色期10月20日,叶片始落期10月26日,落叶盛期11月10日,落叶末期11月16日,无叶期11月22日)。

叶芽开放期

全叶期

【重要物候节点图谱】

叶成形期

吐蕾期

盛花期

坐果期

初落果期

89.青榨槭(青虾蟆)

【学名】 *Acer davidii* Franch.

【科属】 槭树科 槭属

【主要形态特征】 落叶乔木,高7~15 m。树皮黑褐色或灰褐色,常纵裂成蛇皮状。小枝细瘦,圆柱形,无毛。叶纸质,外貌长圆卵形或近于长圆形。花黄绿色,杂性,雄花与两性花同株,通常9~12朵成长4~7 cm的总状花序,顶生于着叶的嫩枝;花瓣5枚,倒卵形,先端圆形,与萼片等长;雄蕊8枚,无毛。翅果嫩时淡绿色,成熟后黄褐色;翅宽1~1.5 cm,连同小坚果共长2.5~3 cm,展开成钝角或近于平角。花期4月,果期9月。

【识别要点】 树皮黑褐色或灰褐色,有蛇皮状白色条纹。叶纸质,外貌长圆卵形或近于长圆形。翅果嫩时淡绿色,成熟后黄褐色。

【生态习性】 青榨槭广布于黄河流域至华北、中南及西南各地,常生于海拔500~1500 m疏林中;耐半荫,喜生于湿润溪谷。

【观赏价值及园林用途】 青榨槭入秋叶色黄紫,颇为美观,可栽作园林绿化树种。

【物候历】 叶展期3月18日至6月8日(叶芽膨大期3月18日,叶芽开放期4月7日,初叶期4月13日,盛叶期5月2日,全叶期5月17日,叶成形期6月8日),花期4月7日至4月30日(花芽膨大期4月7日,吐蕾期4月10日,初花期4月13日,盛花期4月21日,末花期4月25日,无花期4月30日),果期4月25日至10月20日(坐果期4月25日,成熟期9月26日,初落果期10月12日,盛落果期10月20日),叶脱落期10月20日至11月26日(叶初变色期10月20日,叶片始落期10月26日,落叶盛期11月10日,落叶末期11月20日,无叶期11月26日)。

【重要物候节点图谱】

叶芽膨大期

叶芽开放期

初叶期

盛叶期

花芽膨大期

盛花期

坐果期

成熟期

叶片始落期

90.三峡槭(三裂槭)

【学名】 *Acer wilsonii* Rehd.

【科属】 槭树科　槭属

【主要形态特征】 落叶乔木,高达 10~15 m;树皮暗棕色,光滑。当年生嫩枝绿色或淡紫绿色,多年生老枝紫褐色或紫绿色。叶通常 3 裂,裂片卵形或长圆状卵形,先端尾渐尖,全缘或近基部有浅齿。花黄绿色或近白色;圆锥花序顶生。翅果黄褐色,常成下垂的圆锥果序;果核凸起,网脉显著,翅基部狭窄,张开几成水平。

【识别要点】 树皮暗棕色,光滑。叶通常 3 裂,裂片卵形或长圆状卵形,全缘或近基部有浅齿。果翅展开近于平角。

【生态习性】 三峡槭产于长江流域至华南地区。生于海拔 1400~2000 m 的疏林中。

【观赏价值及园林用途】 三峡槭宜作庭荫树、风景林,属荫木类。

【同属相似种】

(1)中华槭(*Acer sinense* Pax) 叶近革质,常 5 裂,裂片边缘有紧贴的圆齿状细锯齿,下面略有白粉。花序圆锥状,萼片 5 片,淡绿色,花瓣 5 枚,白色,花柱较长,花盘有长柔毛,子房有很密的白色疏柔毛。翅果长 3~3.5 cm,张开近于锐角或钝角。

(2)建始槭(三叶槭)(*Acer henryi* Pax) 树皮浅褐色,当年生嫩枝紫绿色,有短柔毛,多年生老枝浅褐色,无毛。叶纸质,由 3 小叶组成复叶;小叶椭圆形或长圆椭圆形,长 6~12 cm,全缘或近先端部分有稀疏的 3~5 个钝锯齿,小叶柄有短柔毛;小叶嫩时两面无毛或有短柔毛,在下面沿叶脉被毛更密,渐老时无毛。翅果嫩时淡紫色,成熟后黄褐色,小坚果凸起,两翅张开成锐角或近直角。

【物候历】 叶展期 3 月 2 日至 6 月 5 日(叶芽膨大期 3 月 2 日,叶芽开放期 3 月 28 日,初叶期 4 月 5 日,盛叶期 4 月 23 日,全叶期 5 月 12 日,叶成形期 6 月 5 日),花期 3 月 10 日至 4 月 28 日(花芽膨大期 3 月 10 日,吐蕾期 4 月 5 日,初花期 4 月 7 日,盛花期 4 月 17 日,末花期 4 月 22 日,无花期 4 月 28 日),果期 4 月 22 日至 10 月 26 日(坐果期 4 月 22 日,成熟期 9 月 27 日,初落果期 10 月 8 日,盛落果期 10 月 26 日),叶脱落期 10 月 26 日至 12 月

1 日(叶初变色期 10 月 26 日,叶片始落期 10 月 29 日,落叶盛期 11 月 18 日,落叶末期 11 月 22 日,无叶期 12 月 1 日)。

【重要物候节点图谱】

叶芽开放期

全叶期

初花期

盛花期

坐果期

91.银槭(银白槭、银白枫)

【学名】 *Acer saccharinum* L.

【科属】 槭树科　槭属

【主要形态特征】 落叶大乔木,高达 40 m。树冠卵圆至圆形,树枝直立,小枝紫色或紫褐色。叶掌状 3~5 深裂,缘有疏齿裂,表面亮绿色,背面银白色;秋季叶色亮黄色和柠檬色。花粉红色,无花瓣,叶前开放。翅果之两翅几成直角。

【识别要点】 叶掌状 3~5 裂,缘有疏齿裂,表面亮绿色,背面银白色,故名银槭。花粉红色,无花瓣,叶前开放。翅果之两翅几成直角。

【生态习性】 银槭原产于美国东北部及邻接的加拿大,北京、鞍山等地有引种。耐寒性较强,生长快。喜潮湿、微酸性到碱性土壤,耐旱,耐涝。

【观赏价值及园林用途】 银槭秋叶为美丽的亮黄色和柠檬色,是城市公园的理想树种。

【物候历】 叶展期 3 月 12 日至 6 月 12 日(叶芽膨大期 3 月 12 日,叶芽开放期 4 月 2 日,初叶期 4 月 11 日,盛叶期 5 月 6 日,全叶期 5 月 21 日,叶成形期 6 月 12 日),花期 2 月 28 日至 4 月 6 日(花芽膨大期 2 月 28 日,吐蕾期 3 月 12 日,初花期 3 月 14 日,盛花期 3 月 24 日,末花期 4 月 1 日,无花期 4 月 6 日),果期 4 月 1 日至 10 月 26 日(坐果期 4 月 1 日,成熟期 8 月 20 日,初落果期 10 月 10 日,盛落果期 10 月 26 日),叶脱落期 9 月 22 日至 11 月 14 日(叶初变色期 9 月 22 日,叶片始落期 10 月 16 日,落叶盛期 10 月 26 日,落叶末期 11 月 6 日,无叶期 11 月 14 日)。

【重要物候节点图谱】

初叶期

盛叶期

花芽膨大期

初花期

盛花期

坐果期

成熟期

92.茶条槭

【学名】 *Acer ginnala* Maxim.

【科属】 槭树科　槭属

【主要形态特征】 落叶小乔木,高达6~9 m,常成灌木状。叶卵状椭圆形,长6~10 cm,常3裂,中裂特大,基部心形或近圆形,缘有不规则重锯齿,背脉常具长毛,叶柄及主脉常带紫红色。伞房花序圆锥状,花黄绿色。果翅不开展。

【识别要点】 叶卵状椭圆形,常3裂,中裂特大,基部心形或近圆形,缘有不规则重锯齿,叶柄及主脉常带紫红色;秋季叶变紫红色。伞房花序圆锥状。果翅不开展。

【生态习性】 茶条槭分布于我国东北、内蒙古、黄河流域及长江下游一带,朝鲜、日本也有分布。弱阳性,耐寒;深根性,萌蘖性强。

【观赏价值及园林用途】 茶条槭秋季叶易变紫红色,翅果在成熟前也红艳可爱,是良好的庭园观赏树,也可栽作绿篱及小型行道树。嫩叶可代茶,故名茶条槭。

【物候历】 叶展期3月1日至6月8日(叶芽膨大期3月1日,叶芽开放期3月24日,初叶期3月30日,盛叶期4月22日,全叶期5月17日,叶成形期6月8日),花期3月28日至5月12日(花芽膨大期3月28日,吐蕾期4月15日,初花期4月17日,盛花期4月27日,末花期5月4日,无花期5月12日),果期5月4日至10月12日(坐果期5月4日,成熟期7月22日,初落果期9月20日,盛落果期10月12日),叶脱落期10月8日至11月20日(叶初变色期10月8日,叶片始落期10月22日,落叶盛期10月26日,落叶末期11月12日,无叶期11月20日)。

【重要物候节点图谱】

叶芽开放期

初叶期

花芽膨大期

盛花期

坐果期

全叶期

成熟期

叶片始落期

93.东北槭(白牛槭)

【学名】 *Acer mandshuricum* Maxim.

【科属】 槭树科　槭属

【主要形态特征】 落叶乔木,高约20 m。树皮灰色,粗糙;当年生枝紫黄色或紫褐色,老枝灰色,具显著的长椭圆形皮孔。3小叶纸质,矩圆状披针形,边缘具钝锯齿,顶生小叶基部楔形,侧生小叶基部偏斜,下面微有白粉,沿主脉生白色疏柔毛;叶柄细瘦,无毛。翅果张开成锐角或近直角,幼时紫色,成熟后紫褐色,无毛。

【识别要点】 老枝灰色,具显著的长椭圆形皮孔。小枝无毛。三出复叶,小叶长椭圆状披针形,缘有疏齿,背面灰绿色,中脉有白柔毛。翅果幼时紫色,成熟后紫褐色,张开成锐角或近直角。

【生态习性】 东北槭分布于我国东北长白山区,生于海拔 500~1000 m 的阴湿林中。

【观赏价值及园林用途】 枝、干、叶、花和果在一年四季中均有不同程度的变化,十分引人注目,可用作庭园或风景区观赏栽植。

【同属相似种】 三花槭(拧筋槭)(*Acer triflorum* Kom.)落叶乔木,高达 20~30 m。小枝紫色,幼时疏生柔毛。三出复叶,叶柄细瘦,淡紫色,近无毛;小叶卵状椭圆形至长倒卵形,长 7~9 cm,中上部有 2~3 个粗齿,背面脉上疏生柔毛。伞房花序,花黄绿色,花梗密被疏柔毛。翅果密生有毛,两果翅张开成锐角或近直角。产于我国东北地区。稍喜荫,耐寒,喜湿润肥沃土壤。三花槭入秋后叶色变红,鲜艳夺目,为点缀庭园的良好观叶树种。材质坚韧,可做家具。

【物候历】 叶展期 3 月 2 日至 5 月 20 日(叶芽膨大期 3 月 2 日,叶芽开放期 3 月 24 日,初叶期 4 月 1 日,盛叶期 4 月 21 日,全叶期 5 月 2 日,叶成形期 5 月 20 日),花期 3 月 12 日至 4 月 20 日(花芽膨大期 3 月 12 日,吐蕾期 3 月 31 日,初花期 4 月 1 日,盛花期 4 月 8 日,末花期 4 月 15 日,无花期 4 月 20 日),果期 4 月 18 日至 11 月 2 日(坐果期 4 月 18 日,成熟期 9 月 29 日,初落果期 10 月 20 日,盛落果期 11 月 2 日),叶脱落期 10 月 20 日至 12 月 1 日(叶初变色期 10 月 20 日,叶片始落期 10 月 26 日,落叶盛期 11 月 20 日,落叶末期 11 月 26 日,无叶期 12 月 1 日)。

【重要物候节点图谱】

叶芽膨大期

初花期

盛花期

叶芽开放期

初叶期

叶成形期

坐果期

成熟期

94.梣叶槭(复叶槭、羽叶槭)

【学名】 *Acer negundo* L.

【科属】 槭树科 槭属

【主要形态特征】 落叶乔木,高达 20 m。小枝绿色,光滑无毛,常被白色蜡粉。奇数羽状复叶,小叶3~5片,叶缘有不规则锯齿,卵状椭圆形。花单性,无花瓣,果翅狭长,张开成锐角。

【识别要点】 小枝光滑,常被白色蜡粉。羽状复叶对生。小叶3~5片,卵状椭圆形,长5~10 cm,缘有不整齐粗齿。果翅狭长,两果翅展开成锐角。

【生态习性】 梣叶槭原产于北美,我国东北、华北及华东地区均有栽培。喜光,喜冷凉气候,耐寒、耐干旱、耐干冷、耐轻度盐碱、耐烟尘。生长迅速。

【观赏价值及园林用途】 复叶槭枝叶茂密,入秋叶呈金黄色,可作庭荫树、行道树。

【栽培变种】 金叶'Aureum'、金边'Elegans'('Aureo-marginatum')、宽银边'Variegatum'、金斑'Aureo-variegatum'、粉叶'Flamingo'等栽培变种。

【物候历】 叶展期2月28日至5月29日(叶芽膨大期2月28日,叶芽开放期3月25日,初叶期4月2日,盛叶期4月23日,全叶期5月8日,叶成形期5月29日),花期2月28日至4月18日(花芽膨大期2月28日,吐蕾期3月15日,初花期3月17日,盛花期4月1日,末花期4月11日,无花期4月18日),果期3月24日至11月26日(坐果期3月24日,成熟期8月20日,初落果期,9月20日,盛落果期11月26日),叶脱落期10月18日至11月12日(叶初变色期10月18日,叶片始落期10月24日,落叶盛期11月3日,落叶末期11月8日,无叶期11月12日)。

【重要物候节点图谱】

初叶期

全叶期

花芽膨大期

盛花期

盛花期

初落果期

盛落果期

落叶末期

95.鸡爪槭

【学名】 *Acer palmatum* Thunb.

【科属】 槭树科 槭属

【主要形态特征】 落叶小乔木,高达6~7 m;枝细长光滑。叶掌状5~9深裂,径5~10 cm,裂片卵状披针形,先端尾状尖,缘有重锯齿,两面无毛。花紫色,子房无毛;顶生伞房花序;4~5月开花。果翅长2~2.5 cm,展开成钝角。

【识别要点】 枝细长光滑。叶掌状5~9深裂,裂片卵状披针形,秋季变红色。花紫色,顶生伞房花序;果翅展开成钝角。

【生态习性】 鸡爪槭广布于我国长江流域及朝鲜、日本。喜光，喜温暖湿润气候，耐寒性不强。植于草坪、土丘、溪边、池畔和路隅、墙边、亭廊、山石间点缀，均十分得体。

【观赏价值及园林用途】 本种树姿优美，叶形秀丽，秋叶红色或古铜色，灿烂如霞，为优良观赏树种。制成盆景或盆栽用于室内美化也极雅致。

【变型、变种及栽培变种】

(1)紫红鸡爪槭(红枫、红槭)[*f.atropurpureum* (Van Houtte) Schwerim] 嫩叶红色，老叶终年紫红色，5~7 深裂；枝条也常紫红色，是重要的彩色树种。

(2)细叶鸡爪槭(羽毛槭、羽毛枫)[var. *dissectum* (Thunb.) K. Koch] 叶掌状七裂达基部，裂片披针形，先端锐尖，边缘又羽状细裂，嫩叶两面密生柔毛，后叶表面光滑。

(3)红细叶鸡爪槭(红羽毛枫)'Dissectum Ornatum'叶和枝常年呈紫红色，叶形似细叶鸡爪槭。

【物候历】 叶展期 2 月 23 日至 5 月 31 日(叶芽膨大期 2 月 23 日，叶芽开放期 3 月 20 日，初叶期 3 月 31 日，盛叶期 4 月 24 日，全叶期 5 月 10 日，叶成形期 5 月 31 日)，花期 3 月 20 日至 5 月 2 日(花芽膨大期 3 月 20 日，吐蕾期 4 月 7 日，初花期 4 月 9 日，盛花期 4 月 18 日，末花期 4 月 24 日，无花期 5 月 2 日)，果期 4 月 20 日至 11 月 12 日(坐果期 4 月 20 日，成熟期 9 月 26 日，初落果期 10 月 20 日，盛落果期 11 月 12 日)，叶脱落期 10 月 20 日至 12 月 1 日(叶初变色期 10 月 20 日，叶片始落期 10 月 26 日，落叶盛期 11 月 20 日，落叶末期 11 月 26 日，无叶期 12 月 1 日)。

【重要物候节点图谱】

叶芽膨大期

叶芽开放期

盛叶期

花芽膨大期

吐蕾期

盛花期

坐果期

叶初变色期

叶片始落期

96.红花槭(北美红枫、加拿大红枫)

【学名】 *Acer rubrum* L.

【科属】 槭树科 槭属

【主要形态特征】 落叶乔木，高达 12~18 m。树形直立，树冠椭圆形或圆形。叶对生，叶片掌状 3~5 裂，长 5~10 cm。新叶正面微红色，之后变成绿色，直至深绿色；叶背面灰绿色。秋天叶子由黄绿色变成黄色，最后成为红色。花红色，稀淡黄，芳香，花柄淡红色，先于叶开放。翅果，红色，长 2.5~5 cm。

【识别要点】 树形直立，树冠椭圆形或圆形。叶片掌状 3~5 裂，新叶正面微红色，之后变成绿色；叶背面灰绿色。秋天叶子由黄绿色变成黄色，最后成为红色。花红色，先于叶开放。

【生态习性】 红花槭原产于美国东部的大部分地区和加拿大。我国华北、华东、华中等地均能生长。耐寒、耐旱、耐湿性强。喜酸性土壤。

【观赏价值及园林用途】 本种全年颜色丰富，春天花和果实非常漂亮，秋天叶子呈亮红和黄色。种植于公园或宽广的街道是很吸引人的风景观赏树种。

【变种】 美国改良红枫，是从红花槭中选育的园艺变种和红花槭与银槭杂交的自由人槭(*Acer×freemanii* A.E.Murray)中选育的园艺变种的总称，具有一系列的改良品种。耐寒性强，适应中性及微酸或微碱性土壤。生长速度较快，几乎不受病虫害影响。树叶成掌状，夏季碧绿，秋天为鲜红色，挂色期长，落叶晚。该树种是休闲公园、生活小区、医院和道路绿化美化的最佳选择。其中表现良好的有秋焰(秋之火)'Autumn Flame'、秋日梦幻'Autumn Fantasy'、太阳谷'Sun Valley'、十月辉煌(十月荣耀)'October Glory'、夕阳红'Franksred'等品种。

【物候历】 叶展期 3 月 12 日至 5 月 26 日(叶芽膨大期 3 月 12 日，叶芽开放期 4 月 2 日，初叶期 4 月 11 日，盛叶期 4 月 24 日，全叶期 5 月 8 日，叶成形期 5 月 26 日)，花期 2 月 22 日至 4 月 9 日(花芽膨大期 2 月 22 日，吐蕾期 3 月 10 日，初花期 3 月 12 日，盛花期 3 月 24 日，末花期 3 月 31 日，无花期 4 月 9 日)，果期 4 月 7 日至 11 月 2 日(坐果期 4 月 7 日，成熟期 8 月 12 日，初落果期 10 月 20 日，盛落果期 11 月 2 日)，叶脱落期 8 月 20 日至 11 月 10 日(叶初变色期 8 月 20 日，叶片始落期 9 月 2 日，落叶盛期 9 月 27 日，落叶末期 10 月 27 日，无叶期 11 月 10 日)。

【重要物候节点图谱】

吐蕾期

盛花期

坐果期

成熟期

97.黄连木(楷木)

【学名】 *Pistacia chinensis* Bunge

【科属】 漆树科　黄连木属

【主要形态特征】 落叶乔木，高达 25~30 m，树冠近圆球形；树皮薄片状剥落。偶数羽状复叶互生，小叶 5~7 对，披针形或卵状披针形，长 5~8 cm，全缘，基歪斜。雌雄异株，圆锥花序，雄花序淡绿色，雌花序紫红色。核果径约 6 mm，初为黄白色，后变红色至蓝紫色。花期 3~4 月，先叶开放；果 9~11 月成熟。

【识别要点】 树皮裂成小方块状；小枝有柔毛，冬芽红褐色。偶数羽状复叶互生，小叶5~7对，披针形或卵状披针形，全缘，基歪斜。雌花成腋生圆锥花序，紫红色。雄花成密总状花序，淡绿色。核果球形，熟后变红色至蓝紫色。

【生态习性】 黄连木原产于中国，北自黄河流域，南至两广（广东、广西）及西南各省均有分布。喜光，喜温暖，畏严寒；耐干旱瘠薄，对土壤要求不严，深根性，主根发达，抗风力强；对二氧化硫和烟尘的抗性较强。

【观赏价值及园林用途】 黄连木枝密叶繁，秋叶变为橙黄或鲜红色。宜作庭荫树及山地风景树种。

【物候历】 叶展期3月10日至6月22日（叶芽膨大期3月10日，叶芽开放期4月6日，初叶期4月12日，盛叶期5月11日，全叶期5月26日，叶成形期6月22日），花期3月10日至4月29日（花芽膨大期3月10日，吐蕾期4月5日，初花期4月7日，盛花期4月18日，末花期4月25日，无花期4月29日），果期4月17日至11月26日（坐果期4月17日，成熟期9月22日，初落果期10月16日，盛落果期11月26日），叶脱落期9月16日至11月26日（叶初变色期9月16日，叶片始落期10月22日，落叶盛期11月6日，落叶末期11月15日，无叶期11月26日）。

【重要物候节点图谱】

叶芽开放期

初叶期

全叶期

初花期

盛花期

成熟期

坐果期

叶片始落期

98.火炬树（鹿角漆）

【学名】 *Rhus typhina* L.

【科属】 漆树科　盐肤木属

【主要形态特征】 落叶小乔木，高达8 m。分枝少，小枝粗壮并密生褐色绒毛。叶互生，奇数羽状复叶；小叶11~31片，长圆形至披针形，先端长渐尖，基部圆形或广楔形，缘有整齐锯齿；叶轴无翅。叶表面绿色，背面粉白，均被密柔毛。雌雄异株，顶生圆锥花序，密生有毛，雌花序及果穗鲜红色，形同火炬。花期5~7月，果期9~11月。

【识别要点】 分枝少，小枝密生绒毛。小叶长圆形至披针形，缘有锯齿，叶轴无翅。雌雄异株，花淡绿色，顶生圆锥花序，密生有毛。果穗鲜红色，形同火炬。

【生态习性】 火炬树原产于北美，常在开阔的沙土或砾质土上生长。性强健，耐寒，对土壤适应性强，耐干旱瘠薄，耐盐碱。根萌蘖力强，寿命短。

【观赏价值及园林用途】 火炬树果穗红艳似火炬，秋叶鲜红色，是优良的秋景树种。宜丛植于坡地、公园角落，以吸引鸟类觅食，增加园林野趣，也是固堤、固沙、保持水土的好树种。

【物候历】 叶展期3月12日至6月17日(叶芽膨大期3月12日，叶芽开放期4月7日，初叶期4月15日，盛叶期5月8日，全叶期5月24日，叶成形期6月17日)，花期5月8日至6月18日(花芽膨大期5月8日，吐蕾期5月24日，初花期5月26日，盛花期6月5日，末花期6月12日，无花期6月18日)，果期6月12日至11月12日(坐果期6月12日，成熟期9月16日，初落果期10月5日，盛落果期11月12日)，叶脱落期10月2日至11月16日(叶初变色期10月2日，叶片始落期10月8日，落叶盛期10月16日，落叶末期11月8日，无叶期11月16日)。

【重要物候节点图谱】

叶芽膨大期

叶芽开放期

全叶期

花芽膨大期

吐蕾期

盛花期

99.盐肤木

【学名】 *Rhus chinensis* Mill.

【科属】 漆树科　盐肤木属

【主要形态特征】 落叶乔木，高可达9 m。树皮灰褐色，有赤褐色斑点；小枝上有三角形叶痕。叶互生，奇数羽状复叶，长12~20 cm，总叶柄基部膨大，叶轴生有灰褐色细毛，两侧有3~6对箭叶，初有短毛，后渐脱落；小叶7~13枚，无柄，顶部小叶广卵形或卵状广椭圆形，基部圆形而渐尖，先端急尖，侧方小叶卵状长椭圆形至卵形，稍有偏斜，除基部外，边缘有波状钝齿，表面有疏毛，背面密生绒毛，羽状脉10~17对。花杂性，白色，顶生圆锥花序，萼5裂，花瓣5片。核果扁圆形，外面密生灰白色短软毛。

【识别要点】 枝芽密生黄色绒毛，冬芽被叶痕所包围。羽状复叶之叶轴有翅。小叶无柄，边缘有波状钝齿，表面有疏毛，背面密生绒毛。核果扁圆形，外面密生灰白色短软毛。

【生态习性】 盐肤木对土壤要求不严，在酸性、中性或石灰岩的碱性土壤上都能生长，耐瘠薄，不耐水湿。根系发达，有很强的萌蘖性。

【观赏价值及园林用途】 盐肤木是中国主要经济树种，可供制药和作工业染料的原料。

在园林绿化中,可作为观叶、观果的树种。

【同属相似种】 青麸杨(*R. potaninii* Maxim.) 落叶乔木,高 5~8 m,小枝无毛。小叶 7~9 片,全缘或幼树之叶有粗齿,近无毛;叶轴上端有时具狭翅。小叶具短柄。圆锥花序顶生,花小,白色。核果近球形,略压扁,深红色,密生毛,果序下垂。

【物候历】 叶展期 3 月 8 日至 6 月 3 日(叶芽膨大期 3 月 8 日,叶芽开放期 4 月 6 日,初叶期 4 月 14 日,盛叶期 5 月 6 日,全叶期 5 月 21 日,叶成形期 6 月 3 日),花期 6 月 7 日至 9 月 13 日(花芽膨大期 6 月 7 日,吐蕾期 8 月 18 日,初花期 8 月 20 日,盛花期 9 月 1 日,末花期 9 月 8 日,无花期 9 月 13 日),果期 9 月 8 日至 10 月 20 日(坐果期 9 月 8 日,成熟期 10 月 2 日,初落果期 10 月 7 日,盛落果期 10 月 20 日),叶脱落期 10 月 20 日至 11 月 12 日(叶初变色期 10 月 20 日,叶片始落期 10 月 24 日,落叶盛期 11 月 4 日,落叶末期 11 月 8 日,无叶期 11 月 12 日)。

【重要物候节点图谱】

叶芽膨大期

叶芽开放期

全叶期

坐果期

成熟期

100.黄栌(红叶)

【学名】 *Cotinus coggygria* Scop.var.*cinerea* Engl.

【科属】 漆树科 黄栌属

【主要形态特征】 落叶灌木或小乔木,高达 8 m,枝红褐色。单叶互生,倒卵形或卵圆形,长 3~8 cm,先端圆形或微凹,基部圆形或阔楔形,全缘;两面尤其叶背显著被灰色柔毛,侧脉 6~11 对,先端常叉开;叶柄短。圆锥花序被柔毛;花杂性,径约 3 mm;花盘 5 裂,紫褐色;果序上有多数不育花的紫绿色羽毛状细长花梗宿存。核果肾形,径 3~4 mm。

【识别要点】 枝红褐色。叶近圆形的椭圆形,全缘,先端圆形或微凹,叶两面尤其背面有灰色柔毛。花小而黄色;顶生圆锥花序,有柔毛。果序上有许多伸长成紫色羽毛状的不孕花梗;核果小,肾形。

【生态习性】 喜光,也耐半荫;耐寒,耐干旱瘠薄和碱性土壤,但不耐水湿;以深厚、肥沃而排水良好的沙壤土最好;生长快,根系发达,萌蘖性强;对二氧化硫有较强抗性。

【观赏价值及园林用途】 树姿优美,茎、叶、果都有较高的观赏价值,特别是深秋叶片经霜变红时,色彩鲜艳、美丽壮观;其果形别致,成熟果实颜色鲜红,艳丽夺目。另外,在夏初不育花的花梗伸长成紫色羽毛状,簇生于枝梢,留存很久,远望宛如万缕罗纱缭绕树间,故又有“烟树”之称,是优良的彩叶树种。

其正种欧黄栌(*C. coggygria* Scop.)产于南欧,中国不产。黄栌又有紫叶黄栌'Purpureus'(小花粉紫色,多数不孕,花梗宿存,紫红色,羽毛状)和垂枝黄栌'Pendula'等栽培变种。

【物候历】 叶展期3月2日至6月5日(叶芽膨大期3月2日,叶芽开放期3月28日,初叶期4月6日,盛叶期4月26日,全叶期5月12日,叶成形期6月5日),花期4月6日至6月5日(花芽膨大期4月6日,吐蕾期4月13日,初花期4月14日,盛花期5月10日,末花期5月26日,无花期6月5日),果期5月10日至7月20日(坐果期5月10日,成熟期6月23日,初落果期7月7日,盛落果期7月20日),叶脱落期9月22日至12月1日(叶初变色期9月22日,叶片始落期10月12日,落叶盛期10月26日,落叶末期11月26日,无叶期12月1日)。

【重要物候节点图谱】

叶芽膨大期

叶芽开放期

盛叶期

花芽膨大期

初花期

末花期

坐果期

叶片始落期

101.臭椿

【学名】 *Ailanthus altissima*(Mill.)Swingle

【科属】 苦木科 臭椿属

【主要形态特征】 落叶乔木,高可达30 m,胸径1 m以上,树冠呈扁球形或伞形。树皮灰白色或灰黑色,平滑,枝条粗壮。叶痕大,奇数羽状复叶互生;小叶近基部具少数粗齿,卵状披针形;叶总柄基部膨大,齿端有1腺点,有臭味。圆锥花序顶生,花小,杂性,白绿色。翅果,有扁平膜质的翅,长椭圆形,种子位于中央。

【识别要点】 枝叶带特殊臭味。树皮不裂,小枝粗壮,有明显主干。树冠松散,缺顶芽。

【生态习性】 臭椿产于我国辽宁、华北、西北至长江流域各地,朝鲜、日本也有分布。喜光,不耐荫;适应性强,除黏土外,在各种土壤上都能生长。耐寒,耐旱,不耐水湿,深根性;对烟尘及二氧化硫的抗性较强,病虫害较少。

【观赏价值及园林用途】 臭椿树干通直高大,春季嫩叶紫红色,秋季红果满树,是良好的观赏树和行道树。可孤植、丛植或与其他树种混栽,适宜作工厂、矿区绿化树种。

【栽培变种】

(1)千头椿'Qiantou'树冠紧凑,成树圆球形;树皮灰褐色;分枝较多且角度小,枝干细而密集，无明显的主干。小叶全缘，翅果扁平，褐黄色，幼时稍带红晕。多为雄株，很少结实。

(2)红叶椿‘Hongye’自春季展叶至7月新梢均为红色，秋季整株树叶变为红色。具有适应性强、生长快、树荫浓、抗风沙、防烟尘、叶色美丽等优点，可作为观叶庭荫树和行道树。

【物候历】 叶展期3月8日至6月5日(叶芽膨大期3月8日，叶芽开放期4月4日，初叶期4月11日，盛叶期4月30日，全叶期5月15日，叶成形期6月5日)，花期4月25日至6月3日(花芽膨大期4月25日，吐蕾期5月10日，初花期5月12日，盛花期5月19日，末花期5月26日，无花期6月3日)，果期5月26日至11月26日(坐果期5月26日，成熟期9月20日，初落果期10月20日，盛落果期11月26日)，叶脱落期10月8日至11月10日(叶初变色期10月8日，叶片始落期10月20日，落叶盛期10月26日，落叶末期11月2日，无叶期11月10日)。

【重要物候节点图谱】

初叶期

全叶期

叶成形期

花芽膨大期

吐蕾期

盛花期

坐果期

成熟期

102.楝树(苦楝)

【学名】 *Melia azedarach* L.

【科属】 楝科 楝属

【主要形态特征】 落叶乔木，高达15~20 m；树皮光滑，老则灰褐色，纵裂。分枝广展，小枝有叶痕；枝上皮孔明显。二至三回奇数羽状复叶互生，小叶卵形、椭圆形至披针形，先端短渐尖，基部楔形或宽楔形，多少偏斜，边缘有钝锯齿，幼时被星状毛，后两面均无毛。腋生圆锥花序，花大，两性；花瓣堇紫色，倒卵状匙形，两面均被微柔毛。核果球形，熟时淡黄色，长1~2 cm，内果皮木质，种子椭圆形。花期4~5月，果期10~12月。

【识别要点】 树皮光滑，老则浅纵裂；枝上皮孔明显。二至三回奇数羽状复叶互生，小叶卵形、椭圆形至披针形，缘有钝齿或深浅不一的齿裂。花较大，两性，堇紫色。核果球形，熟时淡黄色，经冬不落。

【生态习性】 楝树原产于我国华北南部至华南、西南各地，印度、巴基斯坦、缅甸也有分布。喜光，喜温暖湿润气候，耐寒性不强，耐碱，耐瘠薄。适应性较强，基本无病虫害；生长快，寿命较短。

【观赏价值及园林用途】 楝树是平原及低海拔丘陵区的良好造林树种，也可用作庭荫树和行道树。其花、叶、果实、根皮均可入药。

【物候历】 叶展期3月18日至6月24日(叶芽膨大期3月18日,叶芽开放期4月15日,初叶期4月23日,盛叶期5月20日,全叶期6月5日,叶成形期6月24日),花期4月9日至6月4日(花芽膨大期4月9日,吐蕾期4月25日,初花期4月27日,盛花期5月18日,末花期5月29日,无花期6月4日),果期5月27日至11月26日(坐果期5月27日,成熟期9月15日,初落果期10月20日,盛落果期11月26日),叶脱落期10月20日至11月26日(叶初变色期10月20日,叶片始落期10月26日,落叶盛期11月12日,落叶末期11月22日,无叶期11月26日)。

【重要物候节点图谱】

叶芽膨大期

叶芽开放期

全叶期

花芽膨大期

吐蕾期

初花期

盛花期

103.厚壳树

【学名】 *Ehretia acuminata* R.Br.

【科属】 紫草(厚壳树)科 厚壳树属

【主要形态特征】 落叶乔木,高达15 m,干皮灰黑色纵裂。小枝光滑,黄褐色或赤褐色,无毛,有显著皮孔。单叶互生,叶厚纸质,长椭圆形,长7~16 cm,先端急尖,基部圆形;叶表沿脉散生白短毛,背面疏生黄褐毛,脉腋有簇毛,缘具浅细尖锯齿,叶柄短有纵沟。花两性,顶生或腋生圆锥花序,有疏毛;花小无柄,密集,花冠白色,有5裂片,雄蕊伸出花冠外;花萼钟状,绿色,5浅裂,缘具白毛。核果近球形,橘红色,熟后黑褐色。花期4月,果熟期7月。

【识别要点】 树皮灰黑色,不整齐纵裂;小枝光滑,枝黄褐色或赤褐色,有显著皮孔。花小,白色,裂片5,有香气;成顶生或腋生圆锥花序。核果近球形,橘红色,熟后黑褐色。单叶互生,厚纸质,长椭圆形,先端急尖,基部圆形,叶表散生白短毛,背面疏生黄褐毛,叶缘具浅细尖锯齿。叶柄短有纵沟,叶面用指甲划刻可现紫色划痕。

【生态习性】 厚壳树原产于我国华东、中南及西南地区,属亚热带及温带树种,喜光也稍耐荫,喜温暖湿润的气候和深厚肥沃的土壤。

【观赏价值及园林用途】 本种枝叶繁茂,春季白花满枝,秋季红果遍树,为优良的园林绿化树种。由于其具有一定的耐荫能力,可与其他的树种混栽,形成层次景观。

【物候历】 叶展期3月18日至6月23日(叶芽膨大期3月18日,叶芽开放期4月19

日，初叶期 4 月27 日，盛叶期 5 月 16 日，全叶期 6 月 1 日，叶成形期 6 月 23 日），花期 4 月 27 日至 6 月 24 日（花芽膨大期 4 月 27 日，吐蕾期 5 月 29 日，初花期 5 月 31 日，盛花期 6 月 10 日，末花期 6 月 17 日，无花期 6 月 24 日），果期 6 月 17 日至 8 月 20 日（坐果期 6 月 17 日，成熟期 8 月 3 日，初落果期 8 月 9 日，盛落果期 8 月 20 日），叶脱落期 10 月 22 日至 11 月 26 日（叶初变色期 10 月 22 日，叶片始落期 10 月 28 日，落叶盛期 11 月 18 日，落叶末期 11 月 22 日，无叶期 11 月 26 日）。

【重要物候节点图谱】

叶芽膨大期

叶芽开放期

初叶期

叶片始落期

104.流苏树

【学名】 *Chionanthus retusus* Lindl.et Paxt.

【科属】 木犀科 流苏树属

【主要形态特征】 落叶乔木，高 6~20 m；树干灰色，条块状裂，大枝树皮常纸状剥裂。单叶对生，卵形至倒卵状椭圆形，全缘或偶有小齿，背面中脉基部有毛，近革质，叶柄基部常带紫色。圆锥状聚伞花序顶生，花冠白色，4 深裂，裂片线状倒披针形。果椭圆形，被白粉，呈蓝黑色或黑色。花期 3~6 月，果期 6~11 月。

【识别要点】 大枝树皮常纸状剥裂。叶背面中脉基部有毛，近革质，叶柄基部常带紫色。宽圆锥花序，花冠白色，深裂，裂片线状。核果椭圆形，蓝黑色或黑色。

【生态习性】 流苏树原产于黄河中下游及其以南地区。喜光，也较耐荫；耐寒，耐干旱，不耐水涝，耐贫瘠。

【观赏价值及园林用途】 流苏树枝叶繁茂，花期如雪压树，且花形纤细，秀丽可爱，是优美的园林观赏树种，不论孤植、丛植、群植均具有很好的观赏效果。

【变种】 齿叶流苏树（var.*serrulatus* G.Koidz.）叶缘有细锯齿，产于中国台湾。

【物候历】 叶展期 3 月 8 日至 5 月 30 日（叶芽膨大期 3 月 8 日，叶芽开放期 4 月 6 日，初叶期 4 月 13 日，盛叶期 4 月 25 日，全叶期 5 月 10 日，叶成形期 5 月 30 日），花期 4 月 5 日至 5 月 22 日（花芽膨大期 4 月 5 日，吐蕾期 4 月 24 日，初花期 4 月 26 日，盛花期 5 月 10 日，末花期 5 月 17 日，无花期 5 月 22 日），果期 5 月 10 日至 10 月 12 日（坐果期 5 月 10 日，成熟期 8 月 2 日，初落果期 9 月 5 日，盛落果期 10 月 12 日），叶脱落期 11 月 4 日至 12 月

16 日(叶初变色期 11 月 4 日,叶片始落期 11 月 10 日,落叶盛期 11 月 19 日,落叶末期 11 月 30 日,无叶期 12 月 16 日)。

【重要物候节点图谱】

叶芽膨大期

初叶期

全叶期

花芽膨大期

盛花期

末花期

105.白蜡树

【学名】 *Fraxinus chinensis* Roxb.

【科属】 木犀科 梣属(白蜡属)

【主要形态特征】 落叶乔木,高达 15 m,树皮较光滑;小枝节部和节间压扁状,冬芽灰色。小叶通常 7 片,卵状长椭圆形,长 3~10 cm,缘有钝齿,仅背脉有短柔毛。花单性异株,无花瓣;圆锥花序顶生或侧生于当年生枝上,花叶同放。翅果倒披针形。

【识别要点】 小叶通常 7 片,卵状长椭圆形,长 3~10 cm,缘有钝齿。翅果倒披针形。花果生于当年生枝上。

【生态习性】 白蜡树在我国分布范围广。喜光,喜温暖,也耐寒,在钙质、中性、酸性土壤上均可生长,并耐轻盐碱,耐低温,也耐干旱,抗烟尘;深根性,萌蘖力强,生长较快,耐修剪。

【观赏价值及园林用途】 该树种形体端正,树干通直,枝叶繁茂而鲜绿,秋叶橙黄,是优良的行道树和遮荫树;也可用于湖岸绿化和工矿区绿化。

【同属相似种及变种】

(1)金叶白蜡(*Fraxinus chinensis* Roxb.'Variegata')是白蜡的彩叶品种。枝叶稠密,树形优美,小枝光滑无毛,三季叶片金黄,不但可作行道树,孤植成景,而且还可以作绿篱和修剪造型。

(2)花曲柳(大叶白蜡树)(*Fraxinus rhynchophylla* Hance) 树皮褐色,光滑,老时浅裂。冬芽阔卵形,具光泽。羽状复叶长 15~35 cm,叶总柄基部膨大,常具褐色绒毛;小叶 5~7 枚,多为 5 枚,卵形至椭圆状倒卵形,叶基下延,顶生小叶常特大。圆锥花序顶生或腋生于当年生枝梢,花叶同放,花序梗细而扁,雄花和两性花异株。翅果倒披针形或线形。产于黄河流域各省和东北三省。喜光,耐寒,对土壤要求不严。

【物候历】 叶展期 3 月 12 日至 6 月 12 日(叶芽膨大期 3 月 12 日,叶芽开放期 4 月 1 日,初叶期 4 月 12 日,盛叶期 5 月 2 日,全叶期 5 月 24 日,叶成形期 6 月 12 日),花期 3 月 12 日至 4 月 18 日(花芽膨大期 3 月 12 日,吐蕾期 3 月 26 日,初花期 3 月 28 日,盛花期 4

月 8 日,末花期4 月 14 日,无花期 4 月 18 日),果期 4 月 14 日至 10 月 21 日(坐果期 4 月 14 日,成熟期 8 月 26 日,初落果期 9 月 12 日,盛落果期 10 月 21 日),叶脱落期 10 月 22 日至 11 月 26 日(叶初变色期 10 月 22 日,叶片始落期 10 月 26 日,落叶盛期 11 月 6 日,落叶末期 11 月 20 日,无叶期 11 月 26 日)。

【重要物候节点图谱】

叶芽膨大期

叶芽开放期

初叶期

叶成形期

花芽膨大期

106.绒毛白蜡

【学名】 *Fraxinus velutina* Torr.

【科属】 木犀科 梣属(白蜡属)

【主要形态特征】 落叶乔木,高达 8~15 m;小枝密被短柔毛,树皮暗灰色光滑。小叶 3~7 片,椭圆形至卵状披针形,长 3~5(8) cm,先端尖,中部以上略有齿,通常两面有毛。花单性异株,花无瓣,萼宿存;圆锥花序具柔毛,发自去年生枝侧,叶前开花。翅果较小,果翅较果体短,先端常凹。

【识别要点】 小枝有短柔毛或近无毛。小叶中部以上略有齿,通常两面有毛。圆锥花序具柔毛,发自去年生枝侧,先花后叶。翅果较小,先端常凹。

【生态习性】 我国华北、内蒙古南部、辽宁南部、长江下游均有栽培。山东省栽培普遍,多见于河滩、地堰及平原沙地。喜光,对气候、土壤要求不严,耐寒,耐干旱,耐水湿,耐盐碱;生长较迅速,病虫害少,抗风,抗烟尘。

【观赏价值及园林用途】 绒毛白蜡可供防护林、沙荒、盐碱地造林,也是北方四旁绿化的主要树种之一,是沿海城市绿化的优良树种。

【物候历】 叶展期 3 月 12 日至 6 月 12 日(叶芽膨大期 3 月 12 日,叶芽开放期 4 月 1 日,初叶期 4 月 12 日,盛叶期 5 月 2 日,全叶期 5 月 24 日,叶成形期 6 月 12 日),花期 3 月 12 日至 4 月 18 日(花芽膨大期 3 月 12 日,吐蕾期 3 月 26 日,初花期 3 月 28 日,盛花期 4 月 8 日,末花期 4 月 14 日,无花期 4 月 18 日),果期 4 月 14 日至 10 月 21 日(坐果期 4 月 14 日,成熟期 8 月 26 日,初落果期 9 月 12 日,盛落果期 10 月 21 日),叶脱落期 10 月 22 日至 11 月 26 日(叶初变色期 10 月 22 日,叶片始落期 10 月 26 日,落叶盛期 11 月 6 日,落叶末期11 月 20 日,无叶期 11 月 26 日)。

【重要物候节点图谱】

叶芽膨大期

初叶期

叶成形期

花芽膨大期

吐蕾期

盛花期

坐果期

107.楸叶泡桐

【学名】 *Paulownia catalpifolia* Gong Tong

【科属】 玄参科 泡桐属

【主要形态特征】 落叶乔木,高可达 20 m。干皮淡灰褐色,幼时光滑,老时浅纵裂,侧枝斜上生长,树冠呈广卵形。小枝绿褐色被微毛,后转赤褐色光滑,节间短,髓小实心,有黄褐色突起之皮孔。单叶互生,叶片三角状狭长卵形,长 12~28 cm,叶长为宽的 2~3 倍,全缘,叶表深绿光亮,背面密生星毛,有长叶柄。花两性,顶生狭圆锥聚伞花序,花管状漏斗形,淡紫色,5裂,外被短毛,内面白色光滑,密生紫线和紫斑。蒴果细长,端具喙尖,熟时 2 瓣裂,种子细小,扁平,具膜质翅。

【识别要点】 树冠圆锥形,常有明显主干,枝叶较密。叶长卵形,先端长尖,基部圆形或心形,全缘,深绿色。花冠细长,白色或淡紫色,筒内密布紫色小斑,狭圆锥花序。蒴果纺锤形,长 4.5~5.5 cm。

【生态习性】 中国原产树种,主产于河北、河南、山东、山西、陕西等省份。耐寒性强,较抗干旱,对土壤要求不严。

【观赏价值及园林用途】 楸叶泡桐干形端直,叶似楸叶,花色淡紫,是良好的四旁绿化速生树种。

【同属相似种】 紫花泡桐(毛泡桐)[*Paulownia tomentosa*(Thunb.)Steud.] 幼枝、幼果密被黏腺毛,后渐光滑。叶广卵形至卵形,基部心形,全缘,有时 3 浅裂,表面有柔毛及腺毛,背面密被具长柄的树枝状毛。花鲜紫色,内有紫斑及黄条纹,花冠筒部常弯曲,宽圆锥花序。我国特产,分布很广。耐寒,耐旱,耐盐碱,耐风沙,抗性很强,对气候的适应范围很广,是城镇绿化及营造防护林的优良树种。

【物候历】 叶展期 3 月 24 日至 6 月 25 日(叶芽膨大期 3 月 24 日,叶芽开放期 4 月 20 日,初叶期 4 月 27 日,盛叶期 5 月 20 日,全叶期 6 月 5 日,叶成形期 6 月 25 日),花期 3 月 14 日至 5 月 12 日(花芽膨大期 3 月 14 日,吐蕾期 4 月 11 日,初花期 4 月 13 日,盛花期 4 月 27 日,末花期 5 月 4 日,无花期 5 月 12 日),果期 5 月 9 日至 12 月 10 日(坐果期 5 月 9

日，成熟期 8 月 12 日，初落果期 11 月 26 日，盛落果期 12 月 10 日），叶脱落期 10 月 22 日至 11 月 26 日（叶初变色期 10 月 22 日，叶片始落期 10 月 26 日，落叶盛期 11 月 6 日，落叶末期 11 月 20 日，无叶期 11 月 26 日）。

初叶期

叶芽开放期

【重要物候节点图谱】

盛叶期

盛花期

坐果期

成熟期

108.梓树

【学名】 *Catalpa ovata* G.Don

【科属】 紫葳科 梓属（梓树属）

【主要形态特征】 落叶乔木，高达 15~20 m。树冠伞形，主干通直，树皮灰褐色，浅纵裂。嫩枝具稀疏柔毛。叶对生或 3 叶轮生，阔卵形，长宽近相等，常 3~5 浅裂，基部心形，全缘或浅波状，叶片上面及下面均粗糙，微被柔毛或近于无毛，基部脉腋有 4~6 个紫斑。顶生圆锥花序；花冠钟状，淡黄色，内具 2 黄色条纹及紫色斑点。蒴果长 22~30 cm，径 5~6 mm。

【识别要点】 嫩枝具稀疏柔毛。叶对生或 3 叶轮生，阔卵形，常 3~5 浅裂，基部心形，背面无毛，掌状 5 出脉，基部脉腋有 4~6 个紫斑。花淡黄色，花冠 5 瓣平展，花内壁有 4 对黄斑点，垂直形成 2 道斑纹。

【生态习性】 梓树分布范围广，从辽宁到广州均有栽培，适应性较强，喜温暖，也能耐寒。土壤以深厚、湿润、肥沃的夹沙土较好。

【观赏价值及园林用途】 梓树树体端正，冠幅开展，叶大荫浓，春夏黄花满树，秋冬荚果悬挂，具有一定的观赏价值。可作行道树、庭荫树以及工厂绿化树种。

【物候历】 叶展期 3 月 11 日至 6 月 20 日（叶芽膨大期 3 月 11 日，叶芽开放期 4 月 9 日，初叶期 4 月 20 日，盛叶期 5 月 16 日，全叶期 5 月 30 日，叶成形期 6 月 20 日），花期 4 月 24 日至 6 月 28 日（花芽膨大期 4 月 24 日，吐蕾期 5 月 26 日，初花期 5 月 28 日，盛花期 6 月 7 日，末花期 6 月 15 日，无花期 6 月 28 日），果期 6 月 15 日至 11 月 26 日（坐果期 6 月 15 日，成熟期 8 月 20 日，初落果期 11 月 10 日，盛落果期 11 月 26 日），叶脱落期 10 月 18 日至 11 月 10 日（叶初变色期 10 月 18 日，叶片始落期 10 月 20 日，落叶盛期 10 月 26 日，落叶末期 11 月 2日，无叶期 11 月 10 日）。

【重要物候节点图谱】

叶芽开放期

初叶期

盛叶期

盛花期

末花期

坐果期

成熟期

109.楸树

【学名】 *Catalpa bungei* C. A. Mey.

【科属】 紫葳科　梓属(梓树属)

【主要形态特征】 落叶乔木,高达20~30 m。树皮灰褐色,浅纵裂,小枝灰绿色,无毛。叶三角状卵形,长6~15 cm,先端渐长尖,叶背无毛,基部有2个紫斑。顶生伞房状总状花序,有花2~12朵;花冠浅粉紫色,内有黄色条纹及暗紫色斑点。蒴果细长,长25~50 cm,径约5 mm。种子扁平,具长毛。花期5~6月,果期6~10月。

【识别要点】 干皮纵裂,小枝灰绿色无毛。叶对生或轮生,三角状卵形,叶缘近基部有侧裂或尖齿,叶背无毛,掌状3出脉,基部有2个紫斑。花冠浅粉紫色,内有黄色条纹及暗紫色斑点。蒴果细长。

【生态习性】 楸树主产于黄河流域,长江流域也有分布。喜光,较耐寒。喜深厚肥沃湿润的土壤,不耐干旱及积水,稍耐盐碱。耐烟尘,抗有害气体能力强。

【观赏价值及园林用途】 楸树树姿俊秀,高大挺拔,枝繁叶茂,花多盖冠,其花形若钟,红斑点缀白色花冠,如雪似火,是良好的园林绿化和用材树种。

【物候历】 叶展期3月12日至6月5日(叶芽膨大期3月12日,叶芽开放期4月2日,初叶期4月11日,盛叶期4月30日,全叶期5月16日,叶成形期6月5日),花期4月2日至5月13日(花芽膨大期4月2日,吐蕾期4月16日,初花期4月18日,盛花期4月29日,末花期5月7日,无花期5月13日),果期5月7日至10月26日(坐果期5月7日,成熟期9月20日,初落果期10月20日,盛落果期10月26日),叶脱落期9月20日至12月1日(叶初变色期9月20日,叶片始落期10月1日,落叶盛期10月26日,落叶末期11月24日,无叶期12月1日)。

【重要物候节点图谱】

叶芽开放期

初叶期

盛叶期

吐蕾期

盛花期

110.黄金树

【学名】 *Catalpa speciosa* Ward.

【科属】 紫葳科 梓属(梓树属)

【主要形态特征】 落叶乔木，高达 25~30 m。树皮厚，红褐色，鳞片状开裂。小枝无毛，密生多数皮孔。叶通常为卵心形，革质，全缘，长 15~30 cm，先端长渐尖，基部截形或圆形，背面有柔毛，基部脉腋有透明绿斑。花白色，内有淡紫斑及黄色条纹，10 余朵成稀疏圆锥花序，5~6 月开花。蒴果较粗，黑色，径 1~1.8 cm，长 20~45 cm。

【识别要点】 小枝无毛，密生多数皮孔。叶背被白色柔毛，基部脉腋有透明绿斑。花白色，花冠内壁的三面有紫色条状纹，花冠分五瓣呈喇叭状，其中一瓣突出花冠 1 cm，舌形略外卷，舌瓣上有 2 道金黄色斑腺从蕊心伸出。蒴果较粗。

【生态习性】 黄金树原产于美国东部，我国有栽培。生长势不及梓树和楸树。

【观赏价值及园林用途】 黄金树可作行道树、庭荫树以及工厂绿化树种。

【物候历】 叶展期 3 月 10 日至 6 月 8 日(叶芽膨大期 3 月 10 日，叶芽开放期 4 月 6 日，初叶期 4 月 14 日，盛叶期 5 月 6 日，全叶期 5 月 21 日，叶成形期 6 月 8 日)，花期 4 月 6 日至 5 月 18 日(花芽膨大期 4 月 6 日，吐蕾期 4 月 14 日，初花期 4 月 16 日，盛花期 4 月 27 日，末花期 5 月 6 日，无花期 5 月 18 日)，果期 5 月 6 日至 10 月 26 日(坐果期 5 月 6 日，成熟期 9 月 20 日，初落果期 10 月 20 日，盛落果期 10 月 26 日)，叶脱落期 10 月 18 日至 11 月 16 日(叶初变色期 10 月 18 日，叶片始落期 10 月 20 日，落叶盛期 10 月 26 日，落叶末期 11 月 2 日，无叶期 11 月 16 日)。

【重要物候节点图谱】

叶成形期

花芽膨大期

初叶期

吐蕾期

初花期

盛花期

第三篇　灌　木

灌木是没有明显的主干，呈丛生状态比较矮小的树木，多年生，一般可分为观花、观果、观枝干等几类。其一般为阔叶植物，也有一些针叶植物。如果越冬时地面部分枯死，根部仍然存活，第二年继续萌生新枝，则称为“半灌木”。潍坊地区较常见的灌木类园林树木有 99 种(含变种、变型、品种)，其中常绿灌木 10 种，分属 7 科 9 属，落叶灌木 89 种，分属 28 科 54 属。

第三章　常绿灌木

1.铺地柏

【学名】 *Sabina procumbens* (Sieb.ex Endl.)Iwata et Kusata

【科属】 柏科　圆柏属

【主要形态特征】 匍匐状灌木，枝干贴近地面伸展，小枝密生。叶均为刺叶，先端尖锐，3 叶交互轮生，表面有 2 条白色气孔线，下面基部有 2 白色斑点，叶基下延生长。球果内含种子 2~3 粒。

【识别要点】 枝干贴近地面伸展，全为刺叶。

【生态习性】 铺地柏原产于日本，在黄河流域至长江流域广泛栽培。喜光，稍耐荫，适生于滨海湿润气候，耐寒力、萌生力均较强，喜石灰质的肥沃土壤，忌低湿地，在干燥的砂地上也能生长良好。扦插易成活。

【观赏价值及园林用途】 铺地柏枝叶翠绿，婉蜒匍匐，颇为美观，是布置岩石园、制作盆景及覆盖地面和斜坡的好材料。各地园林绿地中常见栽培。

【物候历】 叶展期 3 月 8 日至 6 月 22 日(叶芽膨大期 3 月 8 日，叶芽开放期 4 月 9 日，初叶期 4 月 17 日，盛叶期 5 月 12 日，全叶期 6 月 3 日，叶成形期 6 月 22 日)，花期 3 月 12 日至 6 月 3 日(花芽膨大期 3 月 12 日，吐蕾期 4 月 5 日，初花期 4 月 20 日，盛花期 5 月 7 日，末花期 5 月 22 日，无花期 6 月 3 日)，果期 5 月 19 日至 11 月 5 日(坐果期 5 月 19 日，成熟期 8 月 17 日，初落果期 10 月 12 日，盛落果期 11 月 5 日)。

【重要物候节点图谱】

叶芽膨大期

叶芽开放期

初叶期

全叶期

2.沙地柏(叉子圆柏、新疆圆柏)

【学名】 *Sabina vulgalis* Ant.

【科属】 柏科 圆柏属

【主要形态特征】 匍匐状灌木，通常高不及1 m。幼树常为刺叶，交叉对生，上面凹，下面拱圆，背面有长椭圆形或条状腺体；壮龄树几乎全为鳞叶，背面中部有椭圆形或卵形明显腺体；叶揉碎后有不愉快的香味。球果生于下弯的小枝顶端，呈倒三角状球形或叉状球形，熟时褐色、紫蓝色或黑色，多少有白粉。花期4~5月，果期9~10月。

【识别要点】 鳞叶、刺叶并存，叶揉碎后有不愉快的香味。球果呈倒三角状球形或叉状球形，熟时褐色、紫蓝色或黑色，多少有白粉。

【生态习性】 喜光，喜凉爽干燥的气候，耐寒、耐旱、耐瘠薄，对土壤要求不严，不耐涝。适应性强，生长较快，扦插宜活，栽培管理简单。在沙质黄土丘陵地及水肥条件较好的土壤上生长良好，可在短期内形成整齐无缺的绿篱。

【观赏价值及园林用途】 沙地柏树体低矮，冠形奇特，生长快，耐修剪，四季苍绿，在园林建设中广为应用，常用于护坡、地被和基础种植，是华北、西北干旱、半干旱地区良好的水土保持及固沙造林绿化树种。

【物候历】 叶展期3月24日至7月12日(叶芽膨大期3月24日，叶芽开放期4月21日，初叶期4月30日，盛叶期6月2日，全叶期6月25日，叶成形期7月12日)，花期2月1日至4月27日(花芽膨大期2月1日，吐蕾期3月20日，初花期3月23日，盛花期4月8日，末花期4月16日，无花期4月27日)，果期4月16日至11月5日(坐果期4月16日，成熟期10月2日，初落果期10月17日，盛落果期11月5日)。

【重要物候节点图谱】

盛叶期

叶成形期

坐果期

3.南天竹

【学名】 *Nandina domestica* Thunb.

【科属】 小檗科　南天竹属

【主要形态特征】 常绿灌木,高达 2 m,直立,丛生而少分枝。老茎浅褐色,幼枝红色。二至三回羽状复叶互生,常集于叶梢,小叶 3~5 片,椭圆状披针形,长 3~10 cm,全缘,两面无毛,冬天叶子变红色。花小,白色,成顶生圆锥花序。浆果球形,鲜红色,宿存至翌年 2月。花期 5~6 月,果熟期 10 月至翌年 1 月。

【识别要点】 丛生而少分枝。二至三回羽状复叶,小叶 3~5 片,椭圆状披针形,两面无毛,冬天叶子变红色。顶生圆锥花序,白色。浆果鲜红色,可存至翌年 2 月。

【生态习性】 南天竹原产于中国和日本,现广为栽培。喜光,也耐荫,喜温暖湿润气候,耐寒性不强。适宜在湿润肥沃排水良好的沙壤土上生长。为石灰岩钙质土指示植物,能耐微碱性土壤。强光下叶色变红。繁殖以播种、分株为主,也可扦插。

【观赏价值及园林用途】 南天竹树姿秀丽,翠绿扶疏,红果累累,圆润光洁,是常用的观叶、观果植物。无论地栽、盆栽还是制作盆景,都具有很高的观赏价值。

【栽培变种】

(1)玉果南天竹'Leucocarpa'果黄白色,叶子冬天不变红。

(2)橙果南天竹'Aurentiaca'果熟时橙色。

(3)细叶南天竹('琴丝'南天竹)'Capillaris'植株较矮小,叶形狭窄如丝。

(4)五彩南天竹'Porphyrocarpa'植株较矮小;叶狭长而密,叶色多变,常现紫色;果成熟时淡紫色。

(5)小叶南天竹'Parvifolia'小叶形小,果红色。

另外,还有果实成熟时呈淡紫色的紫果南天竹;叶圆形,且有光泽的圆叶南天竹;果穗长达 33 cm 以上如狐尾,结子茂密的狐尾南天竹;种色通红的碧叶南天竹等。

【物候历】 叶展期 3 月 19 日至 6 月 12 日(叶芽膨大期 3 月 19 日,叶芽开放期 4 月 6 日,初叶期 4 月 13 日,盛叶期 5 月 4 日,全叶期 5 月 20 日,叶成形期 6 月 12 日),花期 4 月 25 日至 6 月 30 日(花芽膨大期 4 月 25 日,吐蕾期 6 月 7 日,初花期 6 月 8 日,盛花期 6 月 12 日,末花期 6 月 20 日,无花期 6 月 30 日),果期 6 月 28 日至 12 月 1 日(坐果期 6 月 28 日,成熟期 10 月 8 日,初落果期 11 月 6 日,盛落果期 12 月 1 日)。

【重要物候节点图谱】

叶芽开放期

初叶期

盛花期

坐果期

盛叶期

吐蕾期

成熟期

4.阔叶十大功劳

【学名】 *Mahonia bealei*(Fort.)Carr.

【科属】 小檗科　十大功劳属

【主要形态特征】 常绿灌木,高 3~4 m。一回羽状复叶,长 30~40 cm,叶柄基部扁宽抱茎;小叶 7~15,广卵形至卵状椭圆形,长 3~14 cm,宽 2~8 cm,先端渐尖成刺齿,边缘反卷,表面灰绿色,背面苍白色被白霜,厚革质而硬;顶生小叶明显较宽,卵形,每侧有 2~7 枚大刺齿。花黄色,总状花序丛生于枝顶,通常 3~9 个簇生;花瓣倒卵状椭圆形,苞片小,密生。浆果卵圆形,熟时蓝黑色,有白粉。花期 3~4 月,果期 10~11 月。

【识别要点】 叶柄基部扁宽抱茎;小叶广卵形至卵状椭圆形,先端渐尖成刺齿,边缘反卷,表面灰绿色,背面苍白色被白霜,厚革质而硬,顶生小叶明显较宽。花黄色。浆果卵圆形,熟时蓝黑色,有白粉。

【生态习性】 喜温暖湿润气候,不耐严寒。繁殖用播种、扦插、分株均可。对土壤要求不严,以沙质壤土生长较好,但不宜在碱土地上栽培。

【观赏价值及园林用途】 阔叶十大功劳枝叶苍劲,黄花成簇,是庭院花境、花篱的好材料。

【同属相似种】 十大功劳(狭叶十大功劳) [*Mahonia fortunei* (Lindl.) Fedde] 小叶 3~9 片,均无柄,矩圆状披针形或狭披针形,硬革质,有光泽,侧生小叶片等长,顶生小叶最大,均无柄,先端急尖或渐尖,基部狭楔形,边缘有 6~13 刺状锐齿;正面为暗绿色,略有光泽,背面为黄绿色。花瓣黄色,6 枚,2 轮。浆果蓝黑色,有白粉。花期 7~8 月,11 月下旬果实成熟。

【物候历】 叶展期 3 月 3 日至 6 月 12 日(叶芽膨大期 3 月 3 日,叶芽开放期 4 月 7 日,初叶期 4 月 18 日,盛叶期 5 月 7 日,全叶期 5 月 22 日,叶成形期 6 月 12 日),花期头年 11 月 4 日至 4 月 13 日(花芽膨大期头年 11 月 4 日,吐蕾期 2 月 25 日,初花期 2 月 28 日,盛花期 3 月 29 日,末花期 4 月 6 日,无花期 4 月 13 日),果期 4 月 6 日至 10 月 27 日(坐果期 4 月 6 日,成熟期 10 月 14 日,初落果期 10 月 20 日,盛落果期 10 月 27 日)。

【重要物候节点图谱】

盛叶期

全叶期

花芽膨大期

吐蕾期

盛花期

末花期

坐果期

成熟期

5.火棘(火把果)

【学名】 *Pyracantha fortuneana* (Maxim.)Li

【科属】 蔷薇科(苹果亚科) 火棘属

【主要形态特征】 常绿或半常绿灌木,高达 3 m。枝拱形下垂,幼时有锈色柔毛,通常有枝刺。单叶互生,叶常为倒卵状长椭圆形,长 1.5~6 cm,最宽部分在中段以上,先端圆或微凹,锯齿疏钝,基部渐狭而全缘,两面无毛。花小而白色,成复伞房花序。果小,红色,径约 5 mm,内有 5 小硬核。花期 4~5 月。

【识别要点】 通常有枝刺。叶先端圆或微凹,锯齿疏钝,基部渐狭而全缘,两面无毛。花小而白色,成复伞房花序。果小,红色。

【生态习性】 火棘原产于我国东部、中部及西南部地区。性喜温暖湿润而通风良好、阳光充足、日照时间长的环境。不耐寒。

【观赏价值及园林用途】 火棘枝叶繁茂,叶色美观,初夏白花繁密,入秋果红如火,且宿存枝上甚久,颇为美观,是优良的观叶兼观果植物。因萌芽力强,耐修剪整形,也是庭院绿篱的优良植物材料,可丛植,也可孤植于草坪边缘及园路转角处。

【栽培变种】 小丑火棘'Harlequin'叶片有花纹,似小丑花脸,故名小丑火棘。叶片四季变化,秋末和冬季变成粉红色,春季渐变为花白,夏季叶色彩绿。有较强的耐寒性及耐盐碱、耐瘠薄能力,根系密集,保土能力强,耐修剪,且能吸附二氧化硫(SO_2)、氯气(Cl_2)等有毒气体,是优良的生态绿化树种。

【物候历】 叶展期 3 月 8 日至 6 月 2 日(叶芽膨大期 3 月 8 日,叶芽开放期 4 月 1 日,初叶期 4 月 10 日,盛叶期 4 月 30 日,全叶期 5 月 16 日,叶成形期 6 月 2 日),花期 4 月 12 日至 6 月 1 日(花芽膨大期 4 月 12 日,吐蕾期 5 月 7 日,初花期 5 月 8 日,盛花期 5 月 14 日,末花期 5 月 25 日,无花期 6 月 1 日),果期 5 月 25 日至 11 月 25 日(坐果期 5 月 25 日,成熟期 9 月 8 日,初落果期 11 月 10 日,盛落果期 11 月 25 日)。

【重要物候节点图谱】

初叶期

全叶期

花芽膨大期

吐蕾期

盛花期

坐果期

成熟期

6.石楠

【学名】 *Photinia serrulata* Lindl.

【科属】 蔷薇科(苹果亚科) 石楠属

【主要形态特征】 常绿灌木或小乔木,高 4~6 m,全体无毛。单叶互生,革质,长椭圆形至倒卵状长椭圆形,长 10~20 cm,基部圆形或广楔形,缘有细锯齿,表面深绿而有光泽。花小而白色,成复伞房花序。梨果近球形,径约 5 mm,红色。4~5 月开花,10 月果熟。

【识别要点】 叶革质,缘有细锯齿,表面深绿而有光泽,叶柄长 2~4 cm,新梢及嫩叶常显红色。花小而白色,成复伞房花序。梨果近球形,红色。

【生态习性】 石楠主产于长江流域及秦岭以南地区,华北地区有少量栽培。稍耐荫,喜温暖湿润气候,耐干旱瘠薄,不耐水湿。萌芽力强,耐修剪,对烟尘和有毒气体有一定的抗性。

【观赏价值及园林用途】 石楠树冠圆整,叶片光绿,初春嫩叶红色,春末白花点点,秋日红果累累,极富观赏价值,是著名的庭院绿化树种,抗烟尘和有毒气体,且具隔音功能。

【同属相似种】

(1)红叶石楠(*Photinia×fraseri*)是石楠属杂交种的统称。为常绿小乔木或多枝丛生灌木,叶披针形到长披针形,秋、冬、春三季,新梢及嫩叶鲜红色,色彩艳丽。主要产于亚洲东部和东南部及北美洲的亚热带和温带地区。生长速度快,且萌芽性强,耐修剪,可根据园林需要栽培成不同的树形,在园林绿化上用途广泛。

(2)椤木石楠(*Photinia davidsoniae* Rehd.et Wils.)本种和石楠相近,区别在于叶柄较短,幼枝和花序皆有毛,花朵和果实都较大。

【物候历】 叶展期 2 月 10 日至 5 月 26 日(叶芽膨大期 2 月 10 日,叶芽开放期 3 月 16 日,初叶期 3 月 23 日,盛叶期 4 月 20 日,全叶期 5 月 6 日,叶成形期 5 月 26 日),花期 3 月 14 日至 5 月 7 日(花芽膨大期 3 月 14 日,吐蕾期 4 月 12 日,初花期 4 月 14 日,盛花期 4 月 22 日,末花期 5 月 2 日,无花期 5 月 7 日),果期 5 月 2 日至 11 月 12 日(坐果期 5 月 2 日,成熟期 10 月 20 日,初落果期 10 月 26 日,盛落果期 11 月 12 日)。

【重要物候节点图谱】

叶芽膨大期

花芽膨大期

叶成形期

吐蕾期

坐果期

叶芽开放期

盛花期

成熟期

7.胡颓子

【学名】 *Elaeagnus pungens* Thunb.

【科属】 胡颓子科 胡颓子属

【主要形态特征】 常绿灌木，高达 3~4 m；小枝褐色，有锈色鳞片，刺较少。叶椭圆至长圆形，长 5~7 cm，全缘而常波状，革质，有光泽，背面银白色并有锈褐色斑点。花银白色，1~3 朵或 4 朵簇生，芳香，花被筒圆筒形或漏斗形。果椭球形，长约 1.5 cm，红色，被锈色鳞片。秋季开花，翌年 5 月果熟。

【识别要点】 常绿灌木，小枝有锈色鳞片，刺较少。叶全缘而常波状，革质，有光泽，背面银白色并有锈褐色斑点。花银白色，芳香，果红色。

【生态习性】 胡颓子分布于我国长江中下游及其以南各省区，日本也有分布。喜光，耐半荫，喜温暖气候，对土壤适应性强，耐干旱，也耐水湿；对有害气体抗性较强，耐修剪。

【观赏价值及园林用途】 胡颓子枝条交错，叶背银白色，花芳香，红果下垂，甚是可爱。宜配花丛或林缘，还可作为绿篱种植。

【栽培变种】 银边胡颓子‘Variegata’、金边胡颓子‘Aurea’、金心胡颓子‘‘Maculata 等。

【物候历】 叶展期 2 月 21 日至 6 月 5 日（叶芽膨大期 2 月 21 日，叶芽开放期 3 月 20 日，初叶期 4 月 2 日，盛叶期 4 月 27 日，全叶期 5 月 12 日，叶成形期 6 月 5 日），花期 9 月 10 日至 11 月 26 日（花芽膨大期 9 月 10 日，吐蕾期 10 月 6 日，初花期 10 月 8 日，盛花期 10 月 29 日，末花期 11 月 20 日，无花期 11 月 26 日），果期 10 月 29 日至次年 5 月 8 日（坐果期 10 月 29 日，成熟期次年 4 月 12 日，初落果期次年 4 月 27 日，盛落果期次年 5 月 8 日）。

【重要物候节点图谱】

初叶期

全叶期

花芽膨大期

盛花期

坐果期

成熟期

8.冬青卫矛（大叶黄杨、正木）

【学名】 *Euonymus japonicus* Thunb.

【科属】 卫矛科 卫矛属

【主要形态特征】 常绿灌木或小乔木，高达 8 m。小枝略为四棱形，枝叶密生，树冠球形。叶倒卵状椭圆形，长 3~7 cm，缘有细钝齿，革质光亮。腋生聚伞花序，花序梗及分枝粗而扁；每花序具花 5~12 朵，花绿白色，4 基数，花瓣近卵圆形。蒴果扁球形，粉红色，熟后 4 瓣裂；假种皮橘红色。

【识别要点】 叶光亮革质，叶缘细钝齿较明显，有光泽。蒴果近球形，平滑，假种皮橘红色。小枝常具细密小瘤突。花序梗及分枝粗而扁;每花序具花 5~12 朵,花绿白色,4 基数,花瓣近卵圆形。蒴果扁球形,粉红色,熟后 4 瓣裂;假种皮橘红色。

【生态习性】 冬青卫矛分布于我国中部及北部各省份,栽培甚普遍,日本亦有分布。喜光,亦较耐荫;喜温暖湿润气候亦较耐寒;要求肥沃疏松的土壤,极耐修剪整形。

【观赏价值及园林用途】 本种枝叶茂密,四季常青,叶色亮绿,极耐修剪,且有许多花枝、斑叶变种,是美丽的观叶树种。园林中常用作绿篱及背景种植材料,亦可丛植草地边缘或列植于园路两旁。

【变种及栽培变种】

(1)银边大叶黄杨'albo-marginatus'叶有狭白边。

(2)金边大叶黄杨'aureo-marginatus'叶边缘金黄色。

(3)金心大叶黄杨'aureo-pictus'叶中脉附近金黄色,有时叶柄及枝端也呈黄色。

(4)北海道黄杨(*Euonymus japonicus* 'Cuzhi')是大叶黄杨的栽培变种,由中科院 20 世纪 80 年代从日本引进。耐寒、耐干旱,树型高大,树姿挺拔,四季常绿,冬季叶绿果红,是很好的基础种植材料和绿篱树种。

【物候历】 叶展期 2 月 11 日至 5 月 29 日(叶芽膨大期 2 月 11 日,叶芽开放期 3 月 22 日,初叶期 3 月 31 日,盛叶期 4 月 24 日,全叶期 5 月 8 日,叶成形期 5 月 29 日),花期 4 月 27 日至 8 月 1 日(花芽膨大期 4 月 27 日,吐蕾期 6 月 9 日,初花期 6 月 11 日,盛花期 6 月 23 日,末花期 7 月 15 日,无花期 8 月 1 日),果期 7 月 7 日至次年 1 月 20 日(坐果期 7 月 7 日,成熟期 10 月 12 日,初落果期 12 月 8 日,盛落果期次年 1 月 20 日)。

【重要物候节点图谱】

叶芽膨大期

叶芽开放期

全叶期

吐蕾期

初花期

盛花期

坐果期

成熟期

9.枸骨(鸟不宿)

【学名】 *Ilex cornuta* Lindl.et Paxt.

【科属】 冬青科 冬青属

【主要形态特征】 常绿灌木或小乔木,高 3~4 m,最高可达 10 m 以上。树皮灰白色,平滑不裂;枝开展而密生。叶硬革质,矩圆形,长 4~8 cm,宽 2~4 cm,顶端扩大并有 3 枚大尖硬刺齿，中央一枚向背面弯，基部两侧各有1~2枚大刺齿，表面深绿而有光泽，背面淡绿色。花小，黄绿色，簇生于2年生枝叶腋。核果球形，径8~10 mm，鲜红色，具4核。花期4~5月，果9~10月成熟。

【识别要点】 叶硬革质，顶端扩大并有3枚大尖硬刺齿，基部两侧各有1~2枚大刺齿，表面深绿而有光泽。花小，黄绿色，簇生于2年生枝叶腋。核果球形，鲜红色，具4核。

【生态习性】 枸骨原产于我国长江中下游各省份及朝鲜，生于山坡、谷地、溪边杂木林或灌丛中。喜光，稍耐荫；喜温暖气候及肥沃、湿润而排水良好之微酸性土壤，耐寒性不强；能适应城市环境，对有害气体有较强抗性。可用播种和扦插等法繁殖。

【观赏价值及园林用途】 枸骨枝叶稠密，叶形奇特，深绿光亮，入秋红果累累，经冬不凋，鲜艳美丽，是良好的观叶、观果树种。宜作基础种植及岩石园材料，也可孤植、对植或丛植观赏。在欧美国家常用于圣诞节的装饰，故也称“圣诞树”。

【同属相似种及变种】

(1)无刺枸骨(*I.cornutavar. fortunei* S.Y.Hu) 是枸骨的园艺品种，叶片光亮，革质，叶缘无刺齿，树冠圆整。不耐寒，需室内越冬。

(2)斑叶欧洲冬青(*I.europaeus* var.*variegata*)是枸骨(圣诞树)(*I.europaeus*L.)的变种。叶长椭圆形，叶缘微波浪状，叶面有黄色、白色斑纹，核果鲜红色。

(3)龟甲冬青(豆瓣冬青)(*I.crenata*‘Convexa’)是钝齿冬青(波缘冬青)(*I.crenata* Thunb.)的园艺品种。常绿灌木或小乔木，多分枝。叶小而密生，厚革质，椭圆形至倒长卵形，缘有浅钝齿，叶面凸起，表面深绿有光泽，背面浅绿有腺点，是很好的盆景和绿篱材料。

【物候历】 花期2月11日至5月11日(花芽膨大期2月11日，吐蕾期4月8日，初花期4月10日，盛花期4月24日，末花期4月30日，无花期5月11日)，果期4月30日至12月17日(坐果期4月30日，成熟期10月8日，初落果期11月2日，盛落果期12月17日)。

【重要物候节点图谱】

初叶期

全叶期

花芽膨大期

初花期

盛花期

坐果期

成熟期

10.黄杨(瓜子黄杨)

【学名】 *Buxus sinica* (Rehd. et Wils) Cheng ex M.Cheng

【科属】 黄杨科 黄杨属

【主要形态特征】 常绿灌木或乔木,高达 7 m;枝叶较疏散,小枝及冬芽外鳞均有短柔毛。叶倒卵形、倒卵状椭圆形至广卵形,长 1.3~3.5 cm,先端圆钝或微凹,仅表面侧脉明显,背面中脉基部及叶柄有毛。花簇生叶腋或枝端。

【识别要点】 小枝及冬芽外鳞均有短柔毛。叶先端圆钝或微凹,仅表面侧脉明显,背面中脉基部及叶柄有毛。

【生态习性】 黄杨原产于我国中部及东部地区。较耐荫,有一定耐寒性,抗烟尘;浅根性,生长极慢,耐修剪。

【观赏价值及园林用途】 黄杨可用于庭植观赏、绿篱。

【同属相似种】 雀舌黄杨(*Buxus bodinieri* Levl.) 叶通常匙形、倒卵形或倒卵状长椭圆形,中部以上最宽,长 2~4 cm,先端圆或钝,中脉两面凸出。

【物候历】 叶展期 2 月 28 日至 6 月 5 日(叶芽膨大期 2 月 28 日,叶芽开放期 3 月 17 日,初叶期 3 月 30 日,盛叶期 4 月 27 日,全叶期 5 月 12 日,叶成形期 6 月 5 日),花期 2 月 11 日至 4 月 17 日(花芽膨大期 2 月 11 日,吐蕾期 2 月 19 日,初花期 3 月 5 日,盛花期 3 月 22 日,末花期 4 月 5 日,无花期 4 月 17 日),果期 4 月 16 日至 7 月 26 日(坐果期 4 月 16 日,成熟期 6 月 20 日,初落果期 7 月 11 日,盛落果期 7 月 26 日)。

【重要物候节点图谱】

叶芽膨大期

叶芽开放期

盛叶期

花芽膨大期

初花期

盛花期

坐果期

成熟期

第四章 落叶灌木

1.紫玉兰(木兰、辛夷、木笔)

【学名】 *Magnolia liliflora* Desr.

【科属】 木兰科 木兰属

【主要形态特征】 落叶大灌木,高达 3 m,常丛生,树皮灰褐色,小枝绿紫色或淡褐紫色。叶椭圆形或倒卵形椭圆形,先端急尖或渐尖,基部渐狭沿叶柄下延至托叶痕,上面深绿色,幼嫩时疏生短柔毛,下面灰绿色,沿脉有短柔毛。花蕾卵圆形,被淡黄色绢毛;花被片9~12,外轮3片,萼片状,紫绿色,披针形,长2~3.5 cm,常早落,内两轮肉质,外面紫色或紫红色,内面带白色,花瓣状,椭圆状倒卵形,长8~10 cm,宽3~4.5 cm。聚合果由深紫褐色变褐色。花期3~4月,果期8~9月。

【识别要点】 春季先花后叶或花叶同放。花单生枝顶,钟状,花被片9~12,外轮3片,萼片状,紫绿色,常早落,内两轮肉质,外面紫色或紫红色,内面带白色,花瓣状。叶片上面深绿色,幼嫩时疏生短柔毛,下面灰绿色,沿脉有短柔毛。

【生态习性】 紫玉兰产于福建、湖北、四川、云南西北部,现各地广为栽培。喜温暖湿润和阳光充足环境,较耐寒,但不耐旱和盐碱。要求肥沃、排水良好的土壤,忌黏质土壤;肉质根,忌水湿;根系发达,萌蘖力强。常用分株、压条和播种法繁殖。

【观赏价值及园林用途】 紫玉兰是著名的早春观赏花木,树形婀娜,枝繁花茂,是优良的庭园、街道绿化植物,孤植或丛植都很美观,是我国的传统花卉和中药植物。

【物候历】 叶展期3月11日至6月5日(叶芽膨大期3月11日,叶芽开放期4月2日,初叶期4月11日,盛叶期4月30日,全叶期5月12日,叶成形期6月5日),花期3月12日至5月13日(花芽膨大期3月12日,吐蕾期3月29日,初花期3月31日,盛花期4月15日,末花期4月27日,无花期5月13日),果期4月27日至10月14日(坐果期4月27日,成熟期8月29日,初落果期,9月25日,盛落果期10月14日),叶脱落期10月20日至11月20日(叶初变色期10月20日,叶片始落期10月26日,落叶盛期11月2日,落叶末期11月11日,无叶期11月20日)。

【重要物候节点图谱】

叶芽开放期

盛叶期

花芽膨大期

初花期

盛花期

坐果期

成熟期

2.蜡梅

【学名】 *Chimonanthus praecox* (L.) Link

【科属】 蜡梅科 蜡梅属

【主要形态特征】 落叶灌木,高达3 m。枝、茎成方形,棕红色,有椭圆形突出皮孔。单叶对生,叶片椭圆状卵形或卵状披针形,先端渐尖,基部圆形或楔形,长7~15 cm,全缘,半革质而较粗糙,表面深绿,背面淡绿。花单生叶腋,花梗极短,花被片蜡质黄色,内部有紫色条纹,具浓香,12 月至次年 3 月开花。果熟期 8 月。

【识别要点】 枝、茎成方形,有椭圆形突出皮孔。单叶对生,全缘,半革质而较粗糙,表面深绿,背面淡绿。花梗极短,花被片蜡质黄色,内部有紫色条纹,具浓香。

【生态习性】 蜡梅原产于我国中部,黄河流域至长江流域各地普遍栽培。性喜阳光,但亦略耐荫,较耐寒,耐旱,有"旱不死的蜡梅"之说。对土质要求不严,但以排水良好的轻壤土为宜。常用播种、分株、压条、嫁接等方法繁殖。

【观赏价值及园林用途】 蜡梅以其花色似蜂蜡又在寒冬腊月开花而得名。蜡梅端庄高雅、芳香宜人、凌霜傲雪,在万花凋谢的数九寒天,唯其一枝独秀,成为最先带来春天信息的使者,在我国古代有极高的评价,号称"一品九命盟主花"。园林中配植于室前、墙隅均极适宜,作为盆花、桩景和瓶花也独具特色。

【变种及栽培变种】

(1)素心蜡梅'Concolor'('Luteus')花被片纯黄色,内部不染紫色条纹,花径 2.6~3 cm,香气稍淡,为蜡梅中最名贵的品种之一。

(2)大花素心蜡梅'Luteo-grandiflorus'花大,宽钟形,径达 3.5~4.2 cm,花被片全为鲜黄色。

(3)狗牙蜡梅(狗绳蜡梅或红心蜡梅)(var. *intermedius* Mak.) 花小,香淡,花瓣狭长而尖,外轮黄色,内轮有紫斑,抗性强。多为实生苗或野生类型。

(4)磬口蜡梅'Grandiflorus'叶及花均较大,花瓣较圆,外轮花色深黄,内轮黄色上有紫色条纹,香气浓。因其花心紫色,又称"檀香梅",为名贵品种。

【物候历】 叶展期 3 月 2 日至 6 月 12 日(叶芽膨大期 3 月 2 日,叶芽开放期 3 月 24 日,初叶期 3 月 29 日,盛叶期 4 月 27 日,全叶期 5 月 20 日,叶成形期 6 月 12 日),花期 11 月 4 日至次年 4 月 6 日(花芽膨大期 11 月 4 日,吐蕾期 12 月 8 日,初花期次年 2 月 10 日,盛花期次年 2 月 28 日,末花期次年 3 月 29 日,无花期次年 4 月 6 日),果期 3 月 16 日至 10 月 20 日(坐果期 3 月 16 日,成熟期 7 月 16 日,初落果期 8 月 16 日,盛落果期 10 月 20 日),叶脱落期 11 月 8 日至次年 1 月 21 日(叶初变色期 11 月 8 日,叶片始落期 11 月 16 日,落叶盛期 12 月 17 日,落叶末期 12 月 30 日,无叶期次年 1 月 21 日)。

【重要物候节点图谱】

叶芽膨大期

初叶期

盛花期

吐蕾期

成熟期

全叶期

花芽膨大期

坐果期

3.小檗(日本小檗)

【学名】 *Berberis thunbergii* DC.

【科属】 小檗科 小檗属

【主要形态特征】 落叶灌木,高达1.5~2(3) m;多分枝,幼枝淡红带绿色,无毛;老枝暗红色;小枝红褐色,有沟槽,具短小针刺,茎刺单一,偶3分叉。叶常簇生,倒卵形或匙形,长0.5~2 cm,先端钝,基部急狭,全缘;叶表暗绿,光滑无毛,背面灰绿,有白粉,入秋叶色变红。腋生伞形花序或数花簇生(2~12朵),花两性,萼、瓣各6枚,淡黄色。浆果椭球形,亮红色。

【识别要点】 小枝红褐色,幼枝淡红带绿色,刺通常不分叉;叶全缘,先端钝;伞形花序或数花簇生;浆果亮红色。

【生态习性】 小檗原产于日本,我国各地也有栽培。对光照要求不严,喜光也耐荫,喜温凉湿润的气候环境,耐寒性强。对土壤要求不严,但以肥沃而排水良好的沙质土壤生长最好。萌芽力强,耐修剪。

【观赏价值及园林用途】 小檗分枝密,姿态圆整,春日黄花簇簇,秋日红果满枝,深秋叶色紫红,果实经冬不落,是花、果、叶俱佳的观赏花木,适于园林中孤植、丛植或点缀山石、栽作绿篱。果枝可插瓶,根、茎入药。

【栽培变种】

(1)紫叶小檗'Atropurpurea'在阳光充足的情况下,叶常年紫红色,为观叶佳品。

(2)金叶小檗'Aurea'在阳光充足的情况下,叶常年金黄。

(3)金边紫叶小檗'Golden Ring'叶紫红并有金黄色边缘,在阳光下色彩更好。

【物候历】 叶展期2月28日至5月31日(叶芽膨大期2月28日,叶芽开放期3月22日,初叶期3月28日,盛叶期4月20日,全叶期5月11日,叶成形期5月31日),花期3月18日至5月3日(花芽膨大期3月18日,吐蕾期4月4日,初花期4月6日,盛花期4月17日,末花期4月25日,无花期5月3日),果期4月25日至11月4日(坐果期4月25日,成熟期7月26日,初落果期8月16日,盛落果期11月4日),叶脱落期9月20日至12月9日(叶初变色期9月20日,叶片始落期10月2日,落叶盛期10月16日,落叶末期11月16日,无叶期12月9日)。

【重要物候节点图谱】

初叶期

盛叶期

花芽膨大期

吐蕾期

盛花期

坐果期

成熟期

4.朝鲜小檗(掌刺小檗)

【学名】 *Berberis koreana* Palib.

【科属】 小檗科 小檗属

【主要形态特征】 落叶灌木,高 1~1.5 m;嫩枝绿色,一年生枝紫红色,具棱;成熟枝暗红褐色,有纵槽,枝节部有单刺或 3~7 分叉刺,有时在强壮的小枝上刺呈明显的掌状。叶长椭圆形至倒卵形,长 3~7 cm,先端圆,缘有刺齿。花黄色,成下垂的短总状花序。浆果红色。花期 5 月,果期 9 月。

【识别要点】 一年生枝紫红色,具棱,成熟枝暗红褐色。刺掌状或 3~7 裂;叶缘有刺齿,叶背灰色,有白粉。花黄色,成下垂的短总状花序。浆果顶端具宿存花柱。

【生态习性】 朝鲜小檗原产于朝鲜及我国东北、华北地区。耐寒。

【观赏价值及园林用途】 朝鲜小檗以其观花、观果、秋季红叶及十分耐寒等特性备受欢迎,在园林中可作基础种植及镶边、绿篱等种植材料,也是水土保持的良好树种。

【同属相似种】 黄芦木(*Berberis amurensis* Rupr.) 与朝鲜小檗很相似,区别在于老枝淡黄色或灰色,稍具棱槽;茎刺三分叉,稀单一,长 1~2 cm;浆果大,红色,顶端不具宿存花柱。

【物候历】 叶展期 2 月 21 日至 6 月 5 日(叶芽膨大期 2 月 21 日,叶芽开放期 4 月 1 日,初叶期 4 月 5 日,盛叶期 4 月 27 日,全叶期 5 月 12 日,叶成形期 6 月 5 日),花期 4 月 9 日至 5 月 26 日(花芽膨大期 4 月 9 日,吐蕾期 4 月 23 日,初花期 4 月 25 日,盛花期 5 月 9 日,末花期 5 月 20 日,无花期 5 月 26 日),果期 5 月 20 日至 11 月 1 日(坐果期 5 月 20 日,成熟期 7 月 26 日,初落果期 9 月 20 日,盛落果期 11 月 1 日),叶脱落期 10 月 26 日至 12 月 10 日(叶初变色期 10 月 26 日,叶片始落期 11 月 4 日,落叶盛期 11 月 26 日,落叶末期 12 月 1 日,无叶期 12 月 10 日)。

【重要物候节点图谱】

叶芽开放期

全叶期

初花期

盛花期

坐果期

花芽膨大期

吐蕾期

成熟期

5.无花果

【学名】 *Ficus carica* L.

【科属】 桑科 榕属

【主要形态特征】 落叶灌木或小乔木,干皮灰褐色,平滑或不规则纵裂。小枝粗壮,托叶包被幼芽,托叶脱落后在枝上留有极为明显的环状托叶痕。叶厚纸质,互生,广卵形,3~5 掌状深裂,边缘波状或成粗齿,表面粗糙,背面有柔毛。隐花果梨形,长 5~8 cm,熟时紫黄色或黑紫色。

【识别要点】 有汁液。小枝留有极为明显的环状托叶痕。隐头花序。隐花果梨形。

【生态习性】 无花果原产于亚洲西部及地中海东部沿岸地区,唐朝时传入我国,以长江流域和华北沿海地带栽植较多。喜光,喜温暖湿润气候,耐寒性不强,较耐干旱;具有抗多种有毒气体的特性,耐烟尘,病虫害少。以扦插繁育为主,也可播种或压条繁育。

【观赏价值及园林用途】 无花果叶片宽大,果实奇特,是优良的庭院绿化和经济树种,适宜栽植在背风向阳处,可用于厂矿绿化和家庭副业生产。叶、果、根可入药。

【物候历】 叶展期 3 月 8 日至 6 月 5 日(叶芽膨大期 3 月 8 日,叶芽开放期 4 月 1 日,初叶期 4 月 9 日,盛叶期 4 月 29 日,全叶期 5 月 14 日,叶成形期 6 月 5 日),果期 4 月 17 日至 9 月 16 日(坐果期 4 月 17 日,成熟期 8 月 20 日,初落果期 8 月 25 日,盛落果期 9 月 16 日),叶脱落期 10 月 26 日至 11 月 26 日(叶初变色期 10 月 26 日,叶片始落期 11 月 2 日,落叶盛期 11 月 16 日,落叶末期 11 月 20 日,无叶期 11 月 26 日)。

【重要物候节点图谱】

叶芽膨大期

叶芽开放期

初叶期

盛叶期

坐果期

成熟期

6.牡丹

【学名】 *Paeonia suffruticosa* Andr.

【科属】 芍药科 芍药属

【主要形态特征】 落叶灌木,高达 2 m。二回三出复叶互生,小叶卵形,3~5 裂,背面有白粉,无毛。花大,单生枝端;单瓣或重瓣,颜色有白、粉红、深红、紫红、黄、豆绿等色;花期 4 月下旬至 5 月上旬。聚合蓇葖果,密生黄褐色毛;9 月果熟。

【识别要点】 二回三出复叶互生,小叶卵形,3~5 裂,背面有白粉,无毛。花大,单生枝端。聚合蓇葖果,密生黄褐色毛。

【生态习性】 牡丹原产于我国北部及中部。喜光,耐寒,喜凉爽;要求土壤排水良好,生长慢。用播种、分株、嫁接法繁殖。

【观赏价值及园林用途】 我国栽培历史悠久,品种繁多,多为重瓣,是极名贵的花木之一。根皮(即丹皮)是中药材。

【物候历】 叶展期 2 月 20 日至 5 月 23 日(叶芽膨大期 2 月 20 日,叶芽开放期 3 月 16

日,初叶期 3 月 24 日,盛叶期 4 月 16 日,全叶期 5 月 2 日,叶成形期 5 月 23 日),花期 3 月 22 日至 5 月 10 日(花芽膨大期 3 月 22 日,吐蕾期 4 月 10 日,初花期 4 月 12 日,盛花期 4 月 21 日,末花期 4 月 30 日,无花期 5 月 10 日),果期 4 月 30 日至 9 月 28 日(坐果期 4 月 30 日,成熟期 9 月 2 日,初落果期 9 月 12 日,盛落果期 9 月 28 日),叶脱落期 9 月 25 日至 12 月 1 日(叶初变色期 9 月 25 日,叶片始落期 10 月 1 日,落叶盛期 11 月 4 日,落叶末期 11 月 10 日,无叶期 12 月 1 日)。

【重要物候节点图谱】

叶芽膨大期

叶芽开放期

盛叶期

叶成形期

花芽膨大期

吐蕾期

初花期

盛花期-1

盛花期-2

成熟期

7.扁担杆

【学名】 *Grewia biloba* G.Don

【科属】 椴树科 扁担杆属

【主要形态特征】 落叶灌木,高达 3 m,小枝有星状毛。单叶互生,狭菱状卵形至卵形,长 3~13 cm,缘有不规则锯齿,基部 3 主脉,表面多少有毛,背面常有较密星状毛;叶柄顶端膨大呈关节状。聚伞花序与叶对生,花淡黄绿色,径达 1~2 cm,花瓣基部有腺体;萼片狭披针形,外面密生灰色短毛,内面无毛。核果橙红色,2 裂,每裂有 2 小核,内有种子 2~4 粒。花期 6~7 月,果期 8~9 月。

【识别要点】 叶基部 3 主脉,3 出脉的两侧长超过叶片之半;背面有较密星状毛;叶柄顶端膨大呈关节状。花瓣基部有腺体;萼片 5 片,狭披针形,外面密生灰色短毛。核果橙红色,2 裂,呈双球形或四球形。

【生态习性】 我国北自辽宁南部经华北至华南、西南广泛分布。性强健,耐干旱瘠薄,常自生于平原或丘陵、低山灌丛中;对土壤适应性强,萌芽力强。

【观赏价值及园林用途】 扁担杆枝叶粗放,秋天果实橙红色且宿存枝头很久,是良好的观果树种。宜丛植于坡地、山石旁、水池边,极具野趣。枝叶可入药。

【物候历】 叶展期 3 月 10 日至 6 月 20 日(叶芽膨大期 3 月 10 日,叶芽开放期 4 月 15 日,初叶期 4 月 20 日,盛叶期 5 月 12 日,全叶期 5 月 27 日,叶成形期 6 月 20 日),花期 5 月 8 日至 7 月 13 日(花芽膨大期 5 月 8 日,吐蕾期 6 月 15 日,初花期 6 月 18 日,盛花期 7 月 1 日,末花期 7 月 6 日,无花期 7 月 13 日),果期 7 月 1 日至 10 月 17 日(坐果期 7 月 1 日,成熟期 9 月 5 日,初落果期,10 月 7 日,盛落果期 10 月 17 日),叶脱落期 10 月 20 日至 11 月 10 日(叶初变色期 10 月 20 日,叶片始落期 10 月 26 日,落叶盛期 11 月 3 日,落叶末期 11 月 7 日,无叶期 11 月 10 日)。

【重要物候节点图谱】

初叶期

全叶期

花芽膨大期

初花期

盛花期

末花期

坐果期

成熟期

8.木槿

【学名】 *Hibiscus syriacus* L.

【科属】 锦葵科 木槿属

【主要形态特征】 落叶灌木或小乔木,高 2~6 m;小枝密被黄色星状绒毛。叶菱形至三角状卵形,长 3~6 cm,通常 3 裂,掌状脉,缘有粗齿或缺刻,光滑无毛。花似锦葵,单生叶腋,白色、粉紫色到紫色,基部一般深红色;朝开暮谢;副萼条形;花期 7~8 月。

【识别要点】 小枝密被黄色星状绒毛。叶菱形至三角状卵形,通常 3 裂,具锯齿或牙齿。花似锦葵,单生叶腋,白色、粉紫色到紫色,基部一般深红色。

【生态习性】 木槿原产于亚洲东部。我国东北、南至华南各地广为栽培,尤以长江流域为多。喜光,喜温暖湿润气候,耐干旱瘠薄,较耐寒;萌蘖性强,耐修剪。

【观赏价值及园林用途】 木槿盛夏季节满树花朵,花大而美丽,花色丰富,花期长,宜植于庭园观赏,也可作为花篱、绿篱。墙边、水滨种植也很适宜。嫩叶可食用。

【栽培变种】

(1)单瓣的有纯白‘Totus Albus’、皱瓣纯白‘W.R.Smith’、大花纯白‘Diana’、白花褐心‘Monstrosus’、白花红心‘Red Heart’、白花深红心‘Dorothy Crane’、蓝花红心‘Blue Bird’、

大花粉红‘Pink Giant’、玫瑰红‘Wood-bridge’等。

(2)重瓣和半重瓣的有粉花重瓣‘Flore-plenus’、美丽重瓣‘Speciosus Plenus’、白花重瓣‘Albus-Plenus’、白花红心重瓣‘Speciosus’、桃色重瓣‘Anemonaeflorus’、玫瑰重瓣‘Ardens’、紫花半重瓣‘Purpureus’、桃白重瓣‘Pulcherrimus’等。

(3)花叶木槿‘Argenteo-variegata’是引自比利时的一个木槿栽培变种。叶缘分布白色彩斑,幼叶彩斑为鹅黄色;花期持久,花重瓣,紫红色,含苞待放的花蕾则为深紫红色并带有丝绢光泽。喜光,又极耐荫,耐寒,耐盐碱,适于华北、华中及中原地区种植。扦插、嫁接繁殖皆易成活。

【物候历】 叶展期3月12日至6月12日(叶芽膨大期3月12日,叶芽开放期4月10日,初叶期4月18日,盛叶期5月13日,全叶期5月27日,叶成形期6月12日),花期6月5日至10月24日(花芽膨大期6月5日,吐蕾期6月20日,初花期6月22日,盛花期6月28日,末花期10月19日,无花期10月24日),果期6月30日至11月20日(坐果期6月30日,成熟期11月1日,初落果期11月10日,盛落果期11月20日),叶脱落期10月20日至12月1日(叶初变色期10月20日,叶片始落期10月26日,落叶盛期11月12日,落叶末期11月26日,无叶期12月1日)。

【重要物候节点图谱】

叶芽膨大期

初叶期

花芽膨大期

吐蕾期

成熟期

全叶期

盛花期

9.柽柳

【学名】 *Tamarix chinensis* Lour.

【科属】 柽柳科 柽柳属

【主要形态特征】 落叶灌木或小乔木,高2~5 m,树皮红褐色,小枝细长下垂。叶细小,披针形,鳞片状,长1~3 mm,互生,浅蓝绿色。总状花序集生于当年生枝顶端,花小而密,5基数,粉红色,花盘10裂或5裂,苞片狭披针形或钻形。自春至秋均可开花,几个月内,三开三落,绵延不绝,所以有的地方也称它为“三春柳”。

【识别要点】 树皮红褐色,小枝细长下垂。单叶互生,披针形,鳞片状,小而密生,浅蓝绿色,无叶柄,无托叶。总状花序粉红色。

【生态习性】 我国辽宁、华北、西北、华东、华中、华南及西南各地均有分布。有抗涝、抗旱、抗盐碱及改善沙荒地的能力。根系发达，萌生力强，极耐修剪刈割。

【观赏价值及园林用途】 柽柳枝条细柔，姿态婆娑，开花如红蓼，颇为美观。适于在水滨、池畔、桥头、河岸、堤防栽植。柽柳是改造盐碱地的优良树种，也是最能适应干旱沙漠生活的树种之一。

【物候历】 叶展期2月28日至5月29日(叶芽膨大期2月28日，叶芽开放期3月21日，初叶期3月29日，盛叶期4月20日，全叶期5月8日，叶成形期5月29日)，花期4月18日至8月30日(花芽膨大期4月18日，吐蕾期4月25日，初花期4月27日，盛花期5月8日，末花期6月5日，无花期8月30日)，果期5月20日至10月12日(坐果期5月20日，成熟期6月26日，初落果期7月20日，盛落果期10月12日)，叶脱落期11月11日至12月27日(叶初变色期11月11日，叶片始落期11月16日，落叶盛期12月8日，落叶末期12月18日，无叶期12月27日)。

【重要物候节点图谱】

叶芽膨大期

初叶期

叶成形期

吐蕾期

初花期

盛花期

坐果期

成熟期

10.老鸦柿

【学名】 *Diospyros rhombifolia* Hemsl.

【科属】 柿树科　柿树属

【主要形态特征】 落叶灌木，高2~4 m；树皮褐色，有光泽，枝有刺，无毛或近无毛。叶纸质，卵状菱形至倒卵形，长3~6 cm；表面沿脉有黄色毛，后脱落，背面疏生柔毛。花白色，单生叶腋，宿存萼片椭圆形或披针形，有明显纵脉纹。浆果卵球形，径约2 cm，顶端有小突尖，有柔毛，熟时橙黄色。花期4月，果熟期10月。

【识别要点】 枝有刺；叶纸质，菱状倒卵形，表面沿脉有黄色毛，后脱落，背面疏生柔毛。浆果卵球形，顶端有小突尖，有柔毛，熟时橙红色，宿存萼的裂片为长圆状披针形。

【生态习性】 老鸦柿原产于我国东部。常野生于山坡灌丛或林缘。喜光，较耐荫，喜较湿润的气候条件。在潍坊植物园长势良好。

【观赏价值及园林用途】 树形潇洒优美，入秋橙黄色果实悬挂满树，是绿化中良好的观果树种及优良的下木。可植于庭园观赏，或栽作绿篱。

【物候历】 叶展期3月8日至6月2日(叶芽膨大期3月8日，叶芽开放期4月2日，初叶期 4 月 11 日,盛叶期 4 月 30 日,全叶期 5 月 16 日,叶成形期 6 月 2 日),花期 3 月 8 日至 5 月 19 日(花芽膨大期 3 月 8 日,吐蕾期 4 月 13 日,初花期 4 月 15 日,盛花期 5 月 7 日,末花期 5 月 13 日,无花期 5 月 19 日),果期 5 月 13 日至 11 月 12 日(坐果期 5 月 13 日,成熟期 9 月 24 日,初落果期 10 月 24 日,盛落果期 11 月 12 日),叶脱落期 9 月 24 日至 12 月 3 日(叶初变色期 9 月 24 日,叶片始落期 10 月 8 日,落叶盛期 10 月 17 日,落叶末期 11 月 24 日,无叶期 12 月 3 日)。

【重要物候节点图谱】

叶芽膨大期

叶芽开放期

初叶期

吐蕾期

盛花期

坐果期

成熟期

11.溲疏(齿叶溲疏、圆齿溲疏)

【学名】 *Deutzia crenata* Sieb. et Zucc.

【科属】 八仙花科 溲疏属

【主要形态特征】 落叶灌木,全株被星状毛;树皮薄片状剥落,小枝中空。单叶对生,叶长卵状椭圆形,长 4.5~7 cm,缘具细圆齿,两面有星状毛。花白色或外面带粉红色,花瓣 5 枚,花丝上部有 2 齿尖,萼筒密被锈褐色星状毛,萼片短于萼筒;总状花序有时基部分枝,或成圆锥花序;5~6 月开花。

【识别要点】 全株被星状毛,树皮薄片状剥落,小枝中空。叶缘具细圆齿,两面有星状毛。花白色或外面带粉红色,单瓣,萼筒密被锈褐色星状毛,萼片短于萼筒。

【生态习性】 溲疏原产于日本,我国华北、华东各地常见栽培观赏。性喜光,稍耐荫,喜温暖湿润气候;萌蘖性强,耐修剪。

【观赏价值及园林用途】 溲疏初夏白花繁密而素雅,花期较长。宜丛植于草坪、路边、山坡及林缘,也可作花篱及岩石园种植材料。

【栽培变种】

(1)重瓣溲疏'Plena'花重瓣,开放后花瓣白色,外轮花瓣外面染玫瑰紫色。

(2)白花重瓣溲疏'Candidissima'花重瓣,纯白色。

【物候历】 叶展期 3 月 1 日至 6 月 8 日(叶芽膨大期 3 月 1 日,叶芽开放期 3 月 29 日,初叶期 4 月 5 日,盛叶期 4 月 29 日,全叶期 5 月 15 日,叶成形期 6 月 8 日),花期 4 月 20 日至6月17日(花芽膨大期4月20日,吐蕾期5月17日,初花期5月18日,盛花期5月31日,末花期6月7日,无花期6月17日),果期6月7日至11月16日(坐果期6月7日,成熟期8月16日,初落果期9月26日,盛落果期11月16日),叶脱落期10月26日至12月1日(叶初变色期10月26日,叶片始落期11月2日,落叶盛期11月20日,落叶末期11月26日,无叶期12月1日)。

【重要物候节点图谱】

叶芽膨大期

叶芽开放期

初叶期

吐蕾期

初花期

全叶期

花芽膨大期

盛花期

12.绣球花(八仙花)

【学名】 *Hydrangea macrophylla* (Thunb.) Ser.

【科属】 八仙花科　八仙花属

【主要形态特征】 落叶灌木,高达3~4 m;小枝粗壮,无毛,皮孔明显。叶对生,大而有光泽,倒卵形至椭圆形,长7~20 cm,有粗锯齿,无毛或仅背脉有毛。顶生伞房花序,分绣球花型和八仙花型。绣球花型花序近球形,花大,几乎全为不孕花;八仙花型花序近扁平形,大部分为可孕花,边缘具大型不育边花,不孕花仅有花瓣状萼片4枚,粉红色、淡蓝色或白色。花期6~8月。

【识别要点】 小枝粗,叶痕大;花序近球形或扁平形,多数或全为不孕放射花。

【生态习性】 绣球花原产于我国长江流域至华南各地,日本、朝鲜也有分布。喜阴,喜温暖湿润气候,不耐寒,喜肥沃、湿润而排水良好之酸性土壤,萌蘖力强,对二氧化硫等多种有毒气体抗性较强。

【观赏价值及园林用途】 本种花朵洁白丰满,大而美丽,初开为青白色,渐转粉红色,再转紫红色,花色美艳,是常见的观赏花木。我国栽培八仙花的时间较早,在明、清时代建造的江南园林中就栽有八仙花。现代公园和风景区都以成片栽植,形成壮丽景观。

【变种及栽培变种】

(1)蓝边八仙花(var. coerulea)两性花深蓝色,边缘花蓝色或白色。

(2)紫阳花'Otaksa'全为不孕花,状如绣球;萼片大型,花色多变,初时白色,渐变蓝色或粉红色。

(3)银边八仙花'Maculata'叶较小,缘白色;兼具不孕花和可孕花。

【物候历】 叶展期2月21日至5月30日(叶芽膨大期2月21日,叶芽开放期3月20日,初叶期3月30日,盛叶期4月24日,全叶期5月10日,叶成形期5月30日),花期5月7日至9月10日(花芽膨大期5月7日,吐蕾期6月1日,初花期6月3日,盛花期6月28日,末花期9月1日,无花期9月10日),果期7月20日至11月20日(坐果期7月20日,成熟期10月1日,初落果期10月22日,盛落果期11月20日),叶脱落期10月30日至12月1日(叶初变色期10月30日,叶片始落期11月10日,落叶盛期11月20日,落叶末期11月26日,无叶期12月1日)。

【重要物候节点图谱】

叶芽膨大期

叶芽开放期

盛叶期

全叶期

花芽膨大期

初花期

盛花期

坐果期

13.圆锥八仙花(水亚木、圆锥绣球)

【学名】 *Hydrangea paniculata* Sieb.

【科属】 八仙花科 八仙花属

【主要形态特征】 灌木或小乔木,高1~5 m。枝暗红褐色或灰褐色,初时被疏柔毛,后变无毛,具凹条纹和圆形浅色皮孔。叶对生,有时在上部3叶轮生,卵形或椭圆形,有内曲细锯齿,上面无毛或有稀疏糙伏毛,下面于叶脉和侧脉上被紧贴长柔毛。圆锥状聚伞花序尖塔形,长达26 cm;可育的两性花小,白色;不育花大型,仅具4枚花瓣状萼片,全缘,白色,后变淡紫色,与可育花参差相间,花瓣早落。蒴果近卵形。花期7~8月,果期10~11月。

【识别要点】 枝暗红褐色或灰褐色,具凹条纹和圆形浅色皮孔。叶2~3对生或轮生,有内曲细锯齿,下面于叶脉和侧脉上被紧贴长柔毛。圆锥状聚伞花序尖塔形,花白色,可育花与大型不育花相间。

【生态习性】 圆锥八仙花产于长江以南各省区,多生于阴湿山谷、溪边杂木林及灌丛中;日本也有分布。喜光,稍耐荫,耐寒,耐旱,适应性强。

【观赏价值及园林用途】 圆锥八仙花可用于园林绿化。

【栽培变种】 大花圆锥绣球(大花水亚木)'Grandiflora'是圆锥绣球的栽培变种。圆锥花序全部或大部分由大型不育花组成,长可达40 cm,开花持久,由白色渐变为浅粉红色,是较难得的夏秋季观花灌木。

【物候历】 叶展期 3 月 12 日至 6 月 20 日(叶芽膨大期 3 月 12 日,叶芽开放期 4 月 5 日,初叶期 4 月 13 日,盛叶期 5 月 10 日,全叶期 5 月 25 日,叶成形期 6 月 20 日),花期 6 月 9 日至 9 月 1 日(花芽膨大期 6 月 9 日,吐蕾期 7 月 7 日,初花期 7 月 9 日,盛花期 8 月 2 日,末花期 8 月 15 日,无花期 9 月 1 日),果期 8 月 15 日至 11 月 26 日(坐果期 8 月 15 日,成熟期 10 月 17 日,初落果期 10 月 25 日,盛落果期 11 月 26 日),叶脱落期 10 月 16 日至 11 月 26 日(叶初变色期 10 月 16 日,叶片始落期 10 月 26 日,落叶盛期 11 月 8 日,落叶末期 11 月 18 日,无叶期 11 月 26 日)。

【重要物候节点图谱】

叶芽膨大期

初叶期

盛叶期

花芽膨大期

初花期

盛花期

末花期

14.东陵绣球(东陵八仙花)

【学名】 *Hydrangea bretschneideri* Dipp.

【科属】 八仙花科 八仙花属

【主要形态特征】 灌木,高 1~3 m。树皮较薄,常呈薄片状剥落。当年生小枝栗红色至栗褐色或淡褐色,初时疏被长柔毛。叶薄纸质或纸质,卵形至长卵形,边缘有具硬尖头的锯形小齿或粗齿,下面灰褐色,密被灰白色柔毛。伞房状聚伞花序较短小,不育花萼片 4,白色,后变淡紫色;孕性花萼筒杯状。花期 6~7 月,果期 9~10 月。

【识别要点】树皮常呈薄片状剥落。小枝幼时有毛。叶基部楔形,缘具尖锯齿,背面有灰白色卷曲柔毛;叶柄常带红色。伞房花序,边缘之不育花白色,后变淡紫色。种子两端有翅。

【生态习性】 东陵绣球分布于黄河流域各省区山地。喜光,稍耐阴,耐寒,忌干燥,喜半阴及湿润排水良好环境。

【观赏价值及园林用途】 东陵绣球可用于庭园绿化供观赏。

【栽培变种】 雪山八仙花(*Hydrangea arborescens* 'Annabelle')叶片较大,心形,顶生伞房花序,全为白色不孕花,初绽绿色,渐次转白,呈白色花球状,直径可达 20 cm 以上。北京、天津、山东、河南、江苏、浙江等地均可栽培。喜光,耐半荫,怕积水,不耐寒。喜疏松肥沃的土壤,不耐瘠薄。

【物候历】 叶展期2月21日至5月30日(叶芽膨大期2月21日,叶芽开放期3月20日,初叶期3月30日,盛叶期4月24日,全叶期5月10日,叶成形期5月30日),花期5月1日至9月1日(花芽膨大期5月1日,吐蕾期6月2日,初花期6月7日,盛花期6月28日,末花期8月26日,无花期9月1日),果期7月20日至11月20日(坐果期7月20日,成熟期10月1日,初落果期10月20日,盛落果期11月20日),叶脱落期10月30日至12月1日(叶初变色期10月30日,叶片始落期11月10日,落叶盛期11月20日,落叶末期11月26日,无叶期12月1日)。

【重要物候节点图谱】

叶芽膨大期

叶芽开放期

叶芽膨大期

初叶期

盛叶期

盛花期

末花期

15.华茶藨(华蔓茶藨子)

【学名】 *Ribes fasciculatum* Sieb. et Zucc.var.*chinense* Maxim.

【科属】 茶藨子科　茶藨子属

【主要形态特征】 落叶灌木,高达2 m;老枝紫褐色,树皮常剥落;小枝灰绿色,幼时有柔毛。单叶互生,广卵形,宽约4 cm,3~5浅裂,基部楔形或心形,缘有粗钝锯齿,两面疏生柔毛。花单性异株,黄绿色,雄花4~9朵,雌花2~4朵簇生。浆果近球形,径约8 mm,深红色,顶端有宿存萼;果梗有节。4~5月开花,8~9月果熟。

【识别要点】 华茶藨是簇花茶藨子(*Ribes fasciculatum* Sieb. et Zucc.)的变种。老枝紫褐色,树皮常剥落;小枝灰绿色,幼时有柔毛。单叶互生,两面疏生柔毛。花单性异株,黄绿色。浆果近球形,深红色。

【生态习性】 产于我国长江流域至华北地区及陕西、辽宁,朝鲜日本也有分布。

【观赏价值及园林用途】 华茶藨花有香气,观果植株,成熟果实含糖可鲜食,可植于庭院观赏。

【物候历】 叶展期1月26日至4月29日(叶芽膨大期1月26日,叶芽开放期2月23日,初叶期3月3日,盛叶期3月24日,全叶期4月9日,叶成形期4月29日),花期2月2日至4月17日(花芽膨大期2月2日,吐蕾期3月22日,初花期3月24日,盛花期4月8日,末花期4月12日,无花期4月17日),果期4月12日至10月29日(坐果期4月12日,成熟期9月10日,初落果期10月10日,盛落果期10月29日),叶脱落期10月26日至12月1日(叶初变色期10月26日,叶片始落期11月6日,落叶盛期11月20日,落叶末期11月26日,无叶期12月1日)。

【重要物候节点图谱】

叶芽开放期

初叶期

吐蕾期

盛花期

坐果期

全叶期

初花期

成熟期

16.香茶藨子(黄花茶藨子)

【学名】 *Ribes odoratum* H.Wendl.

【科属】 茶藨子科　茶藨子属

【主要形态特征】 小枝圆柱形,灰褐色,皮稍条状纵裂或不剥裂;嫩枝灰褐色或灰棕色,具短柔毛,老时毛脱落,无刺。叶圆状肾形至倒卵圆形,幼时两面均具短柔毛,并常有腺体,成长时柔毛渐脱落;掌状 3~5 深裂,裂片形状不规则,边缘具粗钝锯齿。花两性,芳香;总状花序常下垂,具花 5~10 朵;花序轴和花梗具短柔毛;花萼黄色,萼筒管形,萼片长圆形或匙形,开展或反折;花瓣近匙形或近宽倒卵形,先端圆钝而浅缺刻状,浅红色。果实球形或宽椭圆形,熟时黑色,无毛。花期 5 月,果期 7~8 月。

【识别要点】 幼枝密被白色柔毛。单叶互生,圆状肾形至倒卵圆形。花萼花瓣状,黄色,萼筒细长;花瓣小,浅红色,5~10 朵成松散下垂的总状花序。浆果球形,熟时黑色。

【生态习性】 香茶藨子原产于美国中部,北京、天津、沈阳、哈尔滨、山东等地有栽培。喜光也较耐荫,喜温暖湿润气候,耐寒力强。

【观赏价值及园林用途】 香茶藨子花黄色,芳香,是北方地区良好的园林观赏树种。

【物候历】 叶展期 1 月 28 日至 4 月 30 日(叶芽膨大期 1 月 28 日,叶芽开放期 2 月 26 日,初叶期 3 月 5 日,盛叶期 3 月 26 日,全叶期 4 月 11 日,叶成形期 4 月 30 日),花期 2 月 2 日至 5 月 20 日(花芽膨大期 2 月 2 日,吐蕾期 4 月 23 日,初花期 4 月 26 日,盛花期 5 月 10 日,末花期 5 月 15 日,无花期 5 月 20 日),果期 4 月 12 日至 10 月 29 日(坐果期 4 月 12 日,成熟期 9 月 10 日,初落果期 10 月 10 日,盛落果期 10 月 29 日),叶脱落期,10 月 26 日至 12 月 1 日(叶初变色期 10 月 26 日,叶片始落期 11 月 6 日,落叶盛期 11 月 20 日,落叶末期 11 月 26 日,无叶期 12 月 1 日)。

【重要物候节点图谱】

叶芽膨大期

初叶期

全叶期

吐蕾期

盛花期

末花期

坐果期

17.中华绣线菊

【学名】 *Spiraea chinensis* Maxim.

【科属】 蔷薇科(绣线菊亚科) 绣线菊属

【主要形态特征】 落叶丛生灌木,高 1.5~3 m;小枝呈拱形弯曲,红褐色,幼时被黄色绒毛,有时无毛。叶片菱状卵形至倒卵形,长 2.5~6 cm,宽 1.5~3 cm,先端急尖或圆钝,基部宽楔形或圆形,边缘有缺刻状粗锯齿或不明显 3 裂;上面暗绿色,被短柔毛,脉纹深陷,下面密被黄色绒毛,脉纹突起;叶柄长 4~10 mm,被短绒毛。伞形花序具花 16~25 朵;花直径 3~4 mm;萼筒钟状,外面有稀疏柔毛,内面密被柔毛;萼片卵状披针形;花瓣近圆形,先端微凹或圆钝,长与宽 2~3 mm,白色;花盘波状圆环形或具不整齐的裂片。蓇葖果开张,全体被短柔毛。花期 3~6 月,果期 6~10 月。

【识别要点】 小枝呈拱形弯曲,萼筒钟状。小枝、叶柄及叶均有毛;叶片先端急尖或圆钝,边缘有缺刻状粗锯齿,或具不明显 3 裂,上面脉纹深陷,下面密被黄色绒毛,脉纹突起。伞形花序,花瓣白色,花未开前略带粉色。

【生态习性】 中华绣线菊广布于我国西北、华北、长江流域至两广及西南各地。喜阳、耐旱、耐寒。

【观赏价值及园林用途】 花期长,春夏景观美丽,玉花攒聚,宛若积雪,形似一条条拱形玉带,观赏效果很好。

【物候历】 叶展期 2 月 28 日至 5 月 26 日(叶芽膨大期 2 月 28 日,叶芽开放期 3 月 22 日,初叶期 3 月 30 日,盛叶期 4 月 20 日,全叶期 5 月 6 日,叶成形期 5 月 26 日),花期 4 月 11 日至 5 月 25 日(花芽膨大期 4 月 11 日,吐蕾期 4 月 26 日,初花期 4 月 27 日,盛花期 5 月 10 日,末花期 5 月 18 日,无花期 5 月 25 日),果期 5 月 18 日至 11 月 12 日(坐果期 5 月 18 日,成熟期 7 月 12 日,初落果期 9 月 16 日,盛落果期 11 月 12 日),叶脱落期 11 月 2 日至 12 月 20 日(叶初变色期 11 月 2 日,叶片始落期 11 月 8 日,落叶盛期 11 月 26 日,落叶末期 12 月 12 日,无叶期 12 月 20 日)。

【重要物候节点图谱】

叶芽膨大期

叶芽开放期

初叶期

全叶期

初花期

盛花期

18.麻叶绣线菊

【学名】 *Spiraea cantoniensis* Lour.

【科属】 蔷薇科(绣线菊亚科) 绣线菊属

【主要形态特征】 灌木,高达 1.5 m;小枝细瘦,圆柱形,呈拱形弯曲,幼时暗红褐色,无毛。叶片菱状披针形至菱状长圆形,长 3~5 cm,宽 1.5~2 cm,先端急尖,基部楔形,边缘自近中部以上有缺刻状锯齿,上面深绿色,下面灰蓝色,两面无毛,叶脉羽状。伞形花序,花白色,直径 5~7 mm;萼筒钟状,外面无毛,内面被短柔毛;萼片三角形或卵状三角形,先端急尖或短渐尖,内面微被短柔毛;花瓣近圆形或倒卵形,先端微凹或圆钝;雄蕊 20~28 枚,稍短于花瓣或与花瓣近等长。花期 4~5 月,果期 7~9 月。

【识别要点】 枝细长而拱形下弯。叶菱状披针形或菱状长椭圆形,羽状脉,先端急尖,基部楔形,中部以上有缺刻状锯齿,两面无毛。花小而白色,呈半球状伞形花序,生于新枝端。

【生态习性】 性喜温暖和阳光充足的环境。稍耐寒、耐荫,较耐干旱,忌湿涝。分蘖力强。以肥沃、疏松和排水良好的沙壤土为宜。

【观赏价值及园林用途】 麻叶绣线菊花序密集,花色洁白,早春盛开如积雪,属春季观花植物。

【物候历】 叶展期 2 月 20 日至 6 月 3 日(叶芽膨大期 2 月 20 日,叶芽开放期 3 月 18 日,初叶期 3 月 24 日,盛叶期 4 月 27 日,全叶期 5 月 12 日,叶成形期 6 月 3 日),花期 4 月 18 日至 5 月 27 日(花芽膨大期 4 月 18 日,吐蕾期 4 月 26 日,初花期 4 月 27 日,盛花期 5 月 10 日,末花期 5 月 20 日,无花期 5 月 27 日),果期 5 月 14 日至 11 月 12 日(坐果期 5 月 14 日,成熟期 7 月 26 日,初落果期 10 月 10 日,盛落果期 11 月 12 日),叶脱落期 11 月 20 日至 12 月 20 日(叶初变色期 11 月 20 日,叶片始落期 11 月 26 日,落叶盛期 12 月 2 日,落叶末期 12 月 12 日,无叶期 12 月 20 日)。

【重要物候节点图谱】

叶芽膨大期

初叶期

全叶期

初花期

盛花期

19.三裂绣线菊(三桠绣线菊)

【学名】 *Spiraea trilobata* L.

【科属】 蔷薇科(绣线菊亚科) 绣线菊属

【主要形态特征】 灌木,高 1~2 m;小枝细瘦,开展,稍呈“之”字形弯曲,嫩时褐黄色,无毛,老时暗灰褐色。叶片近圆形,变异较大,长 1.7~3 cm,宽 1.5~3 cm,先端钝,常 3 裂,基部圆形、楔形或亚心形,边缘自中部以上有少数圆钝锯齿,两面无毛,下面色较浅,基部具显著 3~5 脉。伞形花序具总梗,有花 15~30 朵;花梗无毛;花直径 6~8 mm;花瓣宽倒卵形,先端常微凹;雄蕊 18~20 枚,比花瓣短。花期 5~6 月,果期 7~8 月。

【识别要点】 小枝细而开展,稍呈“之”字形曲折,无毛。叶近圆形,先端钝,常 3 裂,中部以上具少数圆钝齿,基部近圆形,基脉 3~5 出,两面无毛。花小而白色,成密集伞形总状花序。

【生态习性】 三裂绣线菊产于我国东北、华北、华南各省份。喜光,稍耐荫,耐严寒,对土壤要求不严,耐旱,耐修剪。性强健,生长迅速,栽培容易。

【观赏价值及园林用途】 三裂绣线菊是东北、华北、华南地区常见的花灌木,可植于岩石园、山坡、小路两旁,亦可作基础种植。

【物候历】 叶展期 2 月 28 日至 6 月 3 日(叶芽膨大期 2 月 28 日,叶芽开放期 3 月 24 日,初叶期 4 月 2 日,盛叶期 4 月 27 日,全叶期 5 月 12 日,叶成形期 6 月 3 日),花期 4 月 2 日至 5 月 23 日(花芽膨大期 4 月 2 日,吐蕾期 4 月 22 日,初花期 4 月 24 日,盛花期 5 月 8 日,末花期 5 月 14 日,无花期 5 月 23 日),果期 5 月 14 日至 10 月 20 日(坐果期 5 月 14 日,成熟期 7 月 12 日,初落果期 7 月 26 日,盛落果期 10 月 20 日),叶脱落期 9 月 20 日至 11 月 10 日(叶初变色期 9 月 20 日,叶片始落期 10 月 8 日,落叶盛期 10 月 16 日,落叶末期 10 月 26 日,无叶期 11 月 10 日)。

【重要物候节点图谱】

叶芽膨大期

初叶期

盛花期

盛叶期

花芽膨大期

吐蕾期

初花期

坐果期

20.绣线菊(柳叶绣线菊)

【学名】 *Spiraea salicifolia* L.

【科属】 蔷薇科(绣线菊亚科) 绣线菊属

【主要形态特征】 直立灌木,高 1~2 m;枝条密集,小枝稍有棱角,黄褐色,嫩枝具短柔毛,老时脱落。叶片长圆披针形至披针形,长 4~8 cm,先端急尖或渐尖,基部楔形,边缘密生锐锯齿,两面无毛。花序为长圆形或金字塔形的圆锥花序,长 6~13 cm,花朵密集;花直径 5~7 mm,花瓣卵形,先端通常圆钝,粉红色;雄蕊 50 枚,约长于花瓣2 倍。花期 6~8 月,果期 8~9 月。

【识别要点】 直立灌木,高达 2 m。叶长椭圆状披针形,长 4~8 cm,缘有细尖齿,两面无毛。花粉红色,成顶生圆锥花序。有白花、红花等栽培变种。

【生态习性】 分布广泛,适应性强,华北各地均有栽培。喜光,耐旱,耐寒,对土壤要求不严。

【观赏价值及园林用途】 本种夏季盛开粉红色鲜艳花朵,是优良的绿化观赏树种,亦可作花篱,又为蜜源植物。

【物候历】 叶展期 2 月 28 日至 5 月 27 日(叶芽膨大期 2 月 28 日,叶芽开放期 3 月 24 日,初叶期 4 月 2 日,盛叶期 4 月 23 日,全叶期 5 月 6 日,叶成形期 5 月 27 日),花期 5 月 14 日至 7 月 20 日(花芽膨大期 5 月 14 日,吐蕾期 5 月 29 日,初花期 5 月 31 日,盛花期 6 月 11 日,末花期 6 月 28 日,无花期 7 月 20 日),果期 6 月 28 日至 10 月 26 日(坐果期 6 月 28 日,成熟期 8 月 12 日,初落果期 9 月 20 日,盛落果期 10 月 26 日),叶脱落期 9 月 20 日至 11 月 10 日(叶初变色期 9 月 20 日,叶片始落期 10 月 8 日,落叶盛期 10 月 16 日,落叶末期 10 月 26 日,无叶期 11 月 10 日)。

【重要物候节点图谱】

叶芽膨大期

初叶期

全叶期

花芽膨大期

初花期

盛花期

21.粉花绣线菊(日本绣线菊)

【学名】 *Spiraea japonica* L.f.

【科属】 蔷薇科(绣线菊亚科) 绣线菊属

【主要形态特征】 直立灌木,高达 1.5 m。叶卵状椭圆形,长 3~8 cm,先端急尖或渐尖,基部楔形,缘具复锯齿或单锯齿,背面灰白色,脉上有毛。花粉红色,萼筒钟状或壶形钟状;复伞房花序,有柔毛,生于当年生枝端。

【识别要点】 叶卵状椭圆形,缘具复锯齿或单锯齿,背面灰白色,脉上有毛。花粉红色,成复伞房花序。

【生态习性】 粉花绣线菊原产于日本及朝鲜,我国各地有栽培。

【观赏价值及园林用途】 本种花色娇艳,花朵繁多,可在花坛、花境、草坪及园路角隅处构成夏日美景,亦可作基础种植之用。

【栽培变种】

(1)金山绣线菊(金叶粉花绣线菊)(*Spiraea*×*bumalda*'Gold Mound')矮生落叶灌木;新叶金黄色,夏季渐变黄绿色;花粉红色,是由粉花绣线菊与其白花品种'Albiflora'杂交育成。喜光,怕水涝,耐修剪,宜栽植于向阳及排水良好之地。可丛植、孤植、群植作色块或列植作绿篱,亦可作花境和花坛植物。

(2)金焰绣线菊(*Spiraea×bumalda*'Gold Flame')春天新梢顶端幼叶红色,下部叶片黄绿色,夏天全为绿色,秋天叶变铜红色。小花密集,粉红色,花期长,花量多,是花叶俱佳的观赏小灌木。可单株修剪成球,或群植作色块,或用作花境、花坛植物。

【物候历】 叶展期2月28日至5月26日(叶芽膨大期2月28日,叶芽开放期3月24日,初叶期4月1日,盛叶期4月22日,全叶期5月6日,叶成形期5月26日),花期4月30日至6月28日(花芽膨大期4月30日,吐蕾期5月18日,初花期5月19日,盛花期5月31日,末花期6月16日,无花期6月28日),果期5月31日至9月12日(坐果期5月31日,成熟期8月2日,初落果期8月20日,盛落果期9月12日),叶脱落期11月10日至12月26日(叶初变色期11月10日,叶片始落期12月5日,落叶盛期12月11日,落叶末期12月17日,无叶期12月26日)。

【重要物候节点图谱】

初叶期

盛叶期

吐蕾期

初花期

盛花期

22.北美风箱果(无毛风箱果)

【学名】 *Physocarpus opulifolius* (L.) Maxim.

【科属】 蔷薇科(绣线菊亚科) 风箱果属

【主要形态特征】 树皮成纵向剥裂,小枝圆柱形,有疏短柔毛,幼时绿色,老时黄褐色。叶三角状卵形至广卵形,先端锐尖,基部广楔形,边缘有重锯齿,下部叶3浅裂,上部叶不分裂,叶背仅主侧脉相交处有黄色星状簇毛。伞房花序,总花梗和花萼无毛或近无毛,花白色,花蕾稍粉红色,蓇葖果无毛,红色。

【识别要点】 叶三角状卵形至广卵形,叶背仅主侧脉相交处有黄色星状簇毛。总花梗和花萼无毛或近无毛,花白色,花蕾稍粉红色,蓇葖果无毛。

【生态习性】 北美风箱果原产于北美。我国北部地区也有栽培。喜光,耐寒。

【观赏价值及园林用途】 北美风箱果花果皆美,宜植于庭园观赏,也可作背景种植。

【栽培变种】

(1)金叶风箱果'Luteus'叶片生长期金黄色,落前黄绿色,三角状卵形,缘有锯齿。花白色,顶生伞形总状花序。果实红色,膨大呈卵形,果外光滑。性喜光,耐寒,耐瘠薄,耐粗放管理。华北地区能露地越冬。

(2)紫叶风箱果'Summer Wine'叶片光照充足时颜色紫红,而弱光或荫蔽环境中则呈暗红色,三角状卵形,缘有锯齿。花白色,顶生伞形总状花序。果实膨大呈卵形,果外光滑。叶、花、果均有观赏价值,可应用于城市绿化。

【物候历】 叶展期3月4日至6月3日(叶芽膨大期3月4日,叶芽开放期3月24日,初叶期3月31日,盛叶期4月24日,全叶期5月12日,叶成形期6月3日),花期4月6日至6月8日(花芽膨大期4月6日,吐蕾期4月28日,初花期4月30日,盛花期5月13日,末花期5月31日,无花期6月8日),果期5月31日至10月22日(坐果期5月31日,成熟期7月8日,初落果期10月9日,盛落果期10月22日),叶脱落期10月26日至11月26日(叶初变色期10月26日,叶片始落期11月2日,落叶盛期11月10日,落叶末期11月20日,无叶期11月26日)。

【重要物候节点图谱】

叶芽开放期

初叶期

全叶期

叶成形期

花芽膨大期

初花期

盛花期

坐果期

成熟期

23.华北珍珠梅

【学名】 *Sorbaria kirilowii* (Regel) Maxim.

【科属】 蔷薇科(绣线菊亚科) 珍珠梅属

【主要形态特征】 落叶丛生灌木,高达3 m,枝条开展;小枝圆柱形,稍有弯曲,光滑无毛,幼时绿色,老时红褐色。羽状复叶互生,具小叶片13~21,长21~25 cm,光滑无毛;小叶对生,披针形至长圆状披针形,先端渐尖,边缘有尖锐重锯齿,上下两面均无毛或在脉腋间具短柔毛,羽状网脉,侧脉15~23对近平行,下面显著;小叶柄短或近于无柄,无毛。顶生大型密集的圆锥花序,长15~20 cm,无毛,微被白粉;花直径5~7 mm,花瓣倒卵形或宽卵形,先端圆钝,基部宽楔形,白色;雄蕊20枚,与花瓣等长或稍短于花瓣,花柱稍短于雄蕊。蓇葖果长圆柱形,无毛,萼片宿存,反折,果梗直立。花期6~7月,果期9~10月。

【识别要点】 圆锥花序密集,雄蕊20枚,与花瓣等长或稍短,花柱稍短于雄蕊。

【生态习性】 华北珍珠梅原产于华北、内蒙古及西北地区,华北各地习见栽培。耐荫,耐寒,萌蘖性强。

【观赏价值及园林用途】 华北珍珠梅树姿秀丽,叶片幽雅,花序大而茂盛,小花洁白如雪而芳香,花期长,因花蕾圆润如粒粒珍珠,花开似梅而名,是夏季优良的观花灌木,在园林绿化中可丛植或列植于阴凉湿润处,具有很高的观赏价值。

【同属相似种】 珍珠梅(东北珍珠梅)[*Sorbaria sorbifolia*(L.) A. Br.]外形与华北珍珠梅相似,主要区别在于雄蕊 40~50 枚,其长度为花瓣长的 1.5~2 倍;圆锥花序直立;花期比华北珍珠梅晚而短。喜光,耐荫,耐寒性强。

【物候历】 叶展期 2 月 28 日至 6 月 8 日(叶芽膨大期 2 月 28 日,叶芽开放期 3 月 26 日,初叶期 4 月 6 日,盛叶期 4 月 28 日,全叶期 5 月 13 日,叶成形期 6 月 8 日),花期 5 月 9 日至 7 月 23 日(花芽膨大期 5 月 9 日,吐蕾期 5 月 22 日,初花期 5 月 23 日,盛花期 6 月 7 日,末花期 6 月 16 日,无花期 7 月 23 日),果期 6 月 16 日至 12 月 5 日(坐果期 6 月 16 日,成熟期 9 月 16 日,初落果期 10 月 12 日,盛落果期 12 月 5 日),叶脱落期 11 月 10 日至 12 月 12 日(叶初变色期 11 月 10 日,叶片始落期 11 月 20 日,落叶盛期 11 月 26 日,落叶末期 12 月 1 日,无叶期 12 月 12 日)。

【重要物候节点图谱】

叶芽膨大期

初叶期

盛叶期

全叶期

花芽膨大期

初花期

盛花期

坐果期

24.野蔷薇(多花蔷薇、蔷薇)

【学名】 *Rosa multifora* Thunb.

【科属】 蔷薇科(蔷薇亚科) 蔷薇属

【主要形态特征】 落叶灌木,高达 3 m;枝细长,上升或攀援状,皮刺常生于托叶下。羽状复叶,小叶 5~7(9)片,倒卵状椭圆形,缘具尖锯齿,背面有柔毛,叶柄和叶轴常有腺毛。托叶篦齿状,附着于叶柄上,边缘有腺毛。伞房花序圆锥状,花白色,径 2~3 cm,芳香,5~6 月开花。果近球形,径约 6 mm,红褐色,萼脱落。

【识别要点】 小叶 5~7(9)片,倒卵状椭圆形,缘具尖锯齿,背面有柔毛。叶柄和叶轴常有腺毛。托叶篦齿状,边缘有腺毛。伞房花序圆锥状,花白色,芳香。

【生态习性】 野蔷薇原产于华北、华中、华东、华南及西南地区,朝鲜半岛、日本也有分布。性强健,喜光,耐半荫,耐寒,对土壤要求不严,耐旱,也耐水湿。对有毒气体抗性强。

【观赏价值及园林用途】 野蔷薇疏条纤枝,横斜披展,花繁叶茂,色香四溢,是良好的春季观花树种,适用于花架、长廊、粉墙、门侧、假山石壁的垂直绿化,以及基础种植、河坡悬垂,也可植于围墙旁。

【变种和栽培变种】

(1)粉团蔷薇 var.*cathayensis* Rehd. et Wils.小叶较大，通常 5~7 枚，端更尖。花较大，单瓣，粉红至玫瑰红色，径 3~4 cm，数朵至近 20 朵成平顶伞房花序，花梗无毛。果红色。

(2)七姊妹(十姊妹)'Platyphylla'叶较大，花也较大，重瓣，深粉红色，常 6~9 朵聚生成扁伞房花序。花甚美观，各地常栽培观赏。

(3)白玉棠'Albo-plena'枝上刺较少，小叶 5~7 枚，倒广卵形。圆锥状伞房花序，花白色，重瓣，多朵聚生，花期较早。

【物候历】 叶展期 1 月 28 日至 5 月 24 日(叶芽膨大期 1 月 28 日，叶芽开放期 2 月 28 日，初叶期 3 月 4 日，盛叶期 4 月 10 日，全叶期 4 月 26 日，叶成形期 5 月 24 日)，花期 4 月 11 日至 6 月 3 日(花芽膨大期 4 月 11 日，吐蕾期 5 月 4 日，初花期 5 月 6 日，盛花期 5 月 20 日，末花期 5 月 27 日，无花期 6 月 3 日)，果期 5 月 27 日至 11 月 26 日(坐果期 5 月 27 日，成熟期 10 月 8 日，初落果期 10 月 26 日，盛落果期 11 月 26 日)，叶脱落期 10 月 20 日至 12 月 20 日(叶初变色期 10 月 20 日，叶片始落期 10 月 26 日，落叶盛期 11 月 4 日，落叶末期 12 月 1 日，无叶期 12 月 20 日)。

叶芽膨大期

初叶期

【重要物候节点图谱】

全叶期

花芽膨大期

初花期

盛花期

成熟期

25.月季(月季花)

【学名】 *Rosa chinensis* Jacq.

【科属】 蔷薇科(蔷薇亚科) 蔷薇属

【主要形态特征】 直立灌木，高 1~2 m；小枝有短粗的钩状皮刺或无刺。小叶 3~5 枚，宽卵形至卵状长圆形，端长渐尖或渐尖，基部近圆形或宽楔形，边缘有锐锯齿，两面近无毛，上面暗绿色，常带光泽，下面颜色较浅，顶生小叶片有柄，侧生小叶片近无柄，总叶柄有散生皮刺和腺毛。花几朵集生，稀单生，直径 4~5 cm；花梗长 2.5~6 cm，近无毛或有腺毛；萼片卵形，先端尾状渐尖，边缘常有羽状裂片，外面无毛，内面密被长柔毛；花重瓣至半重瓣，红色、粉红色至白色，花瓣倒卵形，先端有凹缺。果卵球形或梨形，红色，萼片脱落。花期 4~9 月，果期 6~11 月。

【识别要点】 花几朵集生，稀单生，近无毛或有腺毛，花重瓣至半重瓣，花瓣先端有凹缺。

【生态习性】 月季原产于中国。18 世纪中叶传入欧洲，现国内外普遍栽培观赏。喜光，喜温暖湿润气候。耐寒性不强，在华北地区需灌水、重剪并堆土保护越冬。

【观赏价值及园林用途】 月季花是春季主要的观赏花卉，其花期长，观赏价值高，价格低廉，普遍受到各地园林的喜爱，可用于布置花坛、花境、庭院花材，也可制作月季盆景，作切花、花篮、花束等。在南北园林中，月季花是使用次数最多的一种花卉。

【栽培变种】

(1)紫月季(月月红)‘Semperflorens’本变种茎较纤细，常带紫红晕，有短皮刺；小叶5~7枚，较薄，常带紫红色；花大部单生或2~3朵集生，深红色或深紫色，重瓣，有细长花梗，花期长。

(2)绿月季花‘Viridiflora’是现存中国古代月季中十分珍稀的变种，株型小，花瓣呈狭绿叶状，边缘有锯齿，是萼片的变异。

【物候历】 叶展期2月12日至5月24日(叶芽膨大期2月12日，叶芽开放期3月8日，初叶期3月14日，盛叶期4月12日，全叶期4月27日，叶成形期5月24日)，花期4月16日至11月12日(花芽膨大期4月16日，吐蕾期5月1日，初花期5月4日，盛花期6月1日，末花期11月4日，无花期11月12日)，果期6月1日至11月22日(坐果期6月1日，成熟期8月20日，初落果期11月5日，盛落果期11月22日)，叶脱落期10月20日至12月20日(叶初变色期10月20日，叶片始落期10月26日，落叶盛期11月4日，落叶末期11月26日，无叶期12月20日)。

【重要物候节点图谱】

叶芽开放期

初叶期

全叶期

花芽膨大期

吐蕾期

初花期

盛花期

坐果期

26.玫瑰

【学名】 *Rosa rugosa* Thunb.

【科属】 蔷薇科(蔷薇亚科) 蔷薇属

【主要形态特征】 落叶灌木，高2 m，茎丛生，枝密生细刺、刚毛和绒毛。奇数羽状复叶，小叶5~9片，椭圆形，有边刺，边缘有钝锯齿，上面无毛，深绿色，叶脉下陷，多皱；下面有柔毛和腺体，叶柄和叶轴有绒毛，疏生小茎刺和刺毛；托叶大部和叶柄合生。花单生于叶腋或数朵聚生，花瓣倒卵形，重瓣至半重瓣，紫红色至白色，有芳香。果扁球形，砖红色，肉质，萼片宿存。花期5~6月，果期8~9月。

【识别要点】 枝密生细刺、刚毛和绒毛。叶下、叶柄和叶轴被绒毛，小叶质地较厚多皱。花单生叶腋或数朵聚生，重瓣至半重瓣，紫红色至白色。

【生态习性】 玫瑰原产于辽宁、山东等地，现在主要在我国华北、西北和西南地区栽培，日本、朝鲜等地均有分布。喜光，耐旱，耐涝，也能耐寒冷，喜较肥沃的沙质土壤。

【观赏价值及园林用途】 玫瑰花色艳丽而芳香，宜作花篱或花境，也可丛植于草坪、坡地观赏，可提取香精，供中药用，也可用于园林观赏。

【栽培变种】

(1)紫玫瑰'Rubra'花玫瑰紫色，单瓣。

(2)红玫瑰'Rosea'花玫瑰红色，单瓣。

(3)白玫瑰'Alba'花白色，单瓣。

(4)重瓣紫玫瑰'Rubro-plena'花玫瑰紫色，重瓣，香气浓，品质优良，多不结实，栽培最广泛。

(5)重瓣白玫瑰'Albo-plena'花白色，重瓣。

【物候历】 叶展期2月26日至6月3日(叶芽膨大期2月26日，叶芽开放期3月26日，初叶期3月31日，盛叶期4月27日，全叶期5月12日，叶成形期6月3日)，花期4月11日至6月1日(花芽膨大期4月11日，吐蕾期4月27日，初花期4月28日，盛花期5月14日，末花期5月24日，无花期6月1日)，果期5月24日至11月22日(坐果期5月24日，成熟期8月20日，初落果期11月5日，盛落果期11月22日)，叶脱落期9月29日至12月1日(叶初变色期9月29日，叶片始落期10月6日，落叶盛期10月26日，落叶末期11月26日，无叶期12月1日)。

【重要物候节点图谱】

叶芽膨大期

全叶期

叶芽开放期

花芽膨大期

吐蕾期

初花期

盛花期

27.黄刺玫

【学名】 *Rosa xanthina* Lindl.

【科属】 蔷薇科(蔷薇亚科) 蔷薇属

【主要形态特征】 落叶丛生灌木，高达3 m；小枝褐色，具硬直扁刺，无刺毛。小叶7~13

枚，形小，卵圆形或椭圆形，长 1~2 cm，先端钝，基部圆形，缘具钝锯齿，背面幼时常有柔毛。花黄色，径约 4 cm，重瓣或半重瓣，单生。果近球形或倒卵圆形，紫褐色或黑褐色。4~5 月开花。

【识别要点】 皮刺散生，茎无刺毛；小叶背面微被柔毛，锯齿圆钝。花常单生，有时为伞房状花序，萼片宿存。柱头比雄蕊短很多，不伸出花托外。果近球形或倒卵圆形，紫褐色或黑褐色，果柄短。

【生态习性】 我国北部多有栽培。喜光，耐寒，耐干旱瘠薄。

【观赏价值及园林用途】 黄刺玫是北方春天重要的观花灌木，可做保持水土及园林绿化树种。宜丛植或篱植。

【变型】 单瓣黄刺玫（f. *spontanea* Rehd.）花单瓣，黄色。

【物候历】 叶展期 2 月 20 日至 5 月 30 日(叶芽膨大期 2 月 20 日，叶芽开放期 3 月 14 日，初叶期 3 月 28 日，盛叶期 4 月 24 日，全叶期 5 月 8 日，叶成形期 5 月 30 日)，花期 3 月 20 日至 5 月 4 日(花芽膨大期 3 月 20 日，吐蕾期 4 月 12 日，初花期 4 月 14 日，盛花期 4 月 23 日，末花期 4 月 27 日，无花期 5 月 4 日)，果期 4 月 25 日至 7 月 13 日(坐果期 4 月 25 日，成熟期 6 月 7 日，初落果期 6 月 25 日，盛落果期 7 月 13 日)，叶脱落期 10 月 2 日至 11 月 26 日(叶初变色期 10 月 2 日，叶片始落期 10 月 20 日，落叶盛期 11 月 6 日，落叶末期 11 月 18 日，无叶期 11 月 26 日)。

【重要物候节点图谱】

叶芽膨大期

初叶期

全叶期

吐蕾期

初花期

盛花期

坐果期

成熟期

28.棣棠

【学名】 *Kerria japonica* （L.） DC.

【科属】 蔷薇科(蔷薇亚科) 棣棠花属

【主要形态特征】 落叶丛生灌木，高达 2 m；小枝绿色光滑。单叶互生，卵状椭圆形，长 3~8 cm，先端长尖，基部近圆形，缘有重锯齿，常浅裂，背面微被柔毛。花单生侧枝端，金黄色，径 3~4.5 cm，萼、瓣各 5 枚。瘦果黑色，扁球形。花期 4~5 月，果期 7~8 月。

【识别要点】 花两性，单生侧枝端，萼、瓣各 5 枚，金黄色。小枝绿色光滑。

【生态习性】 棣棠原产于中国和日本。喜光，稍耐荫，喜温暖湿润气候，耐寒性较差；对土壤要求不严,以肥沃、疏松的沙壤土最好。

【观赏价值及园林用途】 本种枝叶青翠,花色金黄,是美丽的观赏花木。宜丛植于水畔、坡边、林下和假山旁,也可用于花丛、花径和花篱。

【栽培变种】

(1)重瓣棣棠花'pleniflora'花黄色,重瓣。各地普遍栽培。

(2)金边棣棠花'Aureo-variegata'(Picta)叶边呈黄色。

(3)银边棣棠花 'Argenteo-variegata'叶边缘白色。

【物候历】 叶展期3月8日至6月15日(叶芽膨大期3月8日,叶芽开放期4月1日,初叶期4月10日,盛叶期5月6日,全叶期5月21日,叶成形期6月15日),花期3月2日至6月21日(花芽膨大期3月2日,吐蕾期4月8日,初花期4月10日,盛花期5月14日,末花期6月1日,无花期6月21日),果期5月14日至10月26日(坐果期5月14日,成熟期8月20日,初落果期9月20日,盛落果期10月26日),叶脱落期10月26日至12月16日(叶初变色期10月26日,叶片始落期11月2日,落叶盛期11月11日,落叶末期11月20日,无叶期12月16日)。

【重要物候节点图谱】

叶芽膨大期

初叶期

盛叶期

花芽膨大期

吐蕾期

盛花期-1

盛花期-2

坐果期

成熟期

29.鸡麻

【学名】 *Rhodotypos scandens* (Thunb.) Mak.

【科属】 蔷薇科(蔷薇亚科) 鸡麻属

【主要形态特征】 落叶灌木,高达2~3 m;小枝淡紫褐色,无毛。单叶对生,卵状椭圆形,长4~9 cm,先端渐尖,基部广楔形至圆形,缘有不规则重锯齿,背面有丝状毛。花单生侧枝端,白色,萼、瓣各4片,并有副萼4片;萼筒蝶形,萼片卵形,具尖锯齿;4~5月开花。聚合核果4,亮黑色。

【识别要点】　叶柄短，缘有不规则重锯齿，表面叶脉凹陷，背面有丝状毛，托叶条形。花两性，单生枝顶，白色；雄蕊多数。核果亮黑色。

【生态习性】　鸡麻原产于中国、日本和朝鲜，我国辽宁、华北、西北至华中、华东均有分布。喜光，耐寒，耐旱。

【观赏价值及园林用途】　鸡麻花白色，叶清秀美丽，适宜丛植于草地、路缘、角隅、池边或山石旁观赏。

【物候历】　叶展期 3 月 12 日至 6 月 12 日(叶芽膨大期 3 月 12 日，叶芽开放期 4 月 4 日，初叶期 4 月 10 日，盛叶期 4 月 30 日，全叶期 5 月 18 日，叶成形期 6 月 12 日)，花期 3 月 12 日至 5 月 6 日(花芽膨大期 3 月 12 日，吐蕾期 4 月 8 日，初花期 4 月 10 日，盛花期 4 月 22 日，末花期 4 月 28 日，无花期 5 月 6 日)，果期 5 月 6 日至 10 月 20 日(坐果期 5 月 6 日，成熟期 8 月 5 日，初落果期 9 月 1 日，盛落果期 10 月 20 日)，叶脱落期 11 月 10 日至 12 月 16 日 (叶初变色期 11 月 10 日，叶片始落期 11 月 20 日，落叶盛期 11 月 26 日，落叶末期 12 月 7 日，无叶期 12 月 16 日)。

【重要物候节点图谱】

叶芽膨大期

叶芽开放期

盛叶期

花芽膨大期

盛花期

坐果期

成熟期

30.榆叶梅

【学名】　*Prunus triloba* Lindl.

【科属】　蔷薇科(李亚科)　桃属

【主要形态特征】　落叶灌木，高达 2~3 m；小枝细长，灰色，一年生枝灰褐色，无毛或幼时微被短柔毛；冬芽 3 枚并生。叶倒卵状椭圆形，长 2.5~5 cm，先端有时有不明显 3 浅裂，重锯齿，背面有毛或仅脉腋有簇毛。花粉红色，径1.5~2(3) cm；春天叶前开花。果近球形，径 1~1.5 cm，红色，密被柔毛。花期 4~5 月，果期 5~7 月。

【识别要点】　冬芽 3 枚并生，两侧为花芽，中间为叶芽，幼叶在叶芽内对折；子房及果被绒毛。无枝刺。果核无穴孔，常被茸毛或白霜，具宽而浅的纵沟纹。

【生态习性】　榆叶梅主产于我国北部，华东、华北各地普遍栽培。喜光，耐寒，耐旱，耐轻盐碱。

【观赏价值及园林用途】　榆叶梅因叶似榆叶而得名，是我国北方地区普遍栽培的早春观花树种。春季呈半球形的植株全部布满色彩艳丽的花朵，十分美丽且壮观。

【变种、变型及栽培变种】

(1)单瓣榆叶梅(f.*simplex* Rehd.) 花粉红色，单瓣，花朵小，花萼、花瓣均为5枚，小枝呈红褐色，近于野生种。

(2)半重瓣榆叶梅[f. multiplex(Bge.)Rehd.] 花粉红色，萼片通常10枚，有时为5枚，花瓣10枚或更多，叶端多3浅裂。

(3)重瓣榆叶梅(f. plena Dipp.) 枝条皮多开裂，花较大，粉红色，萼片通常10枚，花瓣很多，花朵密集艳丽。开花时间较其他品种晚。

(4)鸾枝(var. *atropurpurea* Hort) 花朵小，密集生在枝上，花色呈玫瑰紫红，多为重瓣，花萼、花瓣均为10枚，小枝呈紫红色，光滑。开花时间较其他品种早。

【物候历】 叶展期3月2日至5月30日(叶芽膨大期3月2日，叶芽开放期3月28日，初叶期4月6日，盛叶期4月26日，全叶期5月12日，叶成形期5月30日)，花期3月2日至4月22日(花芽膨大期3月2日，吐蕾期3月28日，初花期3月31日，盛花期4月11日，末花期4月18日，无花期4月22日)，果期4月18日至6月20日(坐果期4月18日，成熟期5月20日，初落果期6月12日，盛落果期6月20日)，叶脱落期10月22日至12月1日(叶初变色期10月22日，叶片始落期11月2日，落叶盛期11月12日，落叶末期11月24日，无叶期12月1日)。

【重要物候节点图谱】

叶芽膨大期　花芽膨大期　吐蕾期

初叶期　全叶期　初花期　盛花期　坐果期

31.麦李

【学名】 *Prunus glandulosa* Thunb.

【科属】 蔷薇科(李亚科) 樱属

【主要形态特征】 落叶灌木，高1.5~2 m。小枝灰棕色或棕褐色。叶卵状长椭圆形至椭圆状披针形，长5~8 cm，中部或近中下部最宽，先端急尖或渐尖，基部广楔形，缘有不整齐细钝齿，无毛或仅背脉疏生柔毛；叶柄长4~6 mm。花粉红色或白色，径1.5~2 cm；花梗长约1 cm；3~4月叶前开花。果红色，径1~1.3 cm。花期3~4月，果期5~8月。

【识别要点】 叶基部宽楔形,下面无毛或仅背脉疏生柔毛。花粉红色或白色,径1.5~2 cm。

【生态习性】 麦李原产于我国长江流域及西南地区,日本也有分布。喜光,适应性强,有一定耐寒性。

【观赏价值及园林用途】 麦李春天叶前开花,满树灿烂,甚为美观,各地庭园常见栽培观赏,宜于草坪、路边、假山旁及林缘丛栽,也可作基础栽植、盆栽或催花、切花材料。

【栽培变种及同属相似种】

(1)粉花麦李'Rosea'花粉红色,单瓣。

(2)白花麦李'Alba'花纯白色,单瓣。

(3)重瓣白麦李('小桃白')'albo-plena'花较大,白色,重瓣。

(4)重瓣红麦李('小桃红')'Sinensis'('Roseo-plena')花粉红色,重瓣。春天叶前开花,满树灿烂,甚为美丽,秋季叶变红,更具观赏价值。

(5)毛樱桃(*Prunus tomentosa* Thunb.)灌木至小乔木,高可达 2~3 m。小枝紫褐色或灰褐色,嫩枝密被绒毛。叶片卵状椭圆形或倒卵状椭圆形,边缘有急尖或粗锐锯齿,上面暗绿色或深绿色,被疏柔毛,下面灰绿色,密被灰色绒毛,侧脉 4~7 对。花单生或 2 朵簇生,近先叶开放,近无梗;花瓣白色或粉红色。核果近球形,红色,直径 0.5~1.2 cm;核表面除棱脊两侧有纵沟外,无棱纹。

【物候历】 叶展期 3 月 6 日至 6 月 2 日(叶芽膨大期 3 月 6 日,叶芽开放期 4 月 2 日,初叶期 4 月 11 日,盛叶期 4 月 27 日,全叶期 5 月 12 日,叶成形期 6 月 2 日),花期 3 月 15 日至 5 月 8 日(花芽膨大期 3 月 15 日,吐蕾期 4 月 3 日,初花期 4 月 6 日,盛花期 4 月 14 日,末花期 4 月 20 日,无花期 5 月 8 日),果期 4 月 20 日至 10 月 11 日(坐果期 4 月 20 日,成熟期 7 月 20 日,初落果期 9 月 5 日,盛落果期 10 月 11 日),叶脱落期 9 月 8 日至 11 月 22 日(叶初变色期 9 月 8 日,叶片始落期 9 月 18 日,落叶盛期 10 月 26 日,落叶末期 11 月 1 日,无叶期 11 月 22 日)。

【重要物候节点图谱】

初叶期

盛叶期

花芽膨大期

初花期

盛花期

32.平枝栒子(铺地蜈蚣)

【学名】 *Cotoneaster horizontalis* Decne.

【科属】 蔷薇科(苹果亚科) 栒子属

【主要形态特征】 半常绿匍匐灌木,冠幅达 2 m。枝近水平开展,小枝在大枝上成二列状;小枝黑褐色,幼时有粗伏毛,后脱落。叶近圆形或倒卵形,长 5~15 mm,先端急尖,全缘,背面有柔毛;叶柄长 1~3 mm,有柔毛。花 1~2(3)朵,粉红色,径 5~7 mm;5~6 月开花。果鲜红色,径约 7 mm,常为 3 核;10 月果熟。

【识别要点】 枝近水平开展,小枝在大枝上成二列状。叶长不及 2 cm,先端急尖,全缘,背面有柔毛。花 1~2(3)朵,粉红色。果鲜红色,常为 3 核。

【生态习性】 平枝栒子原产于湖北西部和四川山地。喜光,耐干旱瘠薄,耐寒,适应性强,全国各地均可生长。

【观赏价值及园林用途】 本种树形优美,秋季叶子变红,果实繁多,入秋红果累累,经冬不落,是布置岩石园、斜坡的优良材料。

【物候历】 叶展期 2 月 25 日至 6 月 5 日(叶芽膨大期 2 月 25 日,叶芽开放期 3 月 26 日,初叶期 3 月 30 日,盛叶期 4 月 25 日,全叶期 5 月 16 日,叶成形期 6 月 5 日),花期 3 月 29 日至 5 月 27 日(花芽膨大期 3 月 29 日,吐蕾期 4 月 25 日,初花期 4 月 27 日,盛花期 5 月 10 日,末花期 5 月 17 日,无花期 5 月 27 日),果期 5 月 17 日至 12 月 8 日(坐果期 5 月 17 日,成熟期 9 月 1 日,初落果期 10 月 8 日,盛落果期 12 月 8 日),叶脱落期 10 月 22 日至 12 月 26 日(叶初变色期 10 月 22 日,叶片始落期 11 月 2 日,落叶盛期 11 月 26 日,落叶末期 12 月 17 日,无叶期 12 月 26 日)。

【重要物候节点图谱】

初叶期

花芽膨大期

盛花期

坐果期

全叶期

成熟期

33.水栒子(多花栒子)

【学名】 *Cotoneaster multiflorus* Bunge

【科属】 蔷薇科(苹果亚科) 栒子属

【主要形态特征】 落叶灌木,高达 4~5 m;小枝细长拱形,幼时紫色并有毛。叶卵形,长 2~5 cm,幼时背面有柔毛,后脱落。花白色,径 1~1.2 cm,花瓣 5 枚,开展,近圆形,萼无毛;聚伞花序，有花6~21朵；5~6月开花。果红色，近球形或倒卵形，径约8 mm，常仅1核；果期8~9月。

【识别要点】 叶长2 cm以上，叶下面幼时有柔毛，以后脱落。花白色，花序及花萼无毛；聚伞花序，有花6~21朵。果红色，常仅1核。

【生态习性】 水栒子原产于我国华北、东北、西北及西南地区。喜光，耐寒，耐干旱瘠薄，耐修剪。

【观赏价值及园林用途】 水栒子枝条婀娜，夏季白花满树，秋季红果累累，鲜艳可爱，是北方地区优美的观花、观果树种，宜丛植于草坪边缘、园路转角、坡地观赏，也可作为观赏灌木或剪成绿篱。果实成熟时能引来鸟类，为园林增加生气。园艺品种有紫果水栒子、大果水栒子等。

【同属相似种】 西北栒子(*Cotoneaster zabelii* C. K. Schneid.) 叶片椭圆形至卵形，先端多数圆钝，稀微缺，基部圆形或宽楔形，全缘，上面具稀疏柔毛，下面密被带黄色或带灰色绒毛。花3~13朵成下垂聚伞花序，总花梗、花梗及萼片均被柔毛；花瓣直立，倒卵形或近圆形，浅红色。果实鲜红色，常具2小核。

【物候历】 叶展期2月20日至5月28日(叶芽膨大期2月20日，叶芽开放期3月20日，初叶期3月25日，盛叶期4月21日，全叶期5月6日，叶成形期5月28日)，花期3月29日至5月17日(花芽膨大期3月29日，吐蕾期4月18日，初花期4月20日，盛花期4月28日，末花期5月11日，无花期5月17日)，果期5月11日至10月12日(坐果期5月11日，成熟期9月1日，初落果期9月20日，盛落果期10月12日)，叶脱落期10月16日至12月1日(叶初变色期10月16日，叶片始落期10月20日，落叶盛期11月4日，落叶末期11月26日，无叶期12月1日)。

【重要物候节点图谱】

叶芽开放期

初花期

盛花期

初叶期

全叶期

花芽膨大期

坐果期

成熟期

34.毛叶木瓜(木瓜海棠)

【学名】 *Chaenomeles cathayensis* (Hemsl.)Schneid.

【科属】 蔷薇科(苹果亚科) 木瓜属

【主要形态特征】 落叶灌木至小乔木，高2~3(6) m；枝近直立，具短枝刺。叶长椭圆形至披针形,长 5~11 cm,缘具芒状细尖齿,表面深绿而有光泽,背面幼时密被褐色绒毛,后渐脱落,叶质较硬。花粉红色或近白色,3~4 月开花。果卵形至椭球形,长 8~12 cm,黄色有红晕,芳香;9~10 月果熟。

【识别要点】 枝具刺,二年生枝无疣点,小枝平滑。花簇生,先叶开花或花叶同放;花柱基部有毛。叶具芒状锯齿,背面幼时密被褐色绒毛。果卵形至椭球形,黄色有红晕。

【生态习性】 毛叶木瓜原产于我国中部及西部地区。抗旱、抗涝、抗病、耐瘠薄、耐盐碱。

【观赏价值及园林用途】 木瓜海棠枝、叶、花,量大集中,树形紧凑,适宜园林点缀、道旁绿化或城市小庭院栽植,可观花、观果、闻香、采摘。

【物候历】 叶展期 2 月 16 日至 6 月 5 日(叶芽膨大期 2 月 16 日,叶芽开放期 3 月 21 日,初叶期 3 月 28 日,盛叶期 4 月 24 日,全叶期 5 月 16 日,叶成形期 6 月 5 日),花期 2 月 20 日至 4 月 24 日(花芽膨大期 2 月 20 日,吐蕾期 3 月 28 日,初花期 3 月 31 日,盛花期 4 月 11 日,末花期 4 月 18 日,无花期 4 月 24 日),果期 4 月 18 日至 10 月 16 日(坐果期 4 月 18 日,成熟期 9 月 10 日,初落果期 9 月 26 日,盛落果期 10 月 16 日),叶脱落期 10 月 20 日至 12 月 16 日(叶初变色期 10 月 20 日,叶片始落期 11 月 2 日,落叶盛期 11 月 26 日,落叶末期 12 月 6 日,无叶期 12 月 16 日)。

【重要物候节点图谱】

叶芽开放期

初叶期

叶成形期

花芽膨大期

吐蕾期

盛花期

末花期

坐果期

35.贴梗海棠(皱皮木瓜)

【学名】 *Chaenomeles speciosa* (Sweet) Nakai

【科属】 蔷薇科(苹果亚科) 木瓜属

【主要形态特征】 落叶灌木,高达 2 m;枝开展,光滑,有枝刺。单叶互生,长卵形至椭圆形,长 3~8 cm,缘有锐齿,表面无毛而有光泽,背面无毛或脉上稍有毛;托叶大,肾形或半圆形。花单瓣或重瓣,3~5 朵簇生于二年生枝上,朱红、粉红或白色,径达 3.5 cm,花梗甚短;3~4

月开花。梨果卵形或近球形,径 4~6 cm,黄色,有香气。

【识别要点】 小枝平滑,具枝刺;花簇生,花梗甚短;萼片全缘或近全缘、直立,具锯齿;叶长卵形或椭圆形,幼时下面无毛或背短绒毛,具尖锯齿。果卵形或近球形,黄色,有香气。

【生态习性】 贴梗海棠原产于我国东部、中部至西南部,缅甸有分布。国内外普遍栽培。喜阳光,耐瘠薄,喜排水良好的深厚土壤,不宜低洼栽植,有一定的耐寒能力。

【观赏价值及园林用途】 本种春天开花,簇生枝间,鲜艳美丽,是良好的观花、观果花木。多于草坪、庭园、花坛内丛植或孤植,也可栽作绿篱。

【栽培变种】 有白花'Alba',红花'Rubra',红、白二色('东洋锦')'Toyonishik',重瓣'Rosea Plena',曲枝'Tortuosa',矮生'Pygmaea'等。

【物候历】 叶展期 2 月 12 日至 5 月 27 日(叶芽膨大期 2 月 12 日,叶芽开放期 3 月 16 日,初叶期 3 月 24 日,盛叶期 4 月 20 日,全叶期 5 月 6 日,叶成形期 5 月 27 日),花期 2 月 18 日至 5 月 8 日(花芽膨大期 2 月 18 日,吐蕾期 3 月 24 日,初花期 3 月 26 日,盛花期 4 月 20 日,末花期 4 月 29 日,无花期 5 月 8 日),果期 4 月 20 日至 10 月 21 日(坐果期 4 月 20 日,成熟期 9 月 16 日,初落果期 10 月 5 日,盛落果期 10 月 21 日),叶脱落期 10 月 20 日至 12 月 16 日(叶初变色期 10 月 20 日,叶片始落期 11 月 2 日,落叶盛期 11 月 26 日,落叶末期 12 月 6 日,无叶期 12 月 16 日)。

【重要物候节点图谱】

叶芽开放期

初叶期

盛叶期

吐蕾期

盛花期

36.紫荆

【学名】 *Cercis chinensis* Bunge

【科属】 苏木科 紫荆属

【主要形态特征】 落叶灌木或小乔木,高 2~4 m。单叶互生,心形,长 5~13 cm,全缘,光滑无毛;叶柄顶端膨大。花假蝶形,紫红色,5~8 朵簇生于老枝及茎干上;4 月叶前开花。荚果腹缝具窄翅。

【识别要点】 花簇生,紫红色;萼裂片宽三角形,无缘毛;果稍具翅,开裂后,果瓣不扭曲。

【生态习性】 紫荆分布于黄河流域及其以南各地。喜光,喜湿润肥沃土壤,耐干旱瘠薄,忌水湿,有一定的耐寒能力;萌芽性强。

【观赏价值及园林用途】 紫荆春日繁花簇生枝间,满树紫红,鲜艳夺目,为良好的庭园观花树种。适合栽种于庭院、公园、广场、草坪、街头游园、道路绿化带等处,也可盆栽观赏或制作盆景。

【栽培变种】 白花紫荆‘Alba’花白色。

【物候历】 叶展期3月11日至5月29日(叶芽膨大期3月11日,叶芽开放期3月29日,初叶期4月9日,盛叶期4月24日,全叶期5月8日,叶成形期5月29日),花期2月8日至4月23日(花芽膨大期2月8日,吐蕾期3月24日,初花期3月26日,盛花期4月6日,末花期4月18日,无花期4月23日),果期4月18日至11月26日(坐果期4月18日,成熟期9月26日,初落果期10月22日,盛落果期11月26日),叶脱落期10月26日至11月30日(叶初变色期10月26日,叶片始落期11月2日,落叶盛期11月12日,落叶末期11月22日,无叶期11月30日)。

【重要物候节点图谱】

叶芽开放期

盛叶期

花芽膨大期

初花期

盛花期

坐果期

成熟期

盛落叶期

37.白刺花(马蹄针)

【学名】 *Sophora davidii*(Franch.)Skeels

【科属】 蝶形花科　槐属

【主要形态特征】 落叶灌木,多分枝,高达2.5 m。树皮灰褐色,多疣状突起;枝条棕色,具长针刺,近无毛。羽状复叶互生,小叶13~19片,长椭圆形,长6~10 mm,先端钝并具小尖头,下面疏生白色平伏毛。花白色或染淡蓝紫色,长1.6~2 cm,花丝离生;6~12朵成总状花序;5月开花。荚果串珠状,长2.5~6 cm,顶端常喙状,密生白色平伏长柔毛。花期3~8月,果期6~10月。

【识别要点】 枝具长针刺。小叶有毛,先端钝,短芒状,托叶和侧生小枝顶端变为硬刺。总状花序,花白色或染淡蓝紫色。花萼及果疏被柔毛;荚果串珠状,密生白色平伏长柔毛。

【生态习性】 白刺花产于华北、西北、华中至西南各省区。喜光,耐寒,耐干旱瘠薄。

【观赏价值及园林用途】 白刺花春季开花稠密,颜色素雅,有芳香,在园林中可作绿篱植物,也可孤植、片植于林地的边缘、草坪等处,还可制作盆景或盆栽观赏。

【物候历】 叶展期3月7日至6月20日(叶芽膨大期3月7日,叶芽开放期4月21

日，初叶期 5 月 2 日，盛叶期 5 月 13 日，全叶期 5 月 28 日，叶成形期 6 月 20 日），花期 4 月 8 日至 5 月 23 日（花芽膨大期 4 月 8 日，吐蕾期 4 月 23 日，初花期 4 月 25 日，盛花期 5 月 12 日，末花期 5 月 18 日，无花期 5 月 23 日），果期 5 月 8 日至 9 月 16 日（坐果期 5 月 8 日，成熟期 8 月 1 日，初落果期 8 月 20 日，盛落果期 9 月 16 日），叶脱落期 10 月 26 日至 11 月 26 日（叶初变色期 10 月 26 日，叶片始落期 11 月 2 日，落叶盛期 11 月 11 日，落叶末期 11 月 20 日，无叶期 11 月 26 日）。

【重要物候节点图谱】

叶芽开放期

吐蕾期

盛花期

全叶期

初叶期

花芽膨大期

坐果期

成熟期

38.花木蓝（吉氏木蓝、花槐蓝）

【学名】 *Indigofera kirilowii* Maxim.

【科属】 蝶形花科 槐属

【主要形态特征】 落叶灌木，高达 1~1.5 m。幼枝灰绿色，被白色“丁”字形毛，老枝灰褐色无毛，略有棱角。羽状复叶互生，小叶 7~11 片，卵状椭圆形至倒卵形，长 1.5~3 cm，两面疏生白“丁”字形毛。花冠淡紫红色，无毛，长 1.5~2 cm；腋生总状花序与复叶近等长（约 12 cm）；5~6 月开花。荚果圆筒形，长 3.5~7 cm，先端偏斜，具尖，熟时棕褐色。

【识别要点】 幼枝、小枝、叶两面、叶轴和花序轴均密被白色“丁”字形毛，小叶宽卵圆形，先端具小尖，小托叶刚毛状。花序与复叶近等长，花冠淡紫红色。荚果先端偏斜，具尖。

【生态习性】 花木蓝分布于东北、华北及华东地区，多生于灌丛及疏林内；蒙古、朝鲜、日本也有分布。喜光，抗寒，耐干旱瘠薄，适应性广。

【观赏价值及园林用途】 本种枝叶扶疏，花大而美丽，宜植于庭园观赏。

【物候历】 叶展期 3 月 16 日至 6 月 3 日（叶芽膨大期 3 月 16 日，叶芽开放期 4 月 5 日，初叶期 4 月 14 日，盛叶期 5 月 5 日，全叶期 5 月 20 日，叶成形期 6 月 3 日），花期 4 月 14 日至 6 月 15 日（花芽膨大期 4 月 14 日，吐蕾期 5 月 4 日，初花期 5 月 6 日，盛花期 5 月 22 日，末花期 6 月 3 日，无花期 6 月 15 日），果期 6 月 3 日至 9 月 26 日（坐果期 6 月 3 日，成熟期 8 月 20 日，初落果期 9 月 12 日，盛落果期 9 月 26 日），叶脱落期 9 月 8 日至 11 月 5

日(叶初变色期 9 月 8 日,叶片始落期 10 月 12 日,落叶盛期 10 月 24 日,落叶末期 10 月 29 日,无叶期 11 月 5 日)。

【重要物候节点图谱】

叶芽膨大期

初叶期

全叶期

花芽膨大期

初花期

盛花期

坐果期

39.红花锦鸡儿(金雀儿)

【学名】 *Caragana rosea* Turcz.

【科属】 蝶形花科 锦鸡儿属

【主要形态特征】 高达 1~2 m,树皮绿褐或灰绿色。小枝细长,有棱;长枝上托叶刺宿存,叶轴刺脱落或宿存。羽状复叶互生,小叶 4 片,呈掌状排列,楔状倒卵形,长 1~2.5 cm,先端圆或微凹,具短刺尖,背面无毛。花单生,橙黄色,凋谢时变紫红色,旗瓣狭长,萼筒常带紫色。

【识别要点】 小枝细长,有棱;小叶 4 片,呈掌状排列,楔状倒卵形;花橙黄色,凋谢时变紫红色,萼筒常带紫色。花单生,花梗长于花萼,关节在中部以上,无毛。

【生态习性】 红花锦鸡儿分布于河北、山东、江苏、浙江、甘肃、陕西等省份。喜光,耐寒,耐干旱,耐贫瘠土壤;萌芽力强,根系发达。

【观赏价值及园林用途】 红花锦鸡儿宜作绿篱或地被,也是固沙保土的优良树种。

【物候历】 叶展期 2 月 10 日至 5 月 12 日(叶芽膨大期 2 月 10 日,叶芽开放期 3 月 4 日,初叶期 3 月 11 日,盛叶期 4 月 6 日,全叶期 4 月 21 日,叶成形期 5 月 12 日),花期 3 月 15 日至 4 月 20 日(花芽膨大期 3 月 15 日,吐蕾期 3 月 25 日,初花期 3 月 27 日,盛花期 4 月 6 日,末花期 4 月 12 日,无花期 4 月 20 日),果期 4 月 12 日至 9 月 12 日(坐果期 4 月 12 日,成熟期 6 月 20 日,初落果期 8 月 5 日,盛落果期 9 月 12 日),叶脱落期 10 月 22 日至 11 月 26 日(叶初变色期 10 月 22 日,叶片始落期 10 月 26 日,落叶盛期 11 月 16 日,落叶末期 11 月 20 日,无叶期 11 月 26 日)。

【重要物候节点图谱】

叶芽膨大期

初叶期

叶成形期

花芽膨大期

吐蕾期

盛花期

坐果期

40.锦鸡儿

【学名】 *Caragana sinica*(Buc'hoz) Rehd.

【科属】 蝶形花科 锦鸡儿属

【主要形态特征】 落叶丛生灌木,高达 2 m;树皮深褐色。小枝有角棱,长枝上的托叶及叶轴硬化成针刺。偶数羽状复叶互生,小叶 4 片,成远离之两对,长倒卵形,长 1.5~3.5 cm,先端圆或微凹,基部楔形。花单生,橙黄色,凋谢时变褐红色,旗瓣狭倒卵形,翼瓣稍长于旗瓣。荚果稍扁,无毛。

【识别要点】 托叶及叶轴硬化成针刺。4 小叶成远离之两对,先端圆或微凹。花单生,橙黄色,旗瓣狭倒卵形,翼瓣稍长于旗瓣;花梗短于花萼,中部有关节。

【生态习性】 锦鸡儿分布于我国长江流域及华北地区的丘陵、山区的向阳坡地,现已作为园林花卉广泛栽培。喜光,抗旱,耐瘠薄,忌湿涝。萌芽力、萌蘖力均强,能自然播种繁殖。

【观赏价值及园林用途】 锦鸡儿枝繁叶茂,花冠蝶形,黄色带红,展开时似金雀。在园林中可丛植于草地、岩石旁、小路边,亦可作绿篱或供制作盆景或切花。花、根可入药。

【物候历】 叶展期 2 月 10 日至 5 月 12 日(叶芽膨大期 2 月 10 日,叶芽开放期 3 月 4 日,初叶期 3 月 11 日,盛叶期 4 月 6 日,全叶期 4 月 21 日,叶成形期 5 月 12 日),花期 3 月 15 日至 4 月 20 日(花芽膨大期 3 月 15 日,吐蕾期 3 月 25 日,初花期 3 月 27 日,盛花期 4 月 6 日,末花期 4 月 12 日,无花期 4 月 20 日),果期 4 月 12 日至 9 月 12 日(坐果期 4 月 12 日,成熟期 6 月 20 日,初落果期 8 月 5 日,盛落果期 9 月 12 日),叶脱落期 10 月 26 日至 11 月 26 日(叶初变色期 10 月 26 日,叶片始落期 11 月 2 日,落叶盛期 11 月 11 日,落叶末期 11 月 20 日,无叶期 11 月 26 日)。

【重要物候节点图谱】

叶芽开放期

初叶期

全叶期

花芽膨大期

盛花期

末花期

41.小叶锦鸡儿(黑柠条)

【学名】 *Caragana microphylla* Lam.

【科属】 蝶形花科　锦鸡儿属

【主要形态特征】 高 1~3 m。老枝深灰色或黑绿色,托叶在长枝上硬化成针刺,叶轴不硬化成针刺而脱落。偶数羽状复叶,小叶 10~18(20)片,倒卵状椭圆形,长 0.3~1 cm,先端圆钝,稀凹缺,具短刺尖,幼时被毛。花单生或 2~3 朵集生,黄色,旗瓣宽倒卵形,先端微凹,翼瓣短于旗瓣。荚果坚硬,稍扁,具锐尖。

【识别要点】 偶数羽状复叶,小叶 10~18(20)片,倒卵状椭圆形,先端圆钝,具短刺尖,幼时被毛。花单生或 2~3 朵集生,黄色,翼瓣短于旗瓣;花梗长约 1 cm,短于花萼,近中部具关节,被柔毛。荚果坚硬,具锐尖。

【生态习性】 小叶锦鸡儿分布于我国东北、华北、西北等地区。喜光,耐寒,极耐干旱瘠薄;喜生于通气良好的沙地、沙丘及干燥山坡地。

【观赏价值及园林用途】 小叶锦鸡儿是良好的防风、固沙植物,在北方城市绿化中可丛植、孤植。多用于管理粗放或立地条件差的地区。

【物候历】 叶展期 3 月 8 日至 6 月 12 日(叶芽膨大期 3 月 8 日,叶芽开放期 4 月 3 日,初叶期 4 月 11 日,盛叶期 5 月 6 日,全叶期 5 月 21 日,叶成形期 6 月 12 日),花期 3 月 8 日至 5 月 2 日(花芽膨大期 3 月 8 日,吐蕾期 4 月 9 日,初花期 4 月 11 日,盛花期 4 月 20 日,末花期 4 月 24 日,无花期 5 月 2 日),果期 4 月 24 日至 10 月 20 日(坐果期 4 月 24 日,成熟期 9 月 1 日,初落果期 9 月 26 日,盛落果期 10 月 20 日),叶脱落期 10 月 26 日至 11 月 26 日(叶初变色期 10 月 26 日,叶片始落期 11 月 2 日,落叶盛期 11 月 11 日,落叶末期 11 月 20 日,无叶期 11 月 26 日)。

【重要物候节点图谱】

叶芽膨大期

初叶期

吐蕾期

盛花期

成熟期

叶成形期

花芽膨大期

坐果期

42.胡枝子

【学名】 *Lespedeza bicolor* Turcz.

【科属】 蝶形花科　胡枝子属

【主要形态特征】 落叶灌木，高 1~3 m，常丛生状。三出复叶互生，有长柄，小叶卵状椭圆形，长 1.5~7 cm，先端钝圆或微凹并具小刺尖，两面疏生平伏毛。花淡紫色，长 1.2~1.7 cm，花梗在花萼下无关节，每 2 朵生于苞腋；腋生总状花序；7~9 月开花，果期 9~10 月。

【识别要点】 三出复叶互生，有长柄，小叶宽 1 cm 以上，卵状椭圆形，先端钝圆或微凹并具小刺尖，两面疏生平伏毛。花冠紫色，花梗在花萼下无关节，每 2 朵生于苞腋；花序较叶长，萼齿 4，萼齿较萼筒短，旗瓣较龙骨瓣长。

【生态习性】 胡枝子原产于我国东北、华北、西北、内蒙古及浙江等地，俄罗斯、朝鲜、日本也有分布。喜光，耐半荫，耐寒，耐干旱瘠薄土壤，适应性强。

【观赏价值及园林用途】 胡枝子花美丽，由于其生长快，封闭性好，且适于坡地生长，是优良的绿化观赏植物和水土保持植物。

【物候历】 叶展期 3 月 15 日至 6 月 12 日（叶芽膨大期 3 月 15 日，叶芽开放期 4 月 8 日，初叶期 4 月 14 日，盛叶期 5 月 6 日，全叶期 5 月 21 日，叶成形期 6 月 12 日），花期 6 月 16 日至 8 月 26 日（花芽膨大期 6 月 16 日，吐蕾期 7 月 1 日，初花期 7 月 2 日，盛花期 7 月 23 日，末花期 8 月 15 日，无花期 8 月 26 日），果期 8 月 15 日至 10 月 20 日（坐果期 8 月 15 日，成熟期 9 月 21 日，初落果期 10 月 6 日，盛落果期 10 月 20 日），叶脱落期 9 月 8 日至 11 月 5 日（叶初变色期 9 月 8 日，叶片始落期 10 月 12 日，落叶盛期 10 月 24 日，落叶末期 10 月 29 日，无叶期 11 月 5 日）。

【重要物候节点图谱】

叶芽膨大期

叶芽开放期

全叶期

盛花期

坐果期

43.紫穗槐

【学名】 *Amorpha fruticosa* L.

【科属】 蝶形花科 紫穗槐属

【主要形态特征】 落叶灌木，高达 2~4 m，常丛生状。皮暗灰色，平滑，小枝灰褐色，有凸起锈色皮孔，密生柔毛，侧芽很小，常叠生。羽状复叶互生，小叶 11~25 片，长椭圆形，长 2~4 cm，先端圆或微凹，有芒尖。蝶形花翼瓣、龙骨瓣均退化，仅剩旗瓣，暗紫色；顶生穗状花序。荚果短小，密被瘤状腺点，不开裂，仅具一粒种子。

【识别要点】 小枝有凸起锈色皮孔，密生柔毛。小叶 11~25 片，先端圆或微凹，有芒尖。蝶形花退化，仅剩旗瓣，暗紫色；顶生穗状花序。荚果短小，密被瘤状腺点。

【生态习性】 紫穗槐原产于北美。喜光，耐寒、耐旱、耐湿、耐盐碱，抗风沙、抗逆性极强；根系发达，具根瘤，能改良土壤；病虫害少，有一定的抗烟及抗污染能力。

【观赏价值及园林用途】 紫穗槐可用作水土保持，是固沙、护坡及防护林下木的良好树种，是黄河流域和长江流域很好的水土保持植物。

【物候历】 叶展期 3 月 20 日至 6 月 5 日(叶芽膨大期 3 月 20 日，叶芽开放期 4 月 6 日，初叶期 4 月 14 日，盛叶期 5 月 6 日，全叶期 5 月 20 日，叶成形期 6 月 5 日)，花期 4 月 14 日至 6 月 2 日(花芽膨大期 4 月 14 日，吐蕾期 5 月 9 日，初花期 5 月 12 日，盛花期 5 月 22 日，末花期 5 月 27 日，无花期 6 月 2 日)，果期 5 月 27 日至 12 月 20 日(坐果期 5 月 27 日，成熟期 8 月 20 日，初落果期 11 月 2 日，盛落果期 12 月 20 日)，叶脱落期 10 月 16 日至 11 月 20 日(叶初变色期 10 月 16 日，叶片始落期 10 月 20 日，落叶盛期 11 月 2 日，落叶末期 11 月 12 日，无叶期 11 月 20 日)。

【重要物候节点图谱】

叶芽膨大期

花芽膨大期

盛叶期

吐蕾期

成熟期

叶芽开放期

盛花期

坐果期

44.牛奶子(秋胡颓子)

【学名】 *Elaeagnus umbellata* Thunb.

【科属】 胡颓子科　胡颓子属

【主要形态特征】 落叶直立灌木，高达 4 m，枝具针刺，小枝带黄褐色，或一部分密被银白色鳞片。叶纸质或膜质，椭圆形至倒卵状披针形，长 3~7 cm，顶端钝或渐尖，边缘通常卷缩，上面幼时有银白色鳞片或星状毛，老时或脱落，下面有银白色或杂有褐色鳞片。花黄白色，芳香，密被银白色盾形鳞片，花被筒部较裂片长；2~7 朵成腋生伞形花序。果卵球形或近球形，长 5~7 mm，幼时绿色，被银白色或有时全被褐色鳞片，成熟时橙红色。花期 4~5 月，果期 7~8 月。

【识别要点】 通常有枝刺。叶表面幼时有银白色鳞片，背面银白色或杂有褐色鳞片。花黄白色，密被银白色盾形鳞片，花被筒部较裂片长；腋生伞形花序。果卵球形或近球形，被银白色或褐色鳞片，熟时橙红色。

【生态习性】 牛奶子分布于长江流域及其以北地区。耐寒，耐旱，耐瘠薄，生性强健，略耐盐碱。

【观赏价值及园林用途】 牛奶子果红色美丽，可植于庭院观赏，或作防护林下木。

【物候历】 叶展期 2 月 16 日至 5 月 16 日(叶芽膨大期 2 月 16 日,叶芽开放期 3 月 12 日,初叶期 3 月 21 日,盛叶期 4 月 12 日,全叶期 4 月 27 日,叶成形期 5 月 16 日),花期 3 月 31 日至 5 月 6 日(花芽膨大期 3 月 31 日,吐蕾期 4 月 9 日,初花期 4 月 11 日,盛花期 4 月 18 日,末花期 4 月 27 日,无花期 5 月 6 日),果期 4 月 28 日至 10 月 30 日(坐果期 4 月 28 日,成熟期 9 月 20 日,初落果期 10 月 12 日,盛落果期 10 月 30 日),叶脱落期 10 月 18 日至 12 月 1 日(叶初变色期 10 月 18 日,叶片始落期 10 月 26 日,落叶盛期 11 月 16 日,落叶末期 11 月 26 日,无叶期 12 月 1 日)。

【重要物候节点图谱】

叶芽膨大期

初叶期

盛叶期

全叶期

花芽膨大期

初花期

盛花期

成熟期

45.紫薇(百日红)

【学名】 *Lagerstroemia* indica L.

【科属】 千屈菜科 紫薇属

【主要形态特征】 落叶灌木或小乔木,高达 3~6(8) m;树皮薄片剥落后特别光滑;小枝四棱状。叶椭圆形或卵形,长 3~7 cm,全缘,近无柄。花亮粉红至紫红色,径达 4 cm;花瓣 6 枚,皱波状或细裂状,具长爪;成顶生圆锥花序;花期很长,7~9 月开花不绝。蒴果近球形,6 瓣裂。

【识别要点】 树皮薄片剥落后特别光滑,小枝四棱状。叶全缘,近无柄。花亮粉红至紫红色,花瓣 6 枚,皱波状或细裂状,具长爪;成顶生圆锥花序;花期很长,7~9 月开花不绝。

【生态习性】 紫薇分布于我国华东、中南及西南各地,朝鲜、日本、越南、菲律宾及澳大利亚也有分布。喜光,有一定耐寒能力。

【观赏价值及园林用途】 紫薇花美丽且花期长,是极好的观花植物,秋叶也常变成红色或黄色。植于建筑物前、院落内、池畔、河边、草坪内及小径两旁均很相宜,也是很好的盆景材料。

【栽培变种】 有开白花的银薇'Alba'、开红花的红薇'Rubra'、花亮紫蓝色的翠薇'Purpurea'、花粉红色的粉薇'Rosea'以及花极为繁茂,枝条蔓性强,可作高架绿化美化和地被栽培的矮生紫薇'Petite Pinkie'等变种。

【物候历】 叶展期 4 月 3 日至 6 月 25 日(叶芽膨大期 4 月 3 日,叶芽开放期 4 月 20 日,初叶期 4 月 29 日,盛叶期 5 月 20 日,全叶期 6 月 5 日,叶成形期 6 月 25 日),花期 6 月

16日至10月8日(花芽膨大期6月16日,吐蕾期6月28日,初花期6月30日,盛花期8月10日,末花期9月29日,无花期10月8日),果期7月28日至11月20日(坐果期7月28日,成熟期9月29日,初落果期10月24日,盛落果期11月20日),叶脱落期10月16日至11月26日(叶初变色期10月16日,叶片始落期10月20日,落叶盛期11月10日,落叶末期11月20日,无叶期11月26日)。

【重要物候节点图谱】

叶芽膨大期

初叶期

花芽膨大期

盛叶期

吐蕾期

坐果期

盛花期

成熟期

46.石榴(安石榴)

【学名】 *Punica granatum* L.

【科属】 石榴科　石榴属

【主要形态特征】 落叶灌木或小乔木,高2~7 m;枝常有刺。单叶对生或簇生,长椭圆状倒披针形,长3~6 cm,全缘,亮绿色,无毛。花通常深红色,单生枝端;花萼钟形,紫红色,质厚;5~6月开花。浆果球形,径6~8 cm,古铜黄色或古铜红色,具宿存花萼;种子多数,具肉质外种皮,汁多可食。

【识别要点】 小枝具四棱,枝常有刺。花通常深红色,单生枝端;花萼钟形,紫红色,质厚;浆果球形,种子多数,汁多可食。

【生态习性】 石榴原产于伊朗和阿富汗等中亚地区,西藏澜沧江两岸有天然林。喜光,喜温暖气候,有一定的耐寒能力,喜湿润肥沃而排水良好的土壤。

【观赏价值及园林用途】 石榴树姿优美,枝叶秀丽,初春嫩叶抽绿,婀娜多姿;盛夏繁花似锦,色彩鲜艳;秋季累果悬挂。可孤植或丛植于庭院、游园之角,对植于门庭两侧,列植于小道、溪旁、坡地、建筑物旁;也宜做成各种桩景和供瓶插花观赏。重瓣的多难结实,以观花为主;单瓣的易结实,以观果为主。

【栽培变种】

(1)月季石榴(四季石榴、花石榴)'Nana'植株矮小,花小,果小。每年开花次数多,花期长,均以观赏为主。花多为鲜红色,单瓣,也有粉红、黄白、白色等变种。成熟时果皮粉红或红色,可作盆栽观赏。

(2)千瓣月季石榴‘Nanaplena’植株矮小,性状同月季石榴,花朱红色,重瓣,果古铜红色。

(3)白花石榴‘Albescens’花大,白色,单瓣。

(4)黄花石榴‘ Flavescens’花黄色。

(5)千瓣白花石榴‘Alba plena’(‘Multiplex’)花白色,重瓣。

(6)千瓣红花石榴‘Plena’(‘Pleniflora’,‘Flore Plena’)花红色,重瓣。

(7)千瓣橙红石榴‘Chico’花橙红色,重瓣,径 2.5~5 cm;夏天连续开花,不结果。

(8)墨石榴‘Nigra’矮生种,枝较细软,叶狭小;花红色,较小,多为单瓣;果熟时紫黑色,皮薄。主要用于盆栽观赏。

(9)彩花石榴(玛瑙石榴)‘Legrellei’花重瓣,花瓣橙红色而有黄白色条纹,边缘也黄色。

【物候历】 叶展期 3 月 30 日至 6 月 20 日(叶芽膨大期 3 月 30 日,叶芽开放期 4 月 17 日,初叶期 4 月 21 日,盛叶期 5 月 15 日,全叶期 5 月 30 日,叶成形期 6 月 20 日),花期 4 月 21 日至 7 月 24 日(花芽膨大期 4 月 21 日,吐蕾期 5 月 8 日,初花期 5 月 15 日,盛花期 6 月 2 日,末花期 6 月 28 日,无花期 7 月 24 日),果期 6 月 2 日至 10 月 7 日(坐果期 6 月 2 日,成熟期 9 月 10 日,初落果期 9 月 26 日,盛落果期 10 月 7 日),叶脱落期 10 月 24 日至 11 月 26 日(叶初变色期 10 月 24 日,叶片始落期 10 月 28 日,落叶盛期 11 月 8 日,落叶末期 11 月 20 日,无叶期 11 月 26 日)。

【重要物候节点图谱】

叶芽开放期

初叶期

全叶期

花芽膨大期

吐蕾期

盛花期

坐果期

成熟期

47.红瑞木

【学名】 *Cornus alba* L. (Swida alba Opiz.)

【科属】 山茱萸科 梾木属

【主要形态特征】 落叶灌木,高达 3 m;枝条冬季鲜红色,无毛,常被白粉。单叶对生,卵形或椭圆形,长 4~9 cm,背面灰白色,侧脉 4~5(6)对。聚伞花序顶生,花小,白色至黄白色。核果乳白色或略带蓝色。花期 6~7 月,果期 8~10 月。

【识别要点】 枝条冬季鲜红色,叶对生,果核顶端无孔,花柱圆柱形,花白色至黄白色。果乳白色或浅蓝白色。

【生态习性】 红瑞木原产于我国东北、华北及西北地区，朝鲜、俄罗斯及欧洲也有分布。喜光，耐半荫，耐寒，耐湿，也耐干瘠。

【观赏价值及园林用途】 红瑞木秋叶鲜红，小果洁白，落叶后枝干红艳如珊瑚，是少有的观茎植物，也是良好的切枝材料。园林中多丛植草坪上或与常绿乔木、棣棠相间种植，得红绿相映之效果，颇为美观。

【栽培变种】

(1)金叶红瑞木'Aurea'生长季节叶色金黄，枝条冬季鲜红色。

(2)芽黄红瑞木'Bud Yellow'冬季枝条黄绿色。

(3)金边红瑞木'Spaethii'叶片边缘带金黄色的斑纹，冬季枝条鲜红色。

(4)银边红瑞木'Variegata'叶片边缘带银白色的斑纹，冬季枝条鲜红色。

【物候历】 叶展期 3 月 12 日至 6 月 5 日(叶芽膨大期 3 月 12 日，叶芽开放期 4 月 2 日，初叶期 4 月 11 日，盛叶期 4 月 30 日，全叶期 5 月 16 日，叶成形期 6 月 5 日)，花期 4 月 2 日至 6 月 23 日(花芽膨大期 4 月 2 日，吐蕾期 5 月 18 日，初花期 5 月 20 日，盛花期 6 月 7 日，末花期 6 月 17 日，无花期 6 月 23 日)，果期 4 月 27 日至 8 月 25 日(坐果期 4 月 27 日，成熟期 8 月 12 日，初落果期 8 月 16 日，盛落果期 8 月 25 日)，叶脱落期 10 月 20 日至 12 月 1 日(叶初变色期 10 月 20 日，叶片始落期 10 月 26 日，落叶盛期 11 月 12 日，落叶末期 11 月 26 日，无叶期 12 月 1 日)。

【重要物候节点图谱】

叶芽膨大期

全叶期

花芽膨大期

初花期

盛花期

叶芽开放期

坐果期

成熟期

48.山茱萸

【学名】 *Macrocarpium officinale* (Sieb. et Zucc.) Nakai (*Cornus officinalis* Sieb.et Zucc.)

【科属】 山茱萸科 山茱萸属

【主要形态特征】 落叶灌木或小乔木，高达 10 m；树皮灰褐色，片状剥落。单叶对生，卵状椭圆形，长 5~12 cm，先端渐尖或尾尖，基部圆形，全缘，弧形侧脉 6~7 对，表面疏生平伏毛，背面被白色平伏毛，脉腋有黄簇毛。花小，鲜黄色；成伞形头状花序，花梗极短；3~4 月叶前开花。核果椭球形，长约 2 cm，红色或枣红色；8~9 月成熟。

【识别要点】 叶对生,全缘,弧形侧脉 6~7 对,表面疏生平伏毛,背面被白色平伏毛,脉腋有黄簇毛。伞形花序,花小,鲜黄色;先叶开花。总苞苞片 4。核果椭球形,红色或枣红色。

【生态习性】 山茱萸原产于我国长江流域及河南、陕西等地,朝鲜、日本也有分布。喜光,耐寒,喜肥沃而湿度适中的土壤,也能耐旱。

【观赏价值及园林用途】 山茱萸早春枝头开金黄色小花,入秋有亮红的果实,深秋叶色鲜艳,宜植于庭园观赏。

【物候历】 叶展期 3 月 12 日至 6 月 15 日(叶芽膨大期 3 月 12 日,叶芽开放期 3 月 31 日,初叶期 4 月 11 日,盛叶期 5 月 2 日,全叶期 5 月 17 日,叶成形期 6 月 15 日),花期 2 月 5 日至 4 月 18 日(花芽膨大期 2 月 5 日,吐蕾期 3 月 16 日,初花期 3 月 18 日,盛花期 3 月 31 日,末花期 4 月 11 日,无花期 4 月 18 日),果期 4 月 11 日至 10 月 26 日(坐果期 4 月 11 日,成熟期 8 月 16 日,初落果期 9 月 13 日,盛落果期 10 月 26 日),叶脱落期 11 月 2 日至 12 月 1 日(叶初变色期 11 月 2 日,叶片始落期 11 月 10 日,落叶盛期 11 月 20 日,落叶末期 11 月 26 日,无叶期 12 月 1 日)。

【重要物候节点图谱】

叶芽膨大期

全叶期

花芽膨大期

成熟期

吐蕾期

盛花期

坐果期

49.卫矛

【学名】 *Euonymus alatus* (Thunb.) Sieb.

【科属】 卫矛科 卫矛属

【主要形态特征】 落叶灌木,高 1~3 m;小枝常具 2~4 列宽阔木栓翅。叶卵状椭圆形、窄长椭圆形,长 2~8 cm,边缘具细锯齿,两面光滑无毛;先端渐尖,基部圆形或截形,叶柄极短。聚伞花序 1~3 朵花,花小,浅绿色,萼片半圆形,花瓣近圆形,雄蕊着生花盘边缘处。蒴果 1~4 深裂,裂瓣椭圆状,假种皮橙红色。花期 5~6 月,果期 7~10 月。

【识别要点】 枝常具 2~4 列宽阔木栓翅。叶卵状椭圆形、窄长椭圆形,秋天变红色。花小,浅绿色。蒴果 1~4 深裂,假种皮橙红色。

【生态习性】 卫矛分布于东北、华北、西北及长江流域各地。性喜光,适应性强,耐寒,耐荫，耐旱；萌发力强，耐修剪，生长较慢。

【观赏价值及园林用途】 卫矛嫩叶及霜叶均紫红色，在阳光充足处秋叶鲜艳可爱，硕果宿存很久，颇为美观；可用于园林观赏。木栓质翅可作药用。

【同属相似种】 垂丝卫矛(*Euonymus oxyphyllus* Miq.) 叶卵圆形或椭圆形，长 4~8 cm，先端渐尖至长渐尖，基部近圆形或平截圆形，边缘有细密锯齿，叶柄长 4~8 mm。聚伞花序宽疏，通常 7~20 花；花序梗细长，顶端 3~5 分枝，每分枝具一个三出小聚伞；花瓣近圆形；花盘圆，5 浅裂。蒴果近球状，无翅，仅果皮背缝处常有突起棱线。

【物候历】 叶展期 2 月 20 日至 5 月 24 日(叶芽膨大期 2 月 20 日，叶芽开放期 3 月 16 日，初叶期 3 月 24 日，盛叶期 4 月 20 日，全叶期 5 月 6 日，叶成形期 5 月 24 日)，花期 3 月 19 日至 5 月 14 日(花芽膨大期 3 月 19 日，吐蕾期 4 月 5 日，初花期 4 月 7 日，盛花期 4 月 27 日，末花期 5 月 7 日，无花期 5 月 14 日)，果期 5 月 7 日至 11 月 14 日(坐果期 5 月 7 日，成熟期 9 月 20 日，初落果期 10 月 20 日，盛落果期 11 月 14 日)，叶脱落期 9 月 20 日至 11 月 20 日(叶初变色期 9 月 20 日，叶片始落期 10 月 8 日，落叶盛期 10 月 26 日，落叶末期 11 月 10 日，无叶期 11 月 20 日)。

【重要物候节点图谱】

叶芽开放期

初叶期

全叶期

初花期

盛花期

落叶末期

50.一叶萩(叶底珠)

【学名】 *Flueggea suffruticosa*(Pall.)Baill.

【科属】 大戟科　白饭树属

【主要形态特征】 落叶灌木，高 1~3 m。小枝淡绿色，纤细，梢多下垂。单叶互生，椭圆形，长 1.4~4 cm，全缘或中部具不整齐波状钝齿，两面无毛，叶柄短。花小，单性，萼片 5，黄绿色，无花瓣；雄花簇生于叶腋，雌花单生。蒴果 3 棱状扁球形，红褐色，3 瓣裂。

【识别要点】 芽圆卵形，外被鳞片。叶互生，二列，全缘，羽状脉；具短柄。花小，黄绿色，雌雄异株或同株，腋生；萼片 5；无花瓣。

【生态习性】　一叶萩原产于亚洲东部，我国东北、华北、华东及河南、陕西、四川、贵州等地有分布。喜光，耐寒，耐干旱瘠薄，无病虫害，适应性强。

【观赏价值及园林用途】　一叶萩在园林中可作护坡及遮蔽污地之用，若配置山石也很适宜。

【物候历】　叶展期 3 月 2 日至 5 月 30 日（叶芽膨大期 3 月 2 日，叶芽开放期 3 月 29 日，初叶期 4 月 6 日，盛叶期 4 月 27 日，全叶期 5 月 12 日，叶成形期 5 月 30 日），花期 4 月 15 日至 7 月 9 日（花芽膨大期 4 月 15 日，吐蕾期 5 月 8 日，初花期 5 月 10 日，盛花期 6 月 16 日，末花期 6 月 26 日，无花期 7 月 9 日），果期 5 月 24 日至 10 月 17 日（坐果期 5 月 24 日，成熟期 8 月 20 日，初落果期 9 月 20 日，盛落果期 10 月 17 日），叶脱落期 9 月 26 日至 11 月 6 日（叶初变色期 9 月 26 日，叶片始落期 10 月 1 日，落叶盛期 10 月 19 日，落叶末期 10 月 27 日，无叶期 11 月 6 日）。

【重要物候节点图谱】

叶芽膨大期

全叶期

花芽膨大期

盛花期

坐果期

成熟期

51.鼠李（臭李子、大绿、老鹳眼）

【学名】　*Rhamnus davurica* Pall.

【科属】　鼠李科　鼠李属

【主要形态特征】　落叶灌木或小乔木，高可达 10 m；小枝较粗，褐色或红褐色，无毛，枝端具顶芽，不为刺状。叶较大，对生或近对生，宽椭圆形或卵圆形，长 4~13 cm；顶端突尖至渐尖，基部楔形或近圆形；边缘具圆齿状细锯齿，齿端常有红色腺体；表面有光泽，上面无毛或沿脉有疏柔毛，下面沿脉被白色疏柔毛；侧脉 4~5(6) 对，两面凸起，网脉明显；叶柄长 1.5~4 cm。花 2~5 束生于叶腋，黄绿色，花冠漏斗状钟形，4 裂。核果近球形，熟时紫黑色，基部有宿存的萼筒。花期 5~6 月，果期 7~10 月。

【识别要点】　小枝较粗，枝端具顶芽，不为刺状。叶宽椭圆形或卵圆形，叶下面沿脉被白色疏柔毛，干时浅绿色；叶柄长 1.5~4 cm。果熟时紫黑色。果梗长 1~1.2 cm。

【生态习性】　鼠李分布于我国东北、华北以及内蒙古地区，朝鲜、蒙古、俄罗斯西伯利亚地区也有分布。适应性强，耐荫，耐寒，耐瘠薄。

【观赏价值及园林用途】 鼠李可用作庭院观赏和水土保持树种。

【物候历】 叶展期3月5日至6月2日(叶芽膨大期3月5日，叶芽开放期4月6日，初叶期4月11日，盛叶期5月2日，全叶期5月16日，叶成形期6月2日)，花期4月6日至5月24日(花芽膨大期4月6日，吐蕾期4月27日，初花期4月29日，盛花期5月8日，末花期5月18日，无花期5月24日)，果期5月20日至8月20日(坐果期5月20日，成熟期7月20日，初落果期8月20日，盛落果期9月20日)，叶脱落期10月2日至12月7日(叶初变色期10月2日，叶片始落期10月22日，落叶盛期11月20日，落叶末期12月1日，无叶期12月7日)。

【重要物候节点图谱】

叶芽膨大期

初叶期

盛叶期

花芽膨大期

坐果期

成熟期

52.冻绿

【学名】 *Rhamnus utilis* Decne.

【科属】 鼠李科　鼠李属

【主要形态特征】 灌木或小乔木，高达4 m；幼枝无毛，小枝褐色或紫红色，稍平滑，枝端常具针刺。叶纸质，对生或近对生，或在短枝上簇生，椭圆形、矩圆形或倒卵状椭圆形，长4~15 cm；顶端突尖或锐尖，基部楔形；边缘具细锯齿，上面无毛或仅中脉具疏柔毛，下面干后常变黄色，沿脉或脉腋有金黄色柔毛，侧脉每边通常5~6条，具明显的网脉，叶柄长0.5~1.5 cm。花单性，雌雄异株，4基数，具花瓣；雄花数个簇生于叶腋，或10~30个聚生于小枝下部，有退化的雌蕊；雌花2~6个簇生于叶腋或小枝下部；退化雄蕊小，花柱较长，2浅裂或半裂。核果圆球形或近球形，成熟时黑色，基部有宿存的萼筒；果梗无毛。花期4~6月，果期5~8月。

【识别要点】 小枝褐色或紫红色，枝端不具顶芽，常具针刺。叶椭圆形、矩圆形或倒卵状椭圆形，边缘具细锯齿，上面无毛或仅中脉具疏柔毛，下面干后常变黄色，沿脉或脉腋有金黄色柔毛,叶柄短。核果圆球形或近球形,成熟时黑色,果梗长 5~12 mm。

【生态习性】 稍耐荫,对土壤要求不严。适应性强,耐寒,耐干旱,耐瘠薄。

【观赏价值及园林用途】 冻绿可用作庭院观赏和水土保持树种。

【物候历】 叶展期 3 月 2 日至 6 月 2 日(叶芽膨大期 3 月 2 日,叶芽开放期 3 月 28 日,初叶期 4 月 6 日,盛叶期 4 月 26 日,全叶期 5 月 12 日,叶成形期 6 月 2 日),花期 4 月 6 日至 5 月 22 日(花芽膨大期 4 月 6 日,吐蕾期 4 月 26 日,初花期 4 月 28 日,盛花期 5 月 8 日,末花期 5 月 16 日,无花期 5 月 22 日),果期 5 月 16 日至 10 月 20 日(坐果期 5 月 16 日,成熟期 8 月 12 日,初落果期 9 月 16 日,盛落果期 10 月 20 日),叶脱落期 10 月 12 日至 11 月 16 日(叶初变色期 10 月 12 日,叶片始落期 10 月 20 日,落叶盛期 11 月 2 日,落叶末期 11 月 10 日,无叶期 11 月 16 日)。

【重要物候节点图谱】

叶芽膨大期

初叶期

叶形成期

花芽膨大期

盛花期

坐果期

成熟期

53.花椒

【学名】 *Zanthoxylum bungeanum* Maxim.

【科属】 芸香科 花椒属

【主要形态特征】 落叶小乔木或灌木状,高达 3~7 m;枝具基部宽扁的粗大皮刺。奇数羽状复叶互生,小叶 5~11 片,卵状椭圆形,长 2~5(7) cm,缘有细钝齿,仅背面中脉基部两侧有褐色簇毛。花小,单性;成顶生聚伞状圆锥花序。蓇葖果红色或紫红色,密生疣状腺体。

【识别要点】 叶卵状椭圆形,缘有细钝齿,背面中脉基部两侧有褐色簇毛。花小,单性,成顶生聚伞状圆锥花序。蓇葖果红色或紫红色。

【生态习性】 东北南部、华北至华南、西南各地均有分布,华北栽培最多。喜光,不耐严寒,喜肥沃湿润的钙质土,酸性及中性土上也能生长。

【观赏价值及园林用途】 花椒果实辛香,是著名调味品,也可入药;种子可榨油。可植于庭园作刺篱材料。

【物候历】 叶展期 3 月 12 日至 5 月 30 日(叶芽膨大期 3 月 12 日,叶芽开放期 4 月 1 日,初叶期 4 月 8 日,盛叶期 4 月 27 日,全叶期 5 月 10 日,叶成形期 5 月 30 日),花期 4 月

2 日至 5 月 16 日(花芽膨大期 4 月 2 日,吐蕾期 4 月 16 日,初花期 4 月 18 日,盛花期 4 月 27 日,末花期 5 月 8 日,无花期 5 月 16 日),果期 5 月 8 日至 8 月 26 日(坐果期 5 月 8 日,成熟期 7 月 20 日,初落果期 8 月 12 日,盛落果期 8 月 26 日),叶脱落期 10 月 12 日至 11 月16 日(叶初变色期 10 月 12 日,叶片始落期 10 月 20 日,落叶盛期 11 月 2 日,落叶末期 11 月 10 日,无叶期 11 月 16 日)。

【重要物候节点图谱】

叶芽膨大期

叶芽开放期

坐果期

初叶期

盛叶期

花芽膨大期

盛花期

成熟期

54.杠柳

【学名】 *Periploca sepium* Bunge

【科属】 萝藦科 杠柳属

【主要形态特征】 落叶藤本;枝叶内含白色汁液,光滑。单叶对生,披针形,长 4~10 cm,全缘,羽状侧脉在近叶缘处相连,叶面光亮。花暗蓝紫色,径约 2 cm,花冠裂片 5,中间加厚,反折,内侧有长柔毛,副花冠杯状,端 5 裂,被柔毛;成腋生聚伞花序;5~6 月开花。果期 7~9 月,蓇葖果双生,细长;种子顶端具长毛。

【识别要点】 枝叶内含白色汁液;花暗蓝紫色;蓇葖果双生,细长;种子顶端具长毛。

【生态习性】 杠柳原产于我国东北南部、华北、西北、华东及河南、贵州、四川等地。喜光,适应性强,耐寒,耐旱;繁殖力强。

【观赏价值及园林用途】 杠柳宜作攀援绿化及地面覆盖材料。

【物候历】 叶展期 3 月 11 日至 5 月 24 日(叶芽膨大期 3 月 11 日,叶芽开放期 4 月 2 日,初叶期 4 月 11 日,盛叶期 4 月 30 日,全叶期 5 月 12 日,叶成形期 5 月 24 日),花期 4 月 15 日至 6 月 1 日(花芽膨大期 4 月 15 日,吐蕾期 5 月 6 日,初花期 5 月 7 日,盛花期 5 月 20 日,末花期 5 月 27 日,无花期 6 月 1 日),果期 5 月 27 日至 9 月 17 日(坐果期 5 月 27 日,成熟期 7 月 20 日,初落果期 8 月 22 日,盛落果期 9 月 17 日),叶脱落期 10 月 20 日至 12 月 7 日(叶初变色期 10 月 20 日,叶片始落期 11 月 5 日,落叶盛期 11 月 13 日,落叶末期 11 月 25 日,无叶期 12月 7 日)。

【重要物候节点图谱】

叶芽膨大期

叶芽开放期

初叶期

全叶期

吐蕾期

花芽膨大期

盛花期

55.枸杞

【学名】 *Lycium chinense* Mill.

【科属】 茄科 枸杞属

【主要形态特征】 落叶灌木，高达 1 m；枝细长拱形，有棱角，常有刺。单叶互生或簇生，卵状披针形或卵状椭圆形，长 2~5 cm，全缘。花紫色，单生或簇生叶腋，花冠 5 裂，裂片长于筒部，有缘毛，花萼 3~5 裂。浆果卵形或椭球形，深红色或橘红色。

【识别要点】 枝细长拱形，有棱角，常有刺；叶全缘；花紫色；浆果卵形或椭球形，深红色或橘红色。

【生态习性】 我国自东北南部、华北、西北至华南、西南地区均有分布。性强健，稍耐荫，耐寒，耐干旱及盐碱地。

【观赏价值及园林用途】 本种花期延续很长，入秋则满枝红果，甚为美观。可丛植于河岸、台坡或作绿篱栽植。选其虬干老株作为盆景也极雅致。

【物候历】 叶展期 3 月 18 日至 6 月 2 日（叶芽膨大期 3 月 18 日，叶芽开放期 4 月 6 日，初叶期 4 月 13 日，盛叶期 5 月 6 日，全叶期 5 月 20 日，叶成形期 6 月 2 日），花期 7 月 22 日至 11 月 10 日（花芽膨大期 7 月 22 日，吐蕾期 8 月 17 日，初花期 8 月 19 日，盛花期 9 月 2 日，末花期 10 月 12 日，无花期 11 月 10 日），果期 9 月 2 日至 11 月 2 日（坐果期 9 月 2 日，成熟期 10 月 12 日，初落果期 10 月 26 日，盛落果期 11 月 2 日），叶脱落期 10 月 20 日至 12 月 16 日（叶初变色期 10 月 20 日，叶片始落期 11 月 6 日，落叶盛期 11 月 20 日，落叶末期 12 月 2 日，无叶期 12 月 16 日）。

【重要物候节点图谱】

叶芽开放期

盛叶期

全叶期

初花期

盛花期

坐果期

成熟期

56.大叶紫珠

【学名】 *Callicarpa macrophylla* Vahl

【科属】 马鞭草科　紫珠属

【主要形态特征】 灌木，高3~5 m；小枝近四方形，密生灰白色粗糠状分枝茸毛，稍有臭味。叶片长椭圆形、卵状椭圆形或长椭圆状披针形，长10~23 cm，宽5~11 cm，顶端短渐尖，基部钝圆或宽楔形，边缘具细锯齿，表面被短毛，脉上较密，背面密生灰白色分枝茸毛，腺点隐于毛中；叶柄粗壮，长1~3 cm，密生灰白色分枝的茸毛。聚伞花序宽4~8 cm，被毛与小枝同，花序梗粗壮，长2~3 cm；花冠紫色，疏生星状毛；花丝长约5 mm。果实球形，紫红色，径约1.5 mm，有腺点和微毛。花期4~7月，果期7~12月。

【识别要点】 小枝近四方形，密生灰白色粗糠状分枝茸毛。叶片长椭圆形，卵状椭圆形或长椭圆状披针形，长10~23 cm，顶端短渐尖，基部钝圆或宽楔形，边缘具细锯齿，背面密生灰白色分枝茸毛，叶柄密生灰白色分枝的茸毛。聚伞花序宽4~8 cm，花序梗粗壮，花丝明显长于花冠。果实球形，径约1.5 mm，有腺点和微毛。

【生态习性】 大叶紫珠对土壤要求不严，以水分充足、土地肥沃、阳光充足的地方生长为好。

【观赏价值及园林用途】 大叶紫珠根和叶可以入药，也可用于园林观赏。

【物候历】 叶展期3月6日至6月20日(叶芽膨大期3月6日，叶芽开放期4月6日，初叶期4月16日，盛叶期5月10日，全叶期5月26日，叶成形期6月20日)，花期5月31日至8月17日(花芽膨大期5月31日，吐蕾期6月10日，初花期6月15日，盛花期6月28日，末花期7月10日，无花期8月17日)，果期7月2日至10月16日(坐果期7月2日，成熟期9月6日，初落果期9月29日，盛落果期10月16日)，叶脱落期10月20日至12月20日(叶初变色期10月20日，叶片始落期10月26日，落叶盛期11月28日，落叶末期12月8日，无叶期12月20日)。

【重要物候节点图谱】

叶芽开放期

初叶期

盛叶期

花芽膨大期

初花期

盛花期

坐果期

成熟期

57.海州常山

【学名】 *Clerodendrum trichotomum* Thunb.

【科属】 马鞭草科 赪桐属

【主要形态特征】 落叶灌木或小乔木，嫩枝棕色具短柔毛。单叶对生，叶卵圆形，长5~16 cm，先端渐尖，基部多截形，全缘或有波状齿，两面近无毛，叶柄2~8 cm。顶生或腋生伞房状聚伞花序，萼紫红色，5裂至基部；花冠细长筒状，顶端5裂，白色或粉红色。核果球状，蓝紫色，并托以红色大形宿存萼片。整个花序可同时出现红色花萼、白色花冠和蓝紫色果实的丰富色彩。花期6~8月，果期8~11月。

【识别要点】 单叶对生，有臭味，两面近无毛。伞房状聚伞花序顶生或腋生，紫红色花萼宿存，萼片5裂至基部。花冠白色或带粉红色，顶端5裂。核果球状，蓝紫色。

【生态习性】 海州常山原产于我国华北、华东、中南及西南地区，朝鲜、日本、菲律宾也有分布。喜光，稍耐荫，有一定耐寒性，对土壤要求不严，耐干旱，也耐水湿，对有毒气体抗性较强。

【观赏价值及园林用途】 海州常山花期长，花后有鲜红的宿存萼片，再配以蓝紫色果，很是悦目，是美丽的观花、观果树种，常用于园林中观赏栽培。

【物候历】 叶展期3月20日至6月28日(叶芽膨大期3月20日，叶芽开放期4月5日，初叶期4月12日，盛叶期5月20日，全叶期6月8日，叶成形期6月28日)，花期6月16日至9月1日(花芽膨大期6月16日，吐蕾期7月13日，初花期7月15日，盛花期8月2日，末花期8月20日，无花期9月1日)，果期8月2日至10月13日(坐果期8月2日，成熟期8月25日，初落果期9月5日，盛落果期10月13日)，叶脱落期10月15日至11月19日(叶初变色期10月15日，叶片始落期10月22日，落叶盛期11月2日，落叶末期11月5日，无叶期11月19日)。

【重要物候节点图谱】

叶芽膨大期

叶芽开放期

盛叶期

花芽膨大期

初花期

成熟期

58.黄荆(黄荆条)

【学名】 *Vitex negundo* L.

【科属】 马鞭草科 牡荆属

【主要形态特征】 落叶灌木或小乔木,高可达6 m,枝叶有香气。新枝方形,灰白色,密被细绒毛。掌状复叶对生,具长柄,通常5出,有时3出;小叶片椭圆状卵形,长4~9 cm,宽1.5~3.5 cm,中间的小叶片最大,两侧次第减小,先端长尖,基部楔形,全缘或浅波状,上面淡绿色,有稀疏短毛和细油点,下面白色,密被白色绒毛。顶生圆锥花序,花冠淡紫色,二唇形,端5裂。核果,卵状球形,褐色。花期7~8月,果期8~9月。

【识别要点】 新枝方形,灰白色,密被细绒毛。掌状复叶对生,具长柄,通常5出,有时3出,全缘或浅波状,下面密被白色绒毛。花冠淡紫色。

【生态习性】 黄荆几乎遍布全国,多生于山坡路旁及林缘。性强健,耐寒,耐旱,亦能耐瘠薄的土壤;喜阳光充足;萌发力强,耐修剪。

【观赏价值及园林用途】 黄荆对荒地护坡和防风固沙均有一定的作用,是盐碱砂荒地绿化的优良植物。

【变种】 荆条[var. *heterophylla* (Franch.) Rehd.] 小叶边缘有缺刻状大齿或为羽状裂;花期7~9月。我国东北南部、华北、西北、华东至西南各省及朝鲜、蒙古、日本均有分布。在华北其是极常见的野生灌木。喜光,耐寒,耐干旱瘠薄土壤。选其老桩制成盆景也颇有风趣。

【物候历】 叶展期3月20日至6月28日(叶芽膨大期3月20日,叶芽开放期4月22日,初叶期4月29日,盛叶期5月24日,全叶期6月8日,叶成形期6月28日),花期4月27日至10月12日(花芽膨大期4月27日,吐蕾期5月31日,初花期6月2日,盛花期6月28日,末花期9月1日,无花期10月12日),果期7月7日至10月26日(坐果期7月7日,成熟期9月12日,初落果期10月6日,盛落果期10月26日),叶脱落期10月26日至11月26日(叶初变色期10月26日,叶片始落期11月2日,落叶盛期11月10日,落叶末期11月16日,无叶期11月26日)。

【重要物候节点图谱】

叶芽膨大期

叶芽开放期

初叶期

叶成形期

末花期

坐果期

成熟期

59.华北香薷(木本香薷)

【学名】 *Elsholtzia stauntonii* Benth.

【科属】 唇形科　香薷属

【主要形态特征】 落叶亚灌木,高约 1 m。单叶对生,菱状披针形,长 10~15 cm,先端长尖,基部楔形,缘有整齐疏圆齿;揉碎后有强烈的薄荷香味。花小而密,花冠淡紫色,外面密被紫毛;顶生总状花序穗状,长 10~15(20) cm,花略偏向一侧;8~10 月开花。

【识别要点】 叶菱状披针形,缘有整齐疏圆齿;揉碎后有强烈的薄荷香味。花冠淡紫色,外面密被紫毛,苞片宽大,花小而密,略偏向一侧。

【生态习性】 华北香薷原产于我国华北至西北地区。喜光,也耐荫,宜生于肥沃、湿润且排水良好的土壤。

【观赏价值及园林用途】 花穗尚美丽,适宜在公园、庭园湖畔、溪边、林缘及草坪上栽植。

【栽培变种】 白花木本香薷'Alba'花白色。

【物候历】 叶展期 2 月 24 日至 6 月 5 日(叶芽膨大期 2 月 24 日,叶芽开放期 3 月 22 日,初叶期 3 月 31 日,盛叶期 4 月 28 日,全叶期 5 月 12 日,叶成形期 6 月 5 日),花期 7 月 13 日至 11 月 6 日(花芽膨大期 7 月 13 日,吐蕾期 9 月 16 日,初花期 9 月 18 日,盛花期 9 月 26 日,末花期 10 月 18 日,无花期 11 月 6 日),果期 9 月 26 日至 12 月 8 日(坐果期 9 月 26 日,成熟期 11 月 10 日,初落果期 11 月 26 日,盛落果期 12 月 8 日),叶脱落期 10 月 26 日至 11 月 26 日(叶初变色期 10 月 26 日,叶片始落期 11 月 5 日,落叶盛期 11 月 16 日,落叶末期 11 月 20 日,无叶期 11 月 26 日)。

【重要物候节点图谱】

叶芽膨大期

叶芽开放期

吐蕾期

初花期

全叶期

盛花期

60.互叶醉鱼草(紫花醉鱼木)

【学名】 *Buddleja alternifolia* Maxim.

【科属】 醉鱼草科　醉鱼草属

【主要形态特征】 落叶灌木,高 1~4 m;枝细长,开展并拱形弯垂,小枝四棱形或近圆柱形。叶在长枝上互生，在短枝上簇生；在长枝上的叶片披针形或线状披针形，顶端急尖或钝，基部楔形，长 3~10 cm，上面深绿色，幼时被灰白色星状短绒毛；在花枝上或短枝上的叶很小，椭圆形或倒卵形，顶端圆至钝，基部楔形或下延至叶柄。花多朵组成簇生状或圆锥状聚伞花序；花序较短，密集，常生于二年生的枝条上；花芳香，花萼钟状，具 4 棱，外面密被灰白色星状绒毛；花冠紫蓝色，外面被星状毛，后变无毛或近无毛；花冠裂片近圆形或宽卵形。花期 5~7 月，果期 7~10 月。

【识别要点】 枝条细弱，披散下垂。单叶互生，狭披针形，表面深绿色，背面密生灰白色绒毛；叶柄短。花密集簇生于二年生枝的叶腋，基部具少数小叶；花萼具 4 棱，密被灰白色绒毛；花冠紫蓝色，芳香。

【生态习性】 互叶醉鱼草产于内蒙古、河北、山西、陕西、宁夏、甘肃、青海、河南、四川和西藏等省区。耐干旱、抗风沙、耐土壤瘠薄与严寒酷暑。

【观赏价值及园林用途】 树形饱满，花紫堇色，花枝微垂，盛花期整个冠丛宛如一个大花篮，气味芳香，极富观赏性。特别适宜于西北、华北等干旱、寒冷地区，可丛植、孤植、篱植、组团或片植，用于假山、广场、庭院、公园、道路两侧的绿化美化。

【物候历】 叶展期 2 月 3 日至 5 月 28 日(叶芽膨大期 2 月 3 日，叶芽开放期 2 月 27 日，初叶期 3 月 24 日，盛叶期 4 月 20 日，全叶期 5 月 6 日，叶成形期 5 月 28 日)，花期 4 月 14 日至 6 月 1 日(花芽膨大期 4 月 14 日，吐蕾期 4 月 29 日，初花期 5 月 8 日，盛花期 5 月 19 日，末花期 5 月 25 日，无花期 6 月 1 日)，果期 5 月 20 日至 10 月 1 日(坐果期 5 月 20 日，成熟期 8 月 20 日，初落果期 9 月 20 日，盛落果期 10 月 1 日)，叶脱落期 10 月 19 日至 12 月 29 日(叶初变色期 10 月 19 日，叶片始落期 11 月 21 日，落叶盛期 12 月 1 日，落叶末期 12 月 20 日，无叶期 12 月 29 日)。

【重要物候节点图谱】

叶芽膨大期

叶芽开放期

全叶期

花芽膨大期

吐蕾期

盛花期

61.大叶醉鱼草(白背叶醉鱼草)

【学名】 *Buddleja davidii* Franch.

【科属】 醉鱼草科 醉鱼草属

【主要形态特征】 落叶灌木，高 1~5 m。枝条开展而下弯，略呈 4 棱形，幼枝、叶片下面、叶柄和花序均密被灰白色星状短绒毛。单叶对生，叶片膜质至薄纸质，狭卵形、狭椭圆形至卵状披针形，长 10~25 cm，顶端渐尖，基部宽楔形至钝，有时下延至叶柄基部，缘有细锯齿，表面深绿色,无毛。总状或圆锥状聚伞花序顶生,长达 30 cm,花冠淡紫色,后变黄白色至白色,喉部橙黄色,芳香。蒴果狭椭圆形或狭卵形,淡褐色。花期 5~10 月,果期 9~12 月。

【识别要点】 枝条 4 棱形,开展而下弯,全株被白色绵毛和星状毛。叶对生,表面深绿色,无毛,背面密生灰白色星状短绒毛,叶柄长 1~5 mm。花序狭长,花冠淡紫色,后变黄白色至白色,喉部橙黄色,花大,花冠管细长。

【生态习性】 大叶醉鱼草原产于长江流域各省,生于海拔 1300~2600 m 山地。性喜阳,喜温暖气候;喜生于高燥、排水良好的地方;植株萌发力强,耐修剪,较耐寒、耐旱、耐贫瘠,可粗放管理。华北地区可露地越冬。

【观赏价值及园林用途】 大叶醉鱼草枝条柔软多姿,花美丽而芳香,是优良的庭园观赏植物。在园林绿化中可栽植于草地、花镜和庭园观赏,也可用作坡地、墙隅绿化美化,还是很好的切花材料。

【物候历】 叶展期 2 月 22 日至 6 月 2 日(叶芽膨大期 2 月 22 日,叶芽开放期 3 月 25 日,初叶期 4 月 6 日,盛叶期 4 月 27 日,全叶期 5 月 12 日,叶成形期 6 月 2 日),花期 5 月 22 日至 10 月 18 日(花芽膨大期 5 月 22 日,吐蕾期 6 月 13 日,初花期 6 月 15 日,盛花期 6 月 22 日,末花期 10 月 8 日,无花期 10 月 18 日),果期 6 月 25 日至 11 月 12 日(坐果期 6 月 25 日,成熟期 9 月 12 日,初落果期 10 月 10 日,盛落果期 11 月 12 日),叶脱落期 11 月 10 日至 12 月 10 日(叶初变色期 11 月 10 日,叶片始落期 11 月 12 日,落叶盛期 11 月 20 日,落叶末期 12 月 1 日,无叶期 12 月 10 日)。

【重要物候节点图谱】

初叶期

全叶期

花芽膨大期

初花期

盛花期

62.小叶女贞

【学名】 *Ligustrum quihoui* Carr.

【科属】 木犀科 女贞属

【主要形态特征】 落叶或半常绿灌木,高 2~3 m。小枝淡棕色,密生细柔毛,后脱落。叶薄革质,椭圆形或倒卵状长圆形,长 1.5~5 cm,宽 0.8~1.5 cm,上面深绿色,下面淡绿色,常具腺点,两面无毛,顶端钝或微凹,基部楔形,全缘,边缘略向外反卷,侧脉在近叶缘处网结不明显;叶柄有短柔毛。圆锥花序长 4~22 cm,有细柔毛;花白色,芳香,无梗;雄蕊明显伸出裂片外,花冠筒和裂片等长。核果宽椭圆形,紫黑色。花期 5~7 月,果期 8~11 月。

【识别要点】 小枝幼时有毛。叶薄革质,先端钝,基部楔形,无毛,边缘略向外反卷。花冠白色,无花梗,裂片与筒部等长,花药稍长于花冠裂片;呈细长圆锥花序,长为宽的 2~5 倍。

【生态习性】 小叶女贞原产于我国中部、东部和西南部。喜光,稍耐荫,较耐寒;对二氧化硫、氯等有毒气体有较强的抗性;性强健,耐修剪,萌发力强。

【观赏价值及园林用途】 本种枝叶紧密,树冠圆整,可于庭院栽植观赏;也是优良的抗污染树种和绿篱材料,亦可作桂花、丁香等树繁殖的砧木。

【物候历】 叶展期 2 月 28 日至 5 月 30 日(叶芽膨大期 2 月 28 日,叶芽开放期 3 月 22 日,初叶期 4 月 1 日,盛叶期 4 月 25 日,全叶期 5 月 10 日,叶成形期 5 月 30 日),花期 5 月 11 日至 7 月 15 日(花芽膨大期 5 月 11 日,吐蕾期 6 月 8 日,初花期 6 月 10 日,盛花期 6 月 28 日,末花期 7 月 5 日,无花期 7 月 15 日),果期 6 月 18 日至 12 月 10 日(坐果期 6 月 18 日,成熟期 10 月 10 日,初落果期 10 月 29 日,盛落果期 12 月 10 日),叶脱落期 12 月 1 日至 12 月 26 日(叶初变色期 12 月 1 日,叶片始落期 12 月 12 日,落叶盛期 12 月 26 日)。

【重要物候节点图谱】

叶芽开放期

盛叶期

吐蕾期

初花期

盛花期

末花期

坐果期

成熟期

63.水蜡(辽东水蜡树)

【学名】 *Ligustrum obtusifolium* Sieb. et Zucc.

【科属】 木犀科 女贞属

【主要形态特征】 落叶灌木,高 2~3 m;树皮暗灰色。小枝淡棕色或棕色,多分枝,圆柱形,被较密微柔毛或短柔毛。单叶对生,叶片纸质,叶椭圆形至长圆状倒卵形,长 1.5~6 cm,先端钝或锐尖,有时微凹而具微尖头,基部楔形或宽楔形,两面无毛,稀疏被短柔毛或仅沿下面中脉疏被短柔毛,侧脉在近叶缘处有不明显网结。圆锥花序着生于小枝顶端,长 1.5~4 cm,花序轴、花梗、花萼均被微柔毛或短柔毛;花冠裂片狭卵形至披针形,花药短于花冠裂片或达裂片的 1/2 处。果近球形或宽椭圆形,黑色稍被蜡状白粉。花期 5~6 月,果期 8~10 月。

【识别要点】 小枝及叶背面有短柔毛。顶生圆锥花序短而略下垂;花白色,芳香,具短梗;花冠管长于花冠裂片,花药短于花冠裂片或达裂片的 1/2 处。核果黑色,稍被蜡状白粉。

【生态习性】 水蜡分布于黑龙江、辽宁、山东及江苏沿海地区至浙江舟山群岛,现北方各地广泛栽培,日本也有分布。适应性较强,喜光照,稍耐荫,耐寒,对土壤要求不严。

【观赏价值及园林用途】 水蜡枝叶密生,落叶晚,多作造型树或绿篱使用,也是制作盆景的好材料。

【栽培变种】 金叶水蜡'jinye'是水蜡的芽变。嫩枝红色,叶金黄,强光下不焦叶,生长速度比普通水蜡略慢,但横向生长枝条比较多。金叶水蜡具有耐修剪、耐寒、色彩金黄等特点,在园林绿化中主要适用于篱墙、色块图案。

【物候历】 叶展期 2 月 11 日至 5 月 28 日(叶芽膨大期 2 月 11 日,叶芽开放期 3 月 12 日,初叶期 3 月 20 日,盛叶期 4 月 16 日,全叶期 5 月 8 日,叶成形期 5 月 28 日),花期 4 月 16 日至 6 月 12 日(花芽膨大期 4 月 16 日,吐蕾期 5 月 8 日,初花期 5 月 10 日,盛花期 5 月 21 日,末花期 5 月 28 日,无花期 6 月 12 日),果期 5 月 28 日至 10 月 28 日(坐果期 5 月 28 日,成熟期 9 月 20 日,初落果期 9 月 26 日,盛落果期 10 月 28 日),叶脱落期 9 月 11 日至 11 月 21 日(叶初变色期 9 月 11 日,叶片始落期 10 月 12 日,落叶盛期 10 月 27 日,落叶末期 11 月 10 日,无叶期 11 月 21 日)。

【重要物候节点图谱】

初叶期

全叶期

花芽膨大期

吐蕾期

盛花期

坐果期

64.小蜡

【学名】 *Ligustrum sinense* Lour.

【科属】 木犀科 女贞属

【主要形态特征】 落叶灌木或小乔木,高 2~4(7) m。小枝圆柱形,幼时被淡黄色短柔毛,老时近无毛。叶片纸质或薄革质,卵形、椭圆状卵形、长圆形、长圆状椭圆形至披针形或近圆形,长 2~7(9) cm,先端锐尖、短渐尖至渐尖或钝而微凹,基部宽楔形至近圆形,上面深绿色,下面淡绿色,疏被短柔毛或无毛,常沿中脉被短柔毛。圆锥花序顶生或腋生,塔形,长 4~11 cm,花序轴被较密淡黄色短柔毛或柔毛以至近无毛;花梗长 1~3 mm,被短柔毛或无毛;花萼无毛,长 1~1.5 mm,先端呈截形或呈浅波状齿;花冠管短于花冠裂片,花丝与花冠裂片近等长,花冠裂片长圆状椭圆形或卵状椭圆形,花药黄色。果近球形。花期 3~6 月,果期9~12 月。

【识别要点】 叶片纸质或薄革质,基部宽楔形至近圆形,上面深绿色,下面淡绿色,常沿中脉被短柔毛。圆锥花序顶生或腋生,塔形,长 4~11 cm,花梗明显,花冠管短于花冠裂片,花丝与花冠裂片近等长。

【生态习性】 小蜡原产于中国,华北各地均有栽培。喜光,稍耐荫,不耐严寒,喜温暖湿润气候和深厚肥沃土壤,在瘠薄干旱地带和重盐碱地上生长不良;根系发达,萌芽和萌蘖性均强,极耐修剪整形,对二氧化硫等有害气体有抗性。

【观赏价值及园林用途】 小蜡枝叶稠密又耐修剪整形,适作绿篱、绿墙和园林点缀树种,树桩可作盆景。抗有毒气体,能适于厂矿绿化。

【栽培变种】

(1)红药小蜡'Multiflorum'花药红色,开花时红药衬以白色花冠,十分美丽。

(2)银边小蜡(花叶小蜡)'Variegatum'叶灰绿色,叶面有乳白色或乳黄色斑纹镶嵌。

(3)垂枝小蜡'Pendulum'小枝下垂。

【物候历】 叶展期 2 月 28 日至 6 月 5 日(叶芽膨大期 2 月 28 日,叶芽开放期 3 月 31 日,初叶期 4 月 7 日,盛叶期 4 月 28 日,全叶期 5 月 14 日,叶成形期 6 月 5 日),花期 4 月 20 日至 6 月 23 日(花芽膨大期 4 月 20 日,吐蕾期 5 月 16 日,初花期 5 月 17 日,盛花期 5 月 27 日,末花期 6 月 12 日,无花期 6 月 23 日),果期 6 月 12 日至 12 月 1 日(坐果期 6 月 12 日,成熟期 10 月 26 日,初落果期 11 月 20 日,盛落果期 12 月 1 日),叶脱落期 11 月 4 日至 12 月 20 日(叶初变色期 11 月 4 日,叶片始落期 12 月 6 日,落叶盛期 12 月 20 日)。

【重要物候节点图谱】

叶芽膨大期

叶芽开放期

盛叶期

花芽膨大期

初花期

盛花期

坐果期

65.迎春(金梅、金腰带)

【学名】 *Jasminum nudiflorum* Lindl.

【科属】 木犀科 素馨属

【主要形态特征】 落叶灌木,直立或匍匐,高 0.3~5 m。枝条细长,呈拱形下垂,小枝四棱形,绿色,棱上多少具狭翼。三出复叶对生,全缘,叶轴具狭翼;小叶卵状椭圆形,先端锐尖或钝，具短尖头，基部楔形，叶缘反卷；顶生小叶片较大，无柄或基部延伸成短柄形。花单生于去年生小枝的叶腋，稀生于小枝顶端；花萼绿色，裂片 5~6 枚，窄披针形；花冠黄色，长圆形或椭圆形，先端锐尖或圆钝，通常 6 裂。花期 4~5 月。

【识别要点】 小枝细长拱形，绿色，4 棱。三出复叶对生，小叶卵状椭圆形，表面有基部突起的短刺毛。花黄色，单生，花冠通常 6 裂。

【生态习性】 迎春主要分布在华北、辽宁、陕西、山东等地。喜光，稍耐荫，略耐寒，怕涝，不耐盐碱。

【观赏价值及园林用途】 迎春枝条披垂，冬末至早春先花后叶，花色金黄，叶丛翠绿，多用来布置花坛，点缀庭院，配植山石、溪流及坡地，是重要的早春花木。

【物候历】 叶展期 2 月 28 日至 5 月 20 日（叶芽膨大期 2 月 28 日，叶芽开放期 3 月 26 日，初叶期 3 月 31 日，盛叶期 4 月 11 日，全叶期 4 月 30 日，叶成形期 5 月 20 日），花期头年 12 月 17 日至 4 月 11 日（花芽膨大期头年 12 月 17 日，吐蕾期 2 月 25 日，初花期 3 月 3 日，盛花期 3 月 14 日，末花期 3 月 24 日，无花期 4 月 11 日），果期 3 月 24 日至 5 月 8 日（坐果期 3 月 24 日，成熟期 4 月 30 日，初落果期 5 月 1 日，盛落果期 5 月 8 日），叶脱落期 10 月 24 日至 11 月 26 日（叶初变色期 10 月 24 日，叶片始落期 10 月 29 日，落叶盛期 11 月 10 日，落叶末期 11 月 20 日，无叶期 11 月 26 日）。

【重要物候节点图谱】

叶芽膨大期

初叶期

叶形成期

吐蕾期

初花期

盛花期

坐果期

成熟期

66.探春（迎夏）

【学名】 *Jasminum floridum* Bunge

【科属】 木犀科　素馨属

【主要形态特征】 半常绿蔓性灌木，高达 1~3 m；小枝绿色，光滑。奇数羽状复叶互生，小叶通常为 3~5 枚，卵形或长椭圆状卵形，先端尖，基部楔形，无毛；顶生小叶片稍大，具小叶柄，侧生小叶片近无柄；中脉在表面凹下，在背面隆起。顶生聚伞花序，花冠金黄色，花形比迎春花稍大，裂片 5；花冠裂片卵形或长圆形，边缘具纤毛，明显短于花冠管；花萼裂片与萼筒等长；5~6 月开放。

【识别要点】 小枝绿色，光滑。奇数羽状复叶互生，小叶 3~5 枚，长 1~3.5 cm，中脉在表面凹下，在背面隆起。花萼裂片与萼筒等长，聚伞花序有花 3~25 朵。

【生态习性】 探春为我国特有植物。产于华北、西北及四川、西藏等地，河北、陕西、山东等地有分布。抗寒力不及迎春。

【观赏价值及园林用途】 探春植株低矮，可作园林观赏花木。

【物候历】 叶展期 2 月 28 日至 5 月 26 日（叶芽膨大期 2 月 28 日，叶芽开放期 3 月 28 日，初叶期 4 月 4 日，盛叶期 4 月 16 日，全叶期 5 月 6 日，叶成形期 5 月 26 日），花期 4 月 20 日至 7 月 25 日（花芽膨大期 4 月 20 日，吐蕾期 5 月 7 日，初花期 5 月 10 日，盛花期 5 月 27 日，末花期 6 月 20 日，无花期 7 月 25 日），果期 6 月 20 日至 10 月 17 日（坐果期 6 月 20 日，成熟期 9 月 5 日，初落果期 9 月 22 日，盛落果期 10 月 17 日），叶脱落期 12 月 17 日至次年 1 月 21 日（叶初变色期 12 月 17 日，叶片始落期 12 月 22 日，落叶盛期 12 月 30 日，落叶末期次年 1 月 10 日，次年无叶期 1 月 21 日）。

【重要物候节点图谱】

叶芽膨大期

叶芽开放期

盛叶期

花芽膨大期

全叶期

初花期

盛花期

坐果期

67.连翘（黄绶带）

【学名】 *Forsythia suspensa* (Thunb.) Vahl

【科属】 木犀科 连翘属

【主要形态特征】 落叶灌木，高达 3 m。枝细长并开展呈拱形，小枝中空，浅褐色，节部有隔板，皮孔多而显著。单叶，卵形或卵状椭圆形，长 3~10 cm，缘有齿，有少数的叶片 3 裂或者裂成 3 小叶状。花萼绿色，与花冠管近等长；花亮黄色，通常具橘红色条纹；雄蕊常短于雌蕊；花冠基部管状，上部 4 裂，裂片卵圆形，花单生或簇生。3~4 月叶前开放。

【识别要点】 枝细长并开展呈拱形，小枝中空，浅褐色，节部有隔板。叶卵形或卵状椭圆形，少数叶片 3 裂或者裂成 3 小叶状。花亮黄色，单生或簇生，花萼绿色，与花冠管近等长。

【生态习性】 连翘主产于我国北部地区。喜光，耐寒，有一定的耐荫性，耐干旱瘠薄，怕涝；不择土壤，抗病虫害能力强。

【观赏价值及园林用途】 连翘先叶开花，香气淡艳，满枝金黄，艳丽可爱，是早春优良观花灌木。适宜于宅旁、亭阶、墙隅、篱下与路边配植，也宜于溪边、池畔、岩石、假山下栽种。因根系发达，也可作花篱或护堤树栽植。

【物候历】 叶展期2月20日至5月26日(叶芽膨大期2月20日，叶芽开放期3月16日，初叶期3月25日，盛叶期4月20日，全叶期5月6日，叶成形期5月26日)，花期2月12日至4月13日(花芽膨大期2月12日，吐蕾期3月10日，初花期3月13日，盛花期3月22日，末花期4月6日，无花期4月13日)，果期3月25日至11月10日(坐果期3月25日，成熟期5月17日，初落果期10月20日，盛落果期11月10日)，叶脱落期10月26日至12月12日(叶初变色期10月26日，叶片始落期11月1日，落叶盛期11月10日，落叶末期12月1日，无叶期12月12日)。

【重要物候节点图谱】

叶芽膨大期

初叶期

全叶期

花芽膨大期

吐蕾期

盛花期-1

盛花期-2

坐果期

68.金钟花(黄金条、细叶连翘)

【学名】 *Forsythia viridissima* Lindl.

【科属】 木犀科　连翘属

【主要形态特征】 落叶灌木，高1.5~3 m。枝条直立，小枝近四棱形，淡紫绿色，皮孔明显，髓呈薄片状，节部纵剖面无隔板。叶片椭圆形至披针形，顶端锐尖，基部楔形，上部边缘有细齿或近全缘。花金黄色，1~3朵腋生；花萼卵形，长为花冠筒的一半；花冠裂片4，狭长圆形，反卷。蒴果卵圆形，顶端喙状，长约1.5 cm。花期3~4月，果期7~8月。

【识别要点】 枝直立性较强，小枝近四棱形，淡紫绿色，枝髓片状，节部纵剖面无隔板。单叶长椭圆形至披针形，上部边缘有细齿或近全缘，表面深绿色。花金黄色，裂片较狭长，反卷；花萼长为花冠筒的一半。

【生态习性】 金钟花分布于我国中部地区。喜光，耐半荫；耐热、耐寒、耐旱、耐湿；黄河以南地区夏季不需遮荫，冬季无需入室。

【观赏价值及园林用途】 金钟花先花后叶，花金黄灿烂，可丛植于草坪、墙隅、路边、庭院等处。

【变种及栽培变种】 朝鲜连翘[var. *koreana* Rehd.(*F.koreana* Nakai)]枝开展拱形，枝髓

片状，叶较金钟花略宽，基部全缘，广楔形，中下部最宽。花较大而华美，雄蕊长于雌蕊。原产于朝鲜。以下三种为朝鲜连翘的栽培变种。

(1)金叶连翘(*Forsythia koreana* Nakai‘Sun Gold’)枝开展，小枝黄色，弯曲下垂。叶对生，宽椭圆形或卵形，长 3~10 cm，叶色从黄绿至黄色，枝叶较密。花黄色，1~3 朵生于叶腋，3~4 月叶前开放。耐干旱，抗寒性强，喜光，栽植于阳光充足或稍遮阴，偏酸性、湿润、排水良好的土壤上。钙质土壤上生长良好。

(2)金边连翘(黄斑叶连翘)(*Forsythia koreana* Nakai‘Variegata’)叶边为亮丽的金黄色，花深黄色。

(3)金脉连翘(网叶连翘)(*Forsythia koreana* Nakai‘Goldvein’)整个生长季节叶色嫩绿，叶脉金黄色。

【物候历】 叶展期 3 月 12 日至 6 月 12 日(叶芽膨大期 3 月 12 日，叶芽开放期 4 月 2 日，初叶期 4 月 12 日，盛叶期 5 月 6 日，全叶期 5 月 21 日，叶成形期 6 月 12 日)，花期 2 月 17 日至 4 月 27 日(花芽膨大期 2 月 17 日，吐蕾期 3 月 15 日，初花期 3 月 17 日，盛花期 4 月 12 日，末花期 4 月 19 日，无花期 4 月 27 日)，果期 4 月 19 日至 11 月 20 日(坐果期 4 月 19 日，成熟期 8 月 26 日，初落果期 11 月 6 日，盛落果期 11 月 20 日)，叶脱落期 10 月 26 日至 12 月 1 日(叶初变色期 10 月 26 日，叶片始落期 11 月 2 日，落叶盛期 11 月 20 日，落叶末期 11 月 26 日，无叶期 12 月 1 日)。

【重要物候节点图谱】

初叶期

全叶期

花芽膨大期

初花期

盛花期

坐果期

69.卵叶连翘

【学名】 *Forsythia ovata* Nakai

【科属】 木犀科　连翘属

【主要形态特征】 落叶灌木，高 1.5 m。树皮灰色或暗灰色。枝条开展，小枝灰黄色或淡黄棕色，微具棱，白膜质剥裂，具片状髓，皮孔明显。叶片革质，卵圆形或宽卵圆形，长 5~7 cm，先端突尖，基部截形或圆形，有时浅心形；有锯齿或近全缘，淡绿色，两面无毛，下面叶脉明显隆起。花单生，花梗短，只有 2~4 mm；萼片宽卵形，绿色或紫色，长为花冠筒一半；花冠琥珀黄色，长 1.5~2 cm，裂片宽矩圆形，先端钝或略呈截形。蒴果卵形或椭圆状卵形，棕褐色，长 1~1.5 cm。花期较早。

【识别要点】 树皮灰色或暗灰色。小枝白膜质剥裂，灰黄色或黄色，皮孔明显。枝开展，具片状髓。叶卵圆形或宽卵圆形，缘有齿或近全缘，两面无毛，背脉明显隆起。花单生，琥珀黄色，裂片宽矩圆形，先端钝或略呈截形；花梗短；花萼长为花冠筒一半；花期较早。

【生态习性】 卵叶连翘原产于朝鲜，我国东北地区一些城市有栽培。喜光，耐半荫，耐寒，耐旱。对土壤要求不严，喜土层深厚，也耐瘠薄，忌积水。抗烟尘及有毒气体。根系较浅，耐移植。

【观赏价值及园林用途】 卵叶连翘可用于风景林、公园、庭院、街道绿化，宜孤植、丛植或花篱式带状栽植。

【同属相似种】 东北连翘（*F. mandshurica* Uyeki）与卵叶连翘的主要区别：当年生枝绿色，疏生白色皮孔，二年生枝灰黄色或淡黄褐色，疏生褐色皮孔。叶片纸质，宽卵形、椭圆形或近圆形，长 5~12 cm，叶缘具齿牙状锯齿，叶下面疏被柔毛。花梗长于卵叶连翘；花萼裂片下面呈紫色，卵圆形，边缘具睫毛；花冠黄色，裂片披针形，先端钝或凹；雄蕊短于雌蕊。花期 5 月。

【物候历】 叶展期 2 月 28 日至 5 月 27 日（叶芽膨大期 2 月 28 日，叶芽开放期 3 月 26 日，初叶期 4 月 1 日，盛叶期 4 月 20 日，全叶期 5 月 6 日，叶成形期 5 月 27 日），花期 1 月 21 日至 4 月 1 日（花芽膨大期 1 月 21 日，吐蕾期 3 月 4 日，初花期 3 月 6 日，盛花期 3 月 14 日，末花期 3 月 21 日，无花期 4 月 1 日），果期 3 月 21 日至 8 月 30 日（坐果期 3 月 21 日，成熟期 7 月 10 日，初落果期 8 月 5 日，盛落果期 8 月 30 日），叶脱落期 10 月 26 日至 12 月 26 日（叶初变色期 10 月 26 日，叶片始落期 11 月 29 日，落叶盛期 12 月 10 日，落叶末期 12 月 16 日，无叶期 12 月 26 日）。

【重要物候节点图谱】

初叶期

全叶期

吐蕾期

盛花期

70.紫丁香（丁香）

【学名】 *Syringa oblata* Lindl.

【科属】 木犀科 丁香属

【主要形态特征】 落叶灌木或小乔木，高 4~5 m；小枝较粗壮，无毛。单叶对生，广卵形，宽通常大于长，宽 5~10 cm，先端渐尖，基部近心形，全缘，两面无毛。花冠堇紫色，端 4 裂；花筒细长，长 1~1.2 cm，裂片开展；花药黄色，生于花冠筒中部或中上部；成密集圆锥花序；4~5 月开花。蒴果长卵形，顶端尖，光滑；种子有翅。

【识别要点】 叶广卵形，宽通常大于长，先端渐尖，基部近心形，全缘，两面无毛。花冠堇紫色，花筒细长，裂片开展，成密集圆锥花序。

【生态习性】 紫丁香原产于我国东北南部、华北、西北及内蒙古、四川，朝鲜也有分布。喜充足阳光，也耐半荫。适应性较强，耐寒、耐旱、耐瘠薄，病虫害较少。以排水良好、疏松的中性土壤为宜，忌酸性土。

【观赏价值及园林用途】 丁香花芬芳袭人，为著名的观赏花木之一，欧美园林中广为栽植，在我国园林中亦占有重要位置。常种植于公园、花园、庭院以及路边，还可用于切花。而且丁香对二氧化硫有较强的吸收能力，可净化空气。

【栽培变种】 白丁香‘Alba’花白色，叶较小，背面微有柔毛，花枝上的叶常无毛。白丁香花色洁白素雅，常植于庭园观赏。

【物候历】 叶展期 2 月 16 日至 5 月 29 日(叶芽膨大期 2 月 16 日，叶芽开放期 3 月 12 日，初叶期 3 月 30 日，盛叶期 4 月 24 日，全叶期 5 月 9 日，叶成形期 5 月 29 日)，花期 2 月 16 日至 4 月 26 日(花芽膨大期 2 月 16 日，吐蕾期 4 月 2 日，初花期 4 月 4 日，盛花期 4 月 12 日，末花期 4 月 18 日，无花期 4 月 26 日)，果期 4 月 18 日至 10 月 17 日(坐果期 4 月 18 日，成熟期 8 月 26 日，初落果期 10 月 12 日，盛落果期 10 月 17 日)，叶脱落期 10 月 4 日至 11 月 26 日(叶初变色期 10 月 4 日，叶片始落期 10 月 28 日，落叶盛期 11 月 14 日，落叶末期 11 月 20 日，无叶期 11 月 26 日)。

【重要物候节点图谱】

初叶期

盛叶期

吐蕾期

初花期

盛花期

叶成形期

花芽膨大期

成熟期

71.华丁香(裂叶丁香)

【学名】 *Syringa laciniata* Mill.

【科属】 木犀科　丁香属

【主要形态特征】 落叶灌木，高达 2~2.5 m。枝直立或稍拱曲，棕褐色，无毛，疏生皮孔；小枝紫褐色，细弱，四棱形，外有薄膜状剥裂。叶全缘或分裂，长 1~4 cm；通常枝条上部和花枝上的叶趋向全缘，枝条下部和下面枝条的叶常具 3~9 羽状深裂至全裂；叶片和裂片呈披针形、长圆状椭圆形、宽椭圆形至卵形或倒卵形，先端钝或锐尖，基部楔形，上面深绿色，下面淡绿色，两面无毛，下面具明显黑色腺点。圆锥花絮侧生，长 2~10 cm；花淡紫色或紫色，有香气,长 1~2 cm,花冠管近圆柱形。果长圆形至长卵形,带四棱形,长 0.8~1.5 cm,先端凸尖、锐尖或钝,皮孔不明显。花期 4~6 月,果期 6~8 月。

【识别要点】 叶大部或全部为 3~9 羽状深裂至全裂;花淡紫色或紫色,有香气;果略呈四棱形。

【生态习性】 华丁香原产于我国西北部(甘肃和内蒙古)。我国北方地区常有栽培。

【观赏价值及园林用途】 华丁香花色淡雅,枝叶秀丽,为极优美的园林观赏树种。

【物候历】 叶展期 2 月 25 日至 5 月 20 日(叶芽膨大期 2 月 25 日,叶芽开放期 3 月 16 日,初叶期 3 月 25 日,盛叶期 4 月 16 日,全叶期 4 月 30 日,叶成形期 5 月 20 日),花期 3 月 8 日至 5 月 10 日(花芽膨大期 3 月 8 日,吐蕾期 4 月 2 日,初花期 4 月 3 日,盛花期 4 月 16 日,末花期 4 月 23 日,无花期 5 月 10 日),果期 4 月 16 日至 10 月 26 日(坐果期 4 月 16 日,成熟期 9 月 20 日,初落果期 10 月 12 日,盛落果期 10 月 26 日),叶脱落期 10 月 10 日至 12 月 1 日(叶初变色期 10 月 10 日,叶片始落期 11 月 12 日,落叶盛期 11 月 20 日,落叶末期 11 月 26 日,无叶期 12 月 1 日)。

【重要物候节点图谱】

叶芽开放期

初叶期

花芽膨大期

初花期

盛花期

坐果期

成熟期

72.暴马丁香

【学名】 *Syringa reticulata* (Bl.) Hara var. *mandshurica* (Maxim.) Hara (S. *amurensis* Rupr.)

【科属】 木犀科 丁香属

【主要形态特征】 暴马丁香是日本丁香的变种。落叶灌木或小乔木,高达 4~10 m,具直立或开展枝条。树皮紫灰褐色,具细裂纹;当年生枝绿色或略带紫晕,无毛,疏生皮孔;二年生枝棕褐色,光亮,无毛,具较密皮孔。叶卵圆形,长 2.5~13 cm,先端短尾尖至尾状渐尖或锐尖,基部常圆形;上面黄绿色,网脉明显凹陷使叶面皱缩,下面淡黄绿色,叶脉显著隆起,无毛,叶柄长不足 1.7 cm。圆锥花序由 1 到多对着生于同一枝条上的侧芽抽生,长达 30 cm;花白色,较小,花丝与花冠裂片近等长或长于裂片,花药黄色。果长椭圆形,光滑或具细小皮孔。花期

6~7 月,果期 8~10 月。

【识别要点】 树皮紫灰褐色,具细裂纹。枝上皮孔显著,小枝较细。叶片基部常圆形,上面黄绿色,网脉明显凹陷使叶面皱缩,下面淡黄绿色,叶脉显著隆起,无毛。圆锥花序大而疏散,花白色,较小,花丝与花冠裂片近等长或长于裂片,花冠筒甚短。

【生态习性】 暴马丁香原产于黑龙江、吉林、辽宁。喜温暖湿润气候,耐严寒,对土壤要求不严,喜湿润的冲积土。

【观赏价值及园林用途】 暴马丁香树姿美观,花香浓郁,可做蜜源植物和提取芳香油,也是公园、庭院及行道较好的绿化观赏树种。

【同属相似种】 原种日本丁香[*S. reticulata* (Bl.) Hara] 产于日本,叶片为卵形、宽卵形或卵圆形,基部圆形至浅心形,下面被短柔毛,沿中脉尤密。

【物候历】 叶展期 2 月 25 日至 5 月 20 日(叶芽膨大期 2 月 25 日,叶芽开放期 3 月 11 日,初叶期 3 月 20 日,盛叶期 4 月 12 日,全叶期 4 月 27 日,叶成形期 5 月 20 日),花期 4 月 2 日至 7 月 12 日(花芽膨大期 4 月 2 日,吐蕾期 6 月 8 日,初花期 6 月 10 日,盛花期 6 月 20 日,末花期 7 月 7 日,无花期 7 月 12 日),果期 5 月 20 日至 10 月 18 日(坐果期 5 月 20 日,成熟期 9 月 8 日,初落果期 10 月 12 日,盛落果期 10 月 18 日),叶脱落期 9 月 12 日至 11 月 12 日(叶初变色期 9 月 12 日,叶片始落期 10 月 7 日,落叶盛期 10 月 20 日,落叶末期 10 月 26 日,无叶期 11 月 12 日)。

【重要物候节点图谱】

叶芽膨大期

叶成形期

初叶期

花芽膨大期

初花期

吐蕾期

盛花期

坐果期

73.北京丁香

【学名】 *Syringa pekinensis* Rupr.

【科属】 木犀科 丁香属

【主要形态特征】 大灌木或小乔木,高可达 10 m;树皮褐色或灰棕色,纵裂。小枝带红褐色,细长,向外开展,具显著皮孔。叶片纸质,卵形、宽卵形至近圆形,或为椭圆状卵形至卵状披针形,长 2.5~10 cm,宽 2~6 cm,先端长渐尖、骤尖、短渐尖至锐尖,基部圆形、截形至近心形,或为楔形;上面深绿色,干时略呈褐色,无毛;下面灰绿色,无毛,稀被短柔毛,侧脉平或略凸起;叶柄细弱,长 3.0 cm,无毛,稀有被短柔毛。圆锥花序腋生,长 5~20 cm,花序轴、花梗、花萼无毛;花序轴散生皮孔;花冠乳白色,呈辐状,花冠管与花萼近等长或略长,裂片卵形或长椭圆形,花丝与花冠裂片近等长,花药黄色。果长椭圆形至披针形,长 1.5~2.5 cm,先端锐尖至长渐尖,光滑,稀疏生皮孔。花期 5~8 月,果期 8~10 月。

【识别要点】 树皮褐色或灰棕色,纵裂。小枝细长,开展,皮孔明显。叶片纸质,卵形至卵状披针形,叶脉在叶面平,叶柄长于暴马丁香。花冠乳白色,呈辐状,花冠管与花萼近等长或略长,花丝与花冠裂片近等长,花期晚。果先端锐尖至长渐尖,光滑,稀疏生皮孔。属晚花丁香种。

【生态习性】 北京丁香原产于内蒙古、河北、山西、河南、陕西、宁夏、甘肃、四川北部。耐寒性较强,也耐高温。喜光,亦较耐荫,对土壤要求不严,适应性强,耐干旱。

【观赏价值及园林用途】 北京丁香枝叶茂盛,北京庭园广为栽培供观赏。对城市环境适应性较强,也可用作景观树和行道树。

【栽培变种】 黄丁香'Beijing Huang'由北京植物园选育而成。花黄色,其他同原种。

【物候历】 叶展期 2 月 25 日至 5 月 20 日(叶芽膨大期 2 月 25 日,叶芽开放期 3 月 11 日,初叶期 3 月 20 日,盛叶期 4 月 12 日,全叶期 4 月 27 日,叶成形期 5 月 20 日),花期 4 月 6 日至 5 月 30 日(花芽膨大期 4 月 6 日,吐蕾期 5 月 4 日,初花期 5 月 6 日,盛花期 5 月 20 日,末花期 5 月 28 日,无花期 5 月 30 日),果期 5 月 25 日至 10 月 18 日(坐果期 5 月 25 日,成熟期 9 月 8 日,初落果期 10 月 12 日,盛落果期 10 月 18 日),叶脱落期 9 月 12 日至 11 月 12 日(叶初变色期 9 月 12 日,叶片始落期 10 月 7 日,落叶盛期 10 月 20 日,落叶末期 10 月 26 日,无叶期 11 月 12 日)。

【重要物候节点图谱】

叶芽膨大期

叶芽开放期

初叶期

花芽膨大期

74.皱叶丁香

【学名】 *Syringa mairei*(Lévl.) Rehder

【科属】 木犀科 丁香属

【主要形态特征】 灌木或小乔木,高约 2 m。小枝淡褐色,圆柱形,密被短柔毛,疏生皮孔;老枝棕褐色,无毛。叶片革质,卵形、宽椭圆形至近圆形,或倒卵形,先端锐尖、凸尖或钝,基部楔形、宽楔形至近圆形,叶缘具睫毛;上面绿色,疏被或密被短柔毛,下面绿白色,密被柔毛;中脉和侧脉在上面凹入,下面凸起,细脉在上面明显凹入使叶面皱缩;叶柄短,密被柔毛。圆锥花序长 6~14 cm,花序轴密被短柔毛或较疏,皮孔明显,近无梗;花萼红紫色,密被微柔毛或较疏；花冠紫红色，盛开时呈白色；花冠管近圆柱形，细弱，裂片展开，卵形至长圆状椭圆形，长 3~5 mm，先端有时内弯略呈兜状而具喙；花药黄色。果长圆状披针形，长 1~2 cm，先端渐尖，皮孔不明显。花期 7 月，果期 7~11 月。

【识别要点】 叶片革质，较大，叶缘具睫毛，上面疏被或密被短柔毛，下面密被柔毛，叶脉在上面明显凹入使叶面呈皱缩状。花冠紫红色，盛开时呈白色。果皮孔不明显。

【生态习性】 皱叶丁香产于四川西部、云南北部、西藏东南部。

【观赏价值及园林用途】 皱叶丁香可用于园林观赏。

【物候历】 叶展期 3 月 8 日至 6 月 2 日(叶芽膨大期 3 月 8 日，叶芽开放期 3 月 23 日，初叶期 3 月 30 日，盛叶期 4 月 28 日，全叶期 5 月 12 日，叶成形期 6 月 2 日)，花期 3 月 29 日至 7 月 24 日(花芽膨大期 3 月 29 日，吐蕾期 6 月 25 日，初花期 6 月 27 日，盛花期 7 月 6 日，末花期 7 月 14 日，无花期 7 月 24 日)，果期 5 月 14 日至 10 月 16 日(坐果期 5 月 14 日，成熟期 8 月 20 日，初落果期 9 月 26 日，盛落果期 10 月 16 日)，叶脱落期 8 月 18 日至 11 月 16 日(叶初变色期 8 月 18 日，叶片始落期 9 月 25 日，落叶盛期 10 月 25 日，落叶末期 11 月 4 日，无叶期 11 月 16 日)。

【重要物候节点图谱】

叶芽膨大期

初叶期

花芽膨大期

吐蕾期

全叶期

初花期

坐果期

75.小叶丁香(四季丁香)

【学名】 *Syringa microphylla* Diels

【科属】 木犀科 丁香属

【主要形态特征】 落叶小灌木，高达 1.5~1.8 m；小枝无棱，幼时多少具毛。叶卵圆形，长 1~4 cm，幼时两面有毛，老叶仅背脉有毛或近无毛。花淡紫红色，较细小，长约 1 cm，芳香；圆锥花序较松散，长 3~7 cm；花序轴、花梗有柔毛；花期 4~5 月及 9 月。蒴果小，先端稍弯，有瘤状突起。每年春、秋季开花两次，故又称四季丁香，果期 7~9 月。

本亚种特点在于其小枝、花序轴近圆柱形，连同花梗、花萼呈紫色，被微柔毛或短柔毛。芽黄褐色，叶片下面疏被或密被短柔毛。圆锥花序较松散，花冠紫红色，盛开时外面呈淡紫红色，内带白色；花药紫色或紫黑色，着生于距花冠管喉部 0~3 mm 处。

【识别要点】 叶卵圆形，幼叶两面有毛，老叶仅背脉有毛或近无毛；圆锥花序，花萼呈紫色，花冠紫红色，盛开时外面呈淡紫红色，内带白色；每年春、秋季开花两次；蒴果小，有瘤状突起。

【生态习性】 小叶丁香原产于我国北部及中部。喜充足阳光，也耐半荫。适应性较强，耐寒、耐旱、耐瘠薄，病虫害较少。以排水良好、疏松的中性土壤为宜，忌酸性土。忌积涝、湿热。

【观赏价值及园林用途】 小叶丁香是一种美丽的观花灌木，各地庭园时见栽培观赏。

【物候历】 叶展期 3 月 5 日至 5 月 24 日(叶芽膨大期 3 月 5 日，叶芽开放期 3 月 21 日，初叶期 3 月 28 日，盛叶期 4 月 18 日，全叶期 5 月 3 日，叶成形期 5 月 24 日)，春季花期 3 月 21 日至 5 月 17 日(花芽膨大期 3 月 21 日，吐蕾期 4 月 11 日，初花期 4 月 13 日，盛花期 4 月 29 日，末花期 5 月 11 日，无花期 5 月 17 日)，秋季花期 6 月 20 日至 9 月 20 日(花芽膨大期 6 月 20 日，吐蕾期 8 月 7 日，初花期 8 月 9 日，盛花期 8 月 24 日，末花期 9 月 12 日，无花期 9 月 20 日)，果期 4 月 29 日至 10 月 20 日(坐果期 4 月 29 日，成熟期 9 月 10 日，初落果期 9 月 26 日，盛落果期 10 月 20 日)，叶脱落期 10 月 22 日至 11 月 20 日(叶初变色期 10 月 22 日，叶片始落期 10 月 26 日，落叶盛期 11 月 2 日，落叶末期 11 月 10 日，无叶期 11 月 20 日)。

【重要物候节点图谱】

叶芽膨大期

全叶期

花芽膨大期

初花期

盛花期

76.雪柳

【学名】 *Fontanesia fortunei* Carr.

【科属】 木犀科 雪柳属

【主要形态特征】 落叶灌木或小乔木，高达 5 m；树皮灰褐色。枝淡黄色，四棱形。叶片纸质，披针形、卵状披针形或狭卵形，长 4~12 cm，先端锐尖至渐尖，基部楔形，全缘，侧脉斜向上延伸，两面稍凸起。圆锥花序顶生或腋生；花冠深裂至近基部，裂片卵状披针形，先端钝，基部合生。坚果扁平，先端微凹，花柱宿存，边缘具窄翅；种子长约 3 mm，具 3 棱。花期 4~6 月，果期 6~10 月。

【识别要点】 树皮灰褐色；枝细长直立，四棱形。单叶对生，披针形、卵状披针形或狭卵形，长 4~12 cm，全缘，无毛。花小，花冠 4 裂几达基部，绿白色或微带红色；圆锥花序顶生或腋生。小坚果扁，周围有翅。

【生态习性】 雪柳主产于黄河流域至长江下游地区。喜光，稍耐荫，耐寒，耐干旱，喜湿润肥沃的土壤，适应性强，耐修剪。

【观赏价值及园林用途】 雪柳叶形似柳，花白如雪，为优良观花灌木。可丛植于池畔、坡地、路旁、崖边或树丛边缘，颇具雅趣。

【物候历】 叶展期 3 月 9 日至 6 月 12 日（叶芽膨大期 3 月 9 日，叶芽开放期 4 月 10 日，初叶期 4 月 15 日，盛叶期 4 月 29 日，全叶期 5 月 15 日，叶成形期 6 月 12 日），花期 4 月 2 日至 5 月 20 日（花芽膨大期 4 月 2 日，吐蕾期 4 月 27 日，初花期 4 月 29 日，盛花期 5 月 7 日，末花期 5 月 13 日，无花期 5 月 20 日），果期 5 月 13 日至 10 月 17 日（坐果期 5 月 13 日，成熟期 7 月 20 日，初落果期 8 月 5 日，盛落果期 10 月 17 日），叶脱落期 8 月 24 日至 12 月 26 日（叶初变色期 8 月 24 日，叶片始落期 9 月 13 日，落叶盛期 11 月 26 日，落叶末期 12 月 6 日，无叶期 12 月 26 日）。

【重要物候节点图谱】

叶芽膨大期

叶芽开放期

初叶期

全叶期

坐果期

77.糯米条

【学名】 *Abelia chinensis* R. Br.

【科属】 忍冬科　六道木属

【主要形态特征】 落叶多分枝灌木，高达 1.5~2 m。嫩枝被微毛，红褐色，老枝树皮纵裂。叶对生，有时 3 枚轮生；叶柄长 1~5 mm；叶片圆卵形至椭圆状卵形，长 2~5 cm，先端急尖或短渐尖，基部圆形或心形，边缘有稀疏圆锯齿，上面疏被短毛，下面沿中脉及侧脉的基部密生柔毛。聚伞花序生于小枝上部叶腋，由多数花序集合成一圆锥花簇；花芳香，萼片 5，粉红色，果期变红色；花冠白色至粉红色，漏斗状，长 1~1.2 cm，外具微毛，裂片 5，圆卵形；雄蕊伸出。果长约 5 mm，具短柔毛。花期 9 月，果期 10 月。

【识别要点】 幼枝及叶柄带红色。叶对生，有时 3 枚轮生，背面脉上有柔毛。花冠 5 裂，白色或带粉红色，萼片 5，粉红色；雄蕊伸出。密集聚伞花序在枝梢复合成圆锥状。

【生态习性】 糯米条产于长江以南各地海拔 1500 m 以下山区。喜光，稍耐荫，耐干旱瘠薄，有一定耐寒性；怕强光暴晒，喜温暖、湿润气候；对土壤要求不严，酸性、中性土壤均能生长，但以肥沃的沙质壤土为宜；根系发达，萌芽性强。

【观赏价值及园林用途】 糯米条树形丛状，枝条细弱柔软，大团花序生于枝前，小花洁白秀雅，花期长，花香浓郁，是不可多得的秋花树木，可群植或列植或修成花篱，也可栽植于池畔、路边、草坪等处。

【物候历】 叶展期 2 月 1 日至 5 月 20 日（叶芽膨大期 2 月 1 日，叶芽开放期 2 月 22

日，初叶期3月29日，盛叶期4月18日，全叶期5月2日，叶成形期5月20日），花期6月30日至10月16日（花芽膨大期6月30日，吐蕾期7月20日，初花期7月23日，盛花期8月28日，末花期10月8日，无花期10月16日），果期8月28日至11月18日（坐果期8月28日，成熟期10月20日，初落果期10月26日，盛落果期11月18日），叶脱落期11月20日至次年1月28日（叶初变色期11月20日，叶片始落期12月1日，落叶盛期12月16日，落叶末期次年1月10日，无叶期次年1月28日）。

【重要物候节点图谱】

叶芽膨大期

初叶期

全叶期

花芽膨大期

初花期

盛花期

78.猬实

【学名】 *Kolkwitzia amabilis* Graebn.

【科属】 忍冬科　猬实属

【主要形态特征】 落叶灌木，高达3 m；干皮薄片状剥落；小枝幼时疏生长毛。单叶对生，卵形至卵状椭圆形，长3~7 cm，基部圆形，先端渐尖，缘疏生浅齿或近全缘，两面有毛；叶柄短。花成对，两花萼筒紧贴，密生硬毛；花冠钟状，粉红色，喉部黄色，长1.5~2.5 cm，端5裂，顶生伞房状聚伞花序；5月初开花。瘦果状核果卵形，2个合生，密被黄色刺刚毛，形似刺猬，猬实也因此得名。

【识别要点】 干皮薄片状剥落；单叶对生，缘疏生浅齿或近全缘，两面有毛。花成对，两花萼筒紧贴，密生硬毛；花冠粉红色，端5裂，顶生伞房状聚伞花序。核果形似刺猬。

【生态习性】 猬实原产于我国中部至西北部。喜光，有一定的耐寒力；喜排水良好的肥沃土壤，也有一定的耐干旱自播能力。采用播种、分株、扦插繁殖。

【观赏价值及园林用途】 猬实花繁密而美丽，果形奇特，是我国特产的著名观花观果植物，多丛植于草坪、路边及假山旁，也可盆栽或做切花用。

【物候历】 叶展期3月11日至6月8日（叶芽膨大期3月11日，叶芽开放期4月1日，初叶期4月9日，盛叶期5月2日，全叶期5月17日，叶成形期6月8日），花期4月11日至6月2日（花芽膨大期4月11日，吐蕾期4月22日，初花期4月24日，盛花期5月11

日，末花期5月22日，无花期6月2日)，果期5月14日至10月20日(坐果期5月14日，成熟期9月1日，初落果期9月12日，盛落果期10月20日)，叶脱落期10月26日至12月1日(叶初变色期10月26日，叶片始落期11月4日，落叶盛期11月16日，落叶末期11月26日，无叶期12月1日)。

【重要物候节点图谱】

全叶期

吐蕾期

坐果期

叶芽开放期

初花期

盛花期-1

盛花期-2

成熟期

79.锦带花

【学名】 *Weigela florida*(Bunge)A.DC.

【科属】 忍冬科　锦带花属

【主要形态特征】 落叶灌木，高达3 m。小枝细弱，幼时有柔毛。单叶对生，具短柄，叶片椭圆形或卵状椭圆形，长5~10 cm，先端渐尖，基部圆形，边缘有锯齿；叶面深绿色，背面青白色，表面脉上有毛，背面尤密。花3~4朵组成伞房花序，着生于小枝的顶端或叶腋，花冠漏斗状钟形，花径约3 cm，紫红至淡粉红色、玫瑰红色，里面较淡，外面疏生短柔毛，端5裂，花柱伸出花冠外；花萼5裂，披针形，中部以下合生，萼筒绿色；花期5~6月。蒴果柱状，种子无翅；果期10月。

【识别要点】小枝细弱，具两行柔毛。叶椭圆形或卵状椭圆形，缘有锯齿，表面无毛或仅中脉有毛，背面脉上显具柔毛。花冠玫瑰红色，漏斗形，端5裂，花柱伸出花冠外；花萼5裂，披针形，下半部合生，近无毛，萼筒绿色；花通常3~4朵成伞房花序。

【生态习性】 锦带花原产于我国长江流域及其以北的广大地区，日本、朝鲜也有分布。喜光，耐半荫，耐寒。对土壤要求不严，能耐瘠薄土壤，但以深厚、湿润而腐殖质丰富的土壤最好，怕水涝。萌芽力强，生长迅速。

【观赏价值及园林用途】 本种花朵繁密而艳丽，花期长，是北方园林中重要的观花灌木之一。可群植和丛植于庭院墙隅、湖畔、山旁、坡地等处。

【栽培变种】

(1)深粉锦带花(‘粉公主’锦带花)‘Pink Princess’花深粉红色，花期较一般的锦带花早约半个月。花繁密而色彩亮丽，整体效果好。

(2)紫叶锦带花‘Purpurea’植株紧密,高达 1.5 m;叶带褐紫色,花紫粉色。

(3)红花锦带花(‘红王子’锦带花)‘Red Prince’ 花鲜红色,繁密而下垂。其优良芽变类型金叶锦带‘Aurea’枝条开展成拱形,嫩枝淡红色,老枝灰褐色,叶长椭圆形,花鲜红色,繁茂艳丽,整个生长季叶片为金黄色,抗寒性强,也较耐干旱、耐污染。

(4)白花锦带花‘Alba’花近白色,有微香。

(5)变色锦带花‘Versicolor’初开时奶油白色,后变红色。

(6)花叶锦带花‘Variegata’叶边淡黄白色,花色由白逐渐变为粉红色。

(7)亮粉锦带花‘Abel Carriere’花亮粉色,盛开时整株被花朵覆盖。

(8)繁花锦带花‘Eva Rathke’株丛直立紧密,花较大,深红色,极其繁茂。

【物候历】 叶展期 3 月 2 日至 6 月 5 日(叶芽膨大期 3 月 2 日,叶芽开放期 3 月 28 日,初叶期 4 月 6 日,盛叶期 4 月 27 日,全叶期 5 月 12 日,叶成形期 6 月 5 日),花期 4 月 16 日至 9 月 28 日(花芽膨大期 4 月 16 日,吐蕾期 4 月 24 日,初花期 4 月 28 日,盛花期 5 月 12 日,末花期 5 月 31 日,无花期 9 月 28 日),果期 5 月 22 日至 10 月 12 日(坐果期 5 月 22 日,成熟期 8 月 26 日,初落果期 9 月 20 日,盛落果期 10 月 12 日),叶脱落期 11 月 2 日至 12 月 1 日(叶初变色期 11 月 2 日,叶片始落期 11 月 9 日,落叶盛期 11 月 20 日,落叶末期 11 月 26 日,无叶期 12 月 1 日)。

【重要物候节点图谱】

叶芽膨大期

叶芽开放期

全叶期

花芽膨大期

吐蕾期

盛花期

坐果期

成熟期

80.琼花

【学名】 *Viburnum macrocephalum* Fort.f. *keteleeri* (Carr.) Rehd.

【科属】 忍冬科 荚蒾属

【主要形态特征】 灌木,高达 4 m。树皮灰褐色或灰白色;枝广展,树冠呈球形。幼枝有垢屑状星状毛,老枝灰黑色。叶对生,卵形、椭圆形或近圆形,长 5~8 cm,边缘有细齿,背面疏生星状毛。聚伞花序集成伞房状,中央为可孕花,边缘为八朵大型不孕花,花瓣顶端常凹缺。核果椭圆形,先红后黑。花期 4 月,果熟期 9~10 月。

【识别要点】 芽、幼技、叶柄及花序均密被灰白色或黄白色簇状短毛,后渐变无毛。叶先端钝圆，缘有齿牙状细齿，上面初时密被簇状短毛，后仅中脉有毛，下面被簇状短毛。聚伞花序全部由大型不孕花组成。

【生态习性】 我国南北各地均有栽培。喜温暖湿润气候，较耐寒，宜在肥沃、湿润、排水良好的土壤中生长。

【观赏价值及园林用途】 琼花用于庭园栽培观赏，以扬州栽培的琼花最为有名。

【物候历】 叶展期 3 月 6 日至 6 月 15 日(叶芽膨大期 3 月 6 日，叶芽开放期 3 月 22 日，初叶期 3 月 29 日，盛叶期 5 月 8 日，全叶期 5 月 23 日，叶成形期 6 月 15 日)，花期 3 月 13 日至 5 月 10 日(花芽膨大期 3 月 13 日，吐蕾期 4 月 13 日，初花期 4 月 20 日，盛花期 5 月 1 日，末花期 5 月 6 日，无花期 5 月 10 日)，果期 5 月 1 日至 10 月 27 日(坐果期 5 月 1 日，成熟期 9 月 13 日，初落果期 10 月 7 日，盛落果期 10 月 27 日)，叶脱落期 11 月 5 日至次年 2 月 8 日(叶初变色期 11 月 5 日，叶片始落期次年 1 月 7 日，落叶盛期次年 1 月 11 日，落叶末期次年 2 月 3 日，无叶期次年 2 月 8 日)。

【重要物候节点图谱】

叶芽膨大期

叶芽开放期

全叶期

坐果期

成熟期

花芽膨大期

初花期

盛花期

81.绣球荚蒾(木绣球)

【学名】 *Viburnum macrocephalum* Fort.

【科属】 忍冬科 荚蒾属

【主要形态特征】 落叶或半常绿灌木，高达 4 m。树皮灰褐色或灰白色；芽、幼枝、叶柄及花序均密被灰白色或黄白色簇状短毛，后渐变无毛。单叶对生，叶纸质，卵形至椭圆形或卵状矩圆形，长 5~11 cm，顶端钝或稍尖，基部圆或微心形，边缘有小齿，上面初时密被簇状短毛，后仅中脉有毛，下面被簇状短毛，侧脉 5~6 对，近缘前互相网结，上面连同中脉略凹陷，下面凸起。聚伞花序直径 8~15 cm，全部由大型不孕花组成，总花梗长 1~2 cm，第一级辐射枝 5 条，花生于第三级辐射枝上；萼齿与萼筒几等长；花冠白色，直径 1.5~4 cm，裂片圆状倒卵形，筒部甚短，雌蕊不育。花期 4~5 月。

【识别要点】 芽、幼枝、叶柄及花序均密被灰白色或黄白色簇状短毛，后渐变无毛。叶先端钝圆，缘有齿牙状细齿，上面初时密被簇状短毛，后仅中脉有毛，下面被簇状短毛。聚伞花序全部由大型不孕花组成。

【生态习性】　我国南北各地均有栽培。喜光,稍耐荫,耐寒性不强。

【观赏价值及园林用途】　绣球荚蒾用于庭园观赏。

【物候历】　叶展期 2 月 3 日至 6 月 20 日(叶芽膨大期 2 月 3 日,叶芽开放期 3 月 11 日,初叶期 3 月 25 日,盛叶期 5 月 12 日,全叶期 5 月 27 日,叶成形期 6 月 20 日),花期 3 月 11 日至 5 月 16 日(花芽膨大期 3 月 11 日,吐蕾期 4 月 13 日,初花期 4 月 23 日,盛花期 5 月 4 日,末花期 5 月 8 日,无花期 5 月 16 日),果期 5 月 6 日至 9 月 7 日(坐果期 5 月 6 日,成熟期 6 月 23 日,初落果期 7 月 8 日,盛落果期 9 月 7 日),叶脱落期 11 月 5 日至次年 2 月 11 日(叶初变色期 11 月 5 日,叶片始落期次年 1 月 7 日,落叶盛期次年 1 月 12 日,落叶末期次年 2 月 5 日,无叶期次年 2 月 11 日)。

【重要物候节点图谱】

叶芽开放期

初叶期

盛花期

末花期

82.欧洲荚蒾

【学名】　*Viburnum lantana* L.

【科属】　忍冬科　荚蒾属

【主要形态特征】　落叶灌木,高达 4~5 m;小枝幼时有糠状毛,冬芽裸露。叶卵形至椭圆形,长 5~12 cm,先端尖或钝,基部圆形或心形,缘有小齿,侧脉直达齿尖,两面有星状毛。聚伞花序再集成伞形复花序,径6~10 cm;花冠白色,裂片长于筒部。核果卵状椭球形,长约 8 mm,由红变黑色。花期 5~6 月,果期 8~9 月。

【识别要点】　叶卵形至椭圆形,冬芽裸露。聚伞花序再集成伞形复花序,花冠白色。核果卵状椭球形。

【生态习性】　欧洲荚蒾原产于欧洲及亚洲西部,久经栽培。北京植物园有引种。生长强健,耐寒性较强。

【栽培变种】　有金叶'Aureum'、斑叶'Variegatum'、变色叶'Versicolor'等栽培变种。

【观赏价值及园林用途】　本种是观花观果的好树种,有时秋叶变暗红色。果熟时能引来鸟类,给园林增添生气。

【物候历】　叶展期 2 月 22 日至 6 月 5 日(叶芽膨大期 2 月 22 日,叶芽开放期 3 月 11 日,初叶期 3 月 25 日,盛叶期 4 月 23 日,全叶期 5 月 13 日,叶成形期 6 月 5 日),花期 3 月

12 日至 5 月 13 日(花芽膨大期 3 月 12 日,吐蕾期 4 月 16 日,初花期 4 月 20 日,盛花期 4 月 28 日,末花期 5 月 10 日,无花期 5 月 13 日),果期 5 月 10 日至 10 月 14 日(坐果期 5 月 10 日,成熟期 8 月 6 日,初落果期 9 月 2 日,盛落果期 10 月 14 日),叶脱落期 10 月 12 日至 12 月 6 日(叶初变色期 10 月 12 日,叶片始落期 10 月 26 日,落叶盛期 11 月 9 日,落叶末期 11 月 26 日,无叶期 12 月 6 日)。

【重要物候节点图谱】

叶芽开放期

全叶期

花芽膨大期

吐蕾期

盛花期

坐果期

成熟期

叶初变色期

83.金银木(金银忍冬)

【学名】 *Lonicera maackii* (Rupr.) Maxim.

【科属】 忍冬科　忍冬属

【主要形态特征】 落叶灌木或小乔木,高可达 6 m;小枝髓黑褐色,后变中空。叶卵状椭圆形或卵状披针形,两面疏生柔毛。花成对腋生,总梗长 1~2 mm,苞片线形;花冠二唇形,白色,后变黄色,长约 2 cm,下唇瓣长为花冠筒的 2~3 倍。浆果熟时暗红色。花期 4~6 月,9~10 月果熟。

【识别要点】 小枝中空。叶两面疏生柔毛。花成对腋生,苞片线形;花冠二唇形,白色,后变黄色,下唇瓣长为花冠筒的 2~3 倍。浆果熟时暗红色。

【生态习性】 金银木原产于我国东北、华北、华东、陕西、甘肃至西南地区,朝鲜、日本、俄罗斯也有分布。性强健,喜光,耐半荫,耐寒,耐干旱,管理简单。

【观赏价值及园林用途】 金银木树势旺盛,枝叶丰满,花果并美,具有较高的观赏价值,是良好的观赏灌木。常丛植于草坪、山坡、林缘、路边或点缀于建筑周围。

【物候历】 叶展期 2 月 20 日至 5 月 20 日(叶芽膨大期 2 月 20 日,叶芽开放期 3 月 14 日,初叶期 3 月 21 日,盛叶期 4 月 12 日,全叶期 4 月 27 日,叶成形期 5 月 20 日),花期 3 月 18 日至 5 月 26 日(花芽膨大期 3 月 18 日,吐蕾期 4 月 12 日,初花期 4 月 14 日,盛花期 4 月 28 日,末花期 5 月 17 日,无花期 5 月 26 日),果期 5 月 17 日至 10 月 12 日(坐果期 5 月 17 日,成熟期 6 月 21 日,初落果期 7 月 1 日,盛落果期 10 月 12 日),叶脱落期 10 月 16 日至 12

月 6 日(叶初变色期 10 月 16 日,叶片始落期 10 月 20 日,落叶盛期 11 月 2 日,落叶末期 11 月 26 日,无叶期 12 月 6 日)。

【重要物候节点图谱】

叶芽膨大期

叶芽开放期

全叶期

花芽膨大期

盛花期

末花期

坐果期

成熟期

84.郁香忍冬(香吉利子)

【学名】 *Lonicera fragrantissima* Lindl.et Paxt.

【科属】 忍冬科 忍冬属

【主要形态特征】 半常绿灌木,高 2~3 m;枝具白髓,无顶芽;幼枝无毛或疏生刚毛。叶厚纸质或带革质,卵状椭圆形至卵状披针形,长 4~8 cm,先端短尖,基部圆形或广楔形,表面无毛,背面蓝绿色,近基部及中脉有刚毛。花成对腋生,两花萼合生达中部以上;花冠二唇形,上唇 4 裂片,下唇长约 1 cm,无毛,反曲;花白色或带粉色,芳香;3~4 月开花。浆果球形,红色,两果基部合生。

【识别要点】 枝具白髓,幼枝无毛或被疏刺刚毛。叶近革质,背面疏被平伏刚毛。两花合生叶腋;花萼筒连合,无毛;花冠唇形,白色或带粉红色斑纹,有芳香。浆果鲜红色,两果合生。

【生态习性】 郁香忍冬分布于我国山西、山东、河南及华东地区。喜光,也耐荫。喜肥沃湿润土壤。耐寒,忌涝。

【观赏价值及园林用途】 本种花期早而芳香,适宜在庭院、草坪边缘、园路旁、转角、假山前后及亭榭附近栽植。

【物候历】 叶展期 2 月 22 日至 5 月 12 日(叶芽膨大期 2 月 22 日,叶芽开放期 3 月 8 日,初叶期 3 月 13 日,盛叶期 4 月 1 日,全叶期 4 月 20 日,叶成形期 5 月 12 日),花期头年 12 月 2 日至 4 月 9 日(花芽膨大期头年 12 月 2 日,吐蕾期 1 月 18 日,初花期 1 月 21 日,盛花期 3 月 19 日,末花期 4 月 1 日,无花期 4 月 9 日),果期 3 月 19 日至 6 月 25 日(坐果期 3 月 19 日,成熟期 5 月 12 日,初落果期 6 月 15 日,盛落果期 6 月 25 日),叶脱落期 11 月 6 日至次年 1 月 21 日(叶初变色期 11 月 6 日,叶片始落期 11 月 11 日,落叶盛期 12 月 17 日,落叶末期 12 月 26 日,无叶期次年 1 月 21 日)。

【重要物候节点图谱】

叶芽膨大期

叶芽开放期

全叶期

花芽膨大期

初花期

盛花期

坐果期

成熟期

85.新疆忍冬(鞑靼忍冬)

【学名】 *Lonicera tatarica* L.

【科属】 忍冬科 忍冬属

【主要形态特征】 落叶灌木,高达3~4 m;小枝中空,无毛。叶卵形或卵状椭圆形,长2.5~6 cm,基部圆形或心形,两面无毛,表面暗绿色,背面苍绿色。花成对腋生,具一长总花梗;花冠二唇形,长2~2.5 cm,粉红、红或白色,上唇4裂片(中间两裂片之间裂得较浅);花冠外面光滑,里面有毛;5~6月开花。浆果红色,晶莹透亮,常合生;7~8月果熟。

【识别要点】 小枝中空,叶两面无毛。花成对腋生,具一长总花梗;花冠外面光滑,里面有毛,粉红、红或白色,上唇4裂(中间两裂片之间裂得较浅),雄蕊5枚,短于花冠。浆果红色,常合生。

【生态习性】 新疆忍冬原产于欧洲东部至西伯利亚,我国新疆北部有分布。华北及东北地区有栽培。用播种或扦插法繁殖。

【观赏价值及园林用途】 新疆忍冬花美叶秀,可栽培于庭院、花境观赏。

【栽培变种】 阿诺红鞑靼忍冬'Arnoldred'株高1~1.5 m,花对生于叶腋,呈管状、漏斗状或钟状,深红色,具芳香,浆果红色。阿诺红鞑靼忍冬不仅具有良好的景观价值,而且耐荫、耐寒、耐瘠薄,能生长在贫瘠的砂砾土上,且有较强的萌芽和萌蘖能力,对于干旱的北方城市更具有极高的生态价值。

【物候历】 叶展期2月16日至5月20日(叶芽膨大期2月16日,叶芽开放期3月11日,初叶期3月17日,盛叶期4月12日,全叶期4月27日,叶成形期5月20日),花期3月18日至5月26日(花芽膨大期3月18日,吐蕾期4月12日,初花期4月14日,盛花期4月27日,末花期5月19日,无花期5月26日),果期4月24日至7月23日(坐果期4月24日,成熟期6月1日,初落果期6月25日,盛落果期7月23日),叶脱落期9月26日至12月1日(叶初变色期9月26日,叶片始落期10月12日,落叶盛期10月29日,落叶末期11月12日,无叶期12月1日)。

【重要物候节点图谱】

叶芽膨大期

初叶期

全叶期

初花期

盛花期

坐果期

成熟期

86.蓝叶忍冬

【学名】 *Lonicera korolkowi* Stapf'Zabclii'

【科属】 忍冬科　忍冬属

【主要形态特征】 落叶灌木，株高2~2.5 m，株型直立，紧密。新叶嫩绿，老叶墨绿色泛蓝。花朵成对生于腋生的花序柄顶端，花脂红色，花期4~5月。浆果亮红色，果期8~9月。

【识别要点】 蓝叶忍冬是柯氏忍冬(*Lonicera korolkowii* Stapf.)的栽培变种。株型直立，新叶嫩绿，老叶墨绿色泛蓝，花脂红色。

【生态习性】 东北、华北、西北及长江流域均可栽培，喜光、耐寒、稍耐荫、耐修剪。

【观赏价值及园林用途】 蓝叶忍冬花美叶秀，其叶、花、果均具观赏价值，可植于庭院、小区观赏。适合片植或带植，也可作花篱。在潍坊地区生长良好。

【物候历】 叶展期2月16日至5月20日(叶芽膨大期2月16日，叶芽开放期3月11日，初叶期3月17日，盛叶期4月12日，全叶期4月27日，叶成形期5月20日)，花期3月18日至5月26日(花芽膨大期3月18日，吐蕾期4月12日，初花期4月14日，盛花期4月27日，末花期5月19日，无花期5月26日)，果期5月19日至9月13日(坐果期5月19日，成熟期8月27日，初落果期8月31日，盛落果期9月13日)，叶脱落期9月26日至11月26日(叶初变色期9月26日，叶片始落期10月1日，落叶盛期10月12日，落叶末期10月29日，无叶期11月26日)。

【重要物候节点图谱】

叶芽开放期

盛叶期

全叶期

花芽膨大期

初花期

盛花期

坐果期

成熟期

87.雪果

【学名】 *Symphoricarpus albus*(L.)S.F.Blake

【科属】 忍冬科 毛核木属

【主要形态特征】 落叶灌木，高 1~1.5 m。树形开展，成熟小枝拱形下垂。单叶对生，椭圆形至卵形，长达 5 cm，全缘或有裂，背面有毛，具短柄。花冠钟形下垂，粉红色，长约 6 mm，雄蕊不伸出花冠外；1~3 朵簇生； 6~8 月开花。浆果白色，蜡质；10~12 月果熟并宿存越冬。

【识别要点】 叶椭圆形至卵形，全缘或有裂，背面有毛。花粉红色，雄蕊不伸出花冠外；1~3 朵簇生。浆果白色，蜡质。

【生态习性】 雪果原产于北美。耐寒，耐瘠薄和石灰性土壤。

【观赏价值及园林用途】 雪果可植于庭园赏其白果，或栽作果篱。

【物候历】 叶展期 2 月 20 日至 5 月 31 日(叶芽膨大期 2 月 20 日，叶芽开放期 3 月 31 日，初叶期 3 月 28 日，盛叶期 4 月 24 日，全叶期 5 月 10 日，叶成形期 5 月 31 日)，花期 6 月 21 日至 9 月 2 日(花芽膨大期 6 月 21 日，吐蕾期 7 月 6 日，初花期 7 月 7 日，盛花期 7 月 20 日，末花期 8 月 20 日，无花期 9 月 2 日)，果期 7 月 20 日至次年 3 月 2 日(坐果期 7 月 20 日，成熟期 9 月 2 日，初落果期 12 月 15 日，盛落果期次年 3 月 2 日)，叶脱落期 10 月 16 日至 11 月 26 日(叶初变色期 10 月 16 日，叶片始落期 10 月 26 日，落叶盛期 11 月 10 日，落叶末期 11 月 20 日，无叶期 11 月 26 日)。

初叶期

【重要物候节点图谱】

全叶期

花芽膨大期

初花期

成熟期

初落果期

88.接骨木

【学名】 *Sambucus williamsii* Hance

【科属】 忍冬科 接骨木属

【主要形态特征】 落叶灌木或小乔木，高达 4~8 m，枝条有皮孔。奇数羽状复叶对生，小叶 5~11 片，卵圆形、狭椭圆形至倒长圆状披针形，长 5~15 cm，先端尖，基部楔形或圆形，边缘具不整齐锯齿，揉碎后有臭气。花与叶同出，顶生圆锥聚伞花序，长 5~11 cm，具总花梗；花序分枝多成直角开展；花小而密；花冠蕾时带粉红色，开后白色或淡黄色，花冠裂片 5。浆果状核果近球形，黑紫色或红色。花期 4~5 月，果期 9~10 月。

【识别要点】 小枝无毛，密生皮孔，髓淡黄褐色。奇数羽状复叶对生，小叶 5~11 片，卵形至长椭圆状披针形，质较厚而柔软，缘具锯齿，通常无毛，叶揉碎后有臭味。花小而白色或淡黄色，成顶生圆锥花序，分枝成直角。核果浆果状，红色或黑紫色。

【生态习性】 接骨木原产于东北、华北、华东、华中、西北及西南地区。性强健，喜光，耐寒，耐旱。根系发达，萌蘖性强。

【观赏价值及园林用途】 本种枝叶茂密，春季白花满树，夏秋红果累累，宜植于园林绿地观赏。而且对氟化氢等有害气体抗性强，可用于城市、工厂作防护林。枝、叶、根及花均可药用。

【物候历】 叶展期 2 月 20 日至 5 月 24 日(叶芽膨大期 2 月 20 日，叶芽开放期 3 月 16 日，初叶期 3 月 24 日，盛叶期 4 月 20 日，全叶期 5 月 6 日，叶成形期 5 月 24 日)，花期 3 月 15 日至 4 月 28 日(花芽膨大期 3 月 15 日，吐蕾期 4 月 2 日，初花期 4 月 3 日，盛花期 4 月 14 日，末花期 4 月 21 日，无花期 4 月 28 日)，果期 4 月 21 日至 10 月 10 日(坐果期 4 月 21 日，成熟期 9 月 20 日，初落果期 10 月 1 日，盛落果期 10 月 10 日)，叶脱落期 10 月 16 日至 11 月 26 日(叶初变色期 10 月 16 日，叶片始落期 10 月 20 日，落叶盛期 11 月 12 日，落叶末期 11 月 20 日，无叶期 11 月 26 日)。

【重要物候节点图谱】

叶芽开放期

叶成形期

花芽膨大期

盛花期

坐果期

成熟期

89.西洋接骨木

【学名】 *Sambucus nigra* L.

【科属】 忍冬科　接骨木属

【主要形态特征】 落叶灌木或小乔木，高 4~10 m。幼枝具纵条纹，二年生枝黄褐色，具明显凸起的圆形皮孔；髓部发达，白色。羽状复叶有小叶片(3)5~7 片，具短柄，椭圆形或椭圆状卵形，长 4~10 cm，宽 2~3.5 cm，顶端尖或尾尖，边缘具锐锯齿，基部楔形或阔楔形至钝圆而两侧不等，揉碎后有恶臭；中脉基部、小叶柄基部及叶轴均被短柔毛。圆锥形聚伞花序，分枝 5 出，平散，直径达 12 cm；花小而多；萼筒长于萼齿；花冠黄白色，裂片长矩圆形；花丝丝状，花药黄色。果实亮黑色。花期 4~5 月，果熟期 7~8 月。

【识别要点】 幼枝具纵条纹，二年生枝黄褐色，具明显凸起的圆形皮孔；髓心白色。羽状复叶有小叶片(3)5~7 片，基部楔形或阔楔形至钝圆而两侧不等，揉碎后有恶臭；中脉基部、小叶柄基部及叶轴均被短柔毛。聚伞花序平散，分枝 5 出，花小而多；花冠黄白色，裂片长矩圆形。果实亮黑色。

【生态习性】 西洋接骨木原产于欧洲。我国很多地区有引种栽培。适应性较强，对气候要求不严；喜向阳，但又稍耐荫。以肥沃、疏松的土壤为好。

【观赏价值及园林用途】 本种开花美丽，可植于园林绿地观赏。

【同属相似种及栽培变种】

(1)金叶接骨木(*Sambucus canadensis* 'Aurea')是加拿大接骨木(*Sambucus canadensis* L.)的彩叶栽培变种，原产加拿大东部和美国东北部。金叶接骨木小枝髓心白色，叶片狭长，小叶 5~7 片，有尖锯齿，初生叶金黄色，成熟叶黄绿色。花期 5~6 月，成顶生的扁平聚伞花序，花为白色和乳白色。果红色。

(2)金叶裂叶接骨木("金羽"接骨木)(*Sambucus racemosa* 'Plumosa Aurea')本种为红果接骨木(*Sambucus racemosa* L.)的栽培变种，分布于欧洲、北美中部和北部地区。树皮暗灰色，小枝暗红色或紫色。奇数羽状复叶，小叶 5~7 片，椭圆形至卵状披针形，边缘有细锯齿，叶色金黄，初生叶红色。圆锥花序，花小，白色至淡黄色。核果近球形，红色或蓝紫色。

(3)紫叶接骨木(*Sambucus nigra* L.'Purpurea')奇数羽状复叶，小叶椭圆状披针形，新叶紫红色，缘具锯齿，两面光滑无毛 。圆锥状聚伞花序顶生，花冠辐状，白色至淡黄色。浆果状核果近球形，黑紫色或红色。

(4)花叶接骨木(*Sambucus nigra* L.'Variegata')叶边缘有乳黄色或乳白色斑纹。

【物候历】 叶展期 3 月 11 日至 6 月 23 日(叶芽膨大期 3 月 11 日，叶芽开放期 4 月 11 日，初叶期 4 月 16 日，盛叶期 5 月 10 日，全叶期 5 月 30 日，叶成形期 6 月 23 日)，花期 4 月 13 日至 6 月 27 日(花芽膨大期 4 月 13 日，吐蕾期 5 月 7 日，初花期 5 月 8 日，盛花期 5 月 16 日，末花期 6 月 1 日，无花期 6 月 27 日)，果期 6 月 1 日至 8 月 17 日(坐果期 6 月 1 日，成熟期 7 月 20 日，初落果期 8 月 1 日，盛落果期 8 月 17 日)，叶脱落期 10 月 16 日至 12 月 1 日(叶初变色期 10 月 16 日，叶片始落期 10 月 20 日，落叶盛期 11 月 10 日，落叶末期 11 月 20 日，无叶期 12 月 1 日)。

【重要物候节点图谱】

叶芽开放期

初叶期

花芽膨大期

盛花期

全叶期

坐果期

成熟期

第四篇　藤　本

藤本植物是指那些茎干细长，自身不能直立生长，必须依附他物而向上攀缘的植物。藤本植物在一生中都需要借助其他物体生长或匍匐于地面，但也有的植物随环境而变，如果有支撑物，它会成为藤本，但如果没有支撑物，它会长成灌木。潍坊地区较常见的藤本类园林树木有 10 种(含变种、变型、品种)，其中常绿藤本 3 种，分属 3 科 3 属；落叶藤本 7 种，分属 5 科 5 属。

第五章　常绿藤本

1.扶芳藤

【学名】 *Euonymus fortunei* (Turcz.) Hand.-Mazz

【科属】 卫矛科　卫矛属

【主要形态特征】 常绿藤本；茎匍匐或攀缘，能随处生细根。叶薄革质，长卵形至椭圆状倒卵形，长 3~7 cm，先端钝或急尖，基部楔形，边缘齿浅不明显，叶柄短。聚伞花序 3~4 次分枝，花序梗长 2~4 mm，小花多而紧密成团，分枝中央有单花，花白绿色，4 数，直径约 6 mm。蒴果粉红色，果皮光滑，近球状；种子棕褐色，假种皮鲜红色。花期 6 月，果期 10 月。

【识别要点】 小枝常具细密小瘤突，能随处生根。聚伞花序 3~4 次分枝，小花多而紧密成团，具花 7~30 朵，分枝中央有单花。蒴果粉红色，近球形，果皮光滑。叶多为椭圆形或卵形；叶片革质，表面波状不平整，不具光泽，叶柄短，冬季变红。

【生态习性】 我国华北以南地区均有分布。耐荫性强，喜温暖，耐寒。

【观赏价值及园林用途】 本种叶色油绿，入秋常变红色，有极强的攀缘能力，在园林绿化中常用于掩盖墙面、山石或作地被。扶芳藤还能抗多种有害气体，可作为污染严重的工矿区环境绿化树种。

【栽培变种】

(1)爬行卫矛(var.*radicans* Rehd.)，叶较小，长椭圆形，长 1.5~3 cm，先端较钝，叶缘锯齿尖而明显，背面叶脉不明显。攀缘能力更强。

(2)花叶爬行卫矛'Gracilis'('Variegatus')叶似爬行卫矛，但有白色、黄色或粉红色的边缘；各地常盆栽观赏。

【物候历】 叶展期 2 月 8 日至 5 月 26 日(叶芽膨大期 2 月 8 日，叶芽开放期 3 月 20 日，初叶期 3 月 28 日，盛叶期 4 月 20 日，全叶期 5 月 6 日，叶成形期 5 月 26 日)，花期 4 月

12 日至 8 月 10 日(花芽膨大期 4 月 12 日,吐蕾期 6 月 27 日,初花期 6 月 29 日,盛花期 7 月 13 日,末花期 7 月 26 日,无花期 8 月 10 日),果期 7 月 20 日至 12 月 20 日(坐果期 7 月 20 日,成熟期 10 月 10 日,初落果期 12 月 2 日,盛落果期 12 月 20 日)。

【重要物候节点图谱】

初叶期

全叶期

花芽膨大期

吐蕾期

2.中华常春藤

【学名】 *Hedera nepalensis* K.Koch var.*sinensis*(Tobl.)Rehd.

【科属】 五加科 常春藤属

【主要形态特征】 常绿藤本,幼枝上柔毛为鳞片状。营养枝上的叶全缘或 3 浅裂;花果枝的叶椭圆状卵形或卵状披针形,全缘。花淡黄白色或淡绿白色,伞形花序,花期 8~9 月。果黄色或红色,翌年 3 月成熟。

【识别要点】 枝蔓处生有气生根。幼枝上柔毛为鳞片状。花淡黄白色或淡绿白色,伞形花序,果黄色或红色。

【生态习性】 中华常春藤原产于我国中部至南部、西南部,越南、老挝也有分布。耐荫,不耐寒。

【观赏价值及园林用途】 中华常春藤枝叶浓密常青,可用作攀缘假山、树干材料或盆栽观赏。茎、叶可药用。

【物候历】 叶展期 2 月 26 日至 5 月 26 日(叶芽膨大期 2 月 26 日,叶芽开放期 3 月 20 日,初叶期 3 月 28 日,盛叶期 4 月 20 日,全叶期 5 月 6 日,叶成形期 5 月 26 日),花期 5 月 12 日至 9 月 10 日(花芽膨大期 5 月 12 日,吐蕾期 7 月 27 日,初花期 7 月 29 日,盛花期 8 月 13 日,末花期 8 月 26 日,无花期 9 月 10 日),果期 8 月 26 日至次年 3 月 22 日(坐果期 8 月 26 日,成熟期 12 月 2 日,初落果期次年 2 月 12 日,盛落果期次年 3 月 22 日)。

【重要物候节点图谱】

初叶期

盛叶期

全叶期

3.络石

【学名】 *Trachelospermum jasminoides* (Lindl.) Lem.

【科属】 夹竹桃科 络石属

【主要形态特征】 常绿藤本，有气生根，常攀缘在树木、岩石、墙垣上生长。枝蔓长2~10 m，有汁液。老枝光滑，节部常发气生根，幼枝有茸毛。单叶对生，椭圆形至阔披针形，长2.5~6 cm，先端尖，革质，叶面光滑，叶背有毛，叶柄很短。聚伞花序腋生，具长总梗，有花9~15朵；花冠高脚碟状，花瓣5枚，白色，呈片状右螺旋形排列，有芳香；花期6~7月。果筒状双生，果期8~12月，种子上有长毛。

【识别要点】 有气生根，枝有汁液，幼枝上有茸毛。叶对生，革质，叶背有毛，叶柄很短。聚伞花序腋生，花白色，花瓣呈片状右螺旋形排列。果筒状双生，种子有长毛。

【生态习性】 络石原产于我国山东、山西、河南、江苏等地，在我国黄河以南各省份都有分布，喜半荫湿润的环境，耐旱也耐湿，对土壤要求不严，以排水良好的砂壤土最为适宜。

【观赏价值及园林用途】 络石园林中多用作地被。4~5月为盛花期，几乎全株一片白，以后不断有花开，直到11月，长达半年之久，故有"不是茉莉，胜似茉莉"的评价。

【栽培变种】 花叶络石(变色络石)'Variegatum'叶上有白色或乳黄色边缘及斑点，后变成淡红色。

【物候历】 叶展期2月26日至5月26日(叶芽膨大期2月26日，叶芽开放期3月20日，初叶期3月28日，盛叶期4月20日，全叶期5月6日，叶成形期5月26日)，花期3月12日至8月10日(花芽膨大期3月12日，吐蕾期5月27日，初花期5月29日，盛花期6月13日，末花期7月26日，无花期8月10日)，果期7月20日至12月22日(坐果期7月20日，成熟期10月13日，初落果期12月8日，盛落果期12月22日)。

【重要物候节点图谱】

初叶期

叶成形期

盛花期

末花期

第六章　落叶藤本

1.紫藤

【学名】 *Wisteria sinensis* (Sims) Sweet

【科属】 蝶形花科　紫藤属

【主要形态特征】 落叶缠绕大藤本，干皮深灰色，不裂，茎左旋性，长达18~30(40) m。嫩枝暗黄绿色密被柔毛，冬芽扁卵形，密被柔毛。一回奇数羽状复叶互生，有小叶3~6对，长

4.5~8 cm，先端渐尖，基部圆或宽楔形，幼时两面密被平伏柔毛，老叶近无毛。侧生总状花序，长达 30~35 cm，呈下垂状；总花梗、小花梗及花萼密被柔毛；花蝶形，紫堇色，芳香，4~5 月叶前开放或花叶同放。荚果长条形，长 10~20 cm，密生黄色绒毛。种子扁球形，黑色。

【识别要点】 茎左旋性，小枝被柔毛。小叶 3~6 对，卵状椭圆形至卵状披针形，幼时两面密被平伏柔毛，老叶近无毛；上部小叶较大，基部 1 对最小。先叶开花，花序轴、花梗及萼均被白色柔毛；花冠紫色或紫堇色。荚果密生黄色绒毛。

【生态习性】 我国南北各地均有分布，并广为栽培。喜光，对气候及土壤的适应性强。可用播种、扦插、压条、分株、嫁接等方法进行繁殖。

【观赏价值及园林用途】 紫藤繁花浓荫，是优良的观花藤本植物，适栽于湖畔、池边、假山、石坊等处。在庭院中可应用于园林棚架，或用其攀绕枯木。还可做成姿态优美的悬崖式盆景。

【同属相似种】 藤萝（*Wisteria villosa* Rehd.）与紫藤近似，主要区别是叶成熟后背面仍密被白色长柔毛；小叶 4~5 对，卵状长圆形或椭圆状长圆形，自下而上逐渐缩小，但最下 1 对并非最大。花淡紫色，花序长约 30 cm；盛花时叶半展开。荚果倒披针形，密生灰白色柔毛；种子褐色。

【物候历】 叶展期 3 月 15 日至 6 月 25 日（叶芽膨大期 3 月 15 日，叶芽开放期 4 月 12 日，初叶期 4 月 20 日，盛叶期 5 月 13 日，全叶期 6 月 2 日，叶成形期 6 月 25 日），花期 3 月 15 日至 5 月 13 日（花芽膨大期 3 月 15 日，吐蕾期 4 月 11 日，初花期 4 月 12 日，盛花期 4 月 20 日，末花期 5 月 6 日，无花期 5 月 13 日），果期 5 月 6 日至 11 月 14 日（坐果期 5 月 6 日，成熟期 9 月 20 日，初落果期 11 月 2 日，盛落果期 11 月 14 日），叶脱落期 10 月 29 日至 12 月 1 日（叶初变色期 10 月 29 日，叶片始落期 11 月 2 日，落叶盛期 11 月 16 日，落叶末期 11 月 26 日，无叶期 12 月 1 日）。

【重要物候节点图谱】

叶芽膨大期

初叶期

叶成形期

花芽膨大期

吐蕾期

初花期

盛花期

成熟期

2.南蛇藤

【学名】 *Celastrus orbiculatus* Thunb.

【科属】 卫矛科 南蛇藤属

【主要形态特征】 落叶灌木，长达 12 m。小枝光滑无毛，灰棕色或棕褐色，具稀而不明显的皮孔。单叶互生，阔倒卵形或长方椭圆形，长 5~13 cm，两面光滑无毛或叶背脉上具稀疏短柔毛，侧脉 3~5 对，缘有疏钝齿。花小，单性或杂性，黄绿色，常 3 朵腋生成聚伞状圆锥花序。蒴果球形，鲜黄色，径 7~9 mm，熟时 3 瓣裂；假种皮深红色。花期 5~6 月，果期 7~10 月。

【识别要点】 藤状灌木。小枝疏生淡色皮孔。叶互生，具柄，托叶小，早落。聚伞状圆锥花序腋生，花小，黄绿色，3 朵一组。蒴果鲜黄色，假种皮深红色。

【生态习性】 南蛇藤分布于我国东北、华北、西北至长江流域，朝鲜、日本也有分布。性强健，耐瘠薄、耐干旱 、耐寒冷，抗逆性强。

【观赏价值及园林用途】 本种姿态优美，秋叶红色或黄色，蒴果鲜黄，裂开后露出红色的种子更为美丽；茎、蔓、叶、果都具有较高的观赏价值，是城市垂直绿化的优良树种。宜植于棚架、墙垣、岩壁、河岸、坡地等处。

【同属相似种】 苦皮藤（苦树皮）（*Celastrus angulatus* Maxim.） 小枝常具 4~6 纵棱，皮孔密生，白色。叶大，近革质，长方阔椭圆形、阔卵形、圆形，长 7~17 cm，先端圆阔，中央具尖头，侧脉 5~7 对，在叶背面明显突起。聚伞状圆锥花序顶生，长 10~20 cm，花梗粗壮，有棱；花黄绿色。蒴果近球状，黄色，径 8~10 mm；种子近椭圆形，假种皮红色。

【物候历】 叶展期 3 月 9 日至 6 月 12 日（叶芽膨大期 3 月 9 日，叶芽开放期 4 月 11 日，初叶期 4 月 18 日，盛叶期 5 月 8 日，全叶期 5 月 23 日，叶成形期 6 月 12 日），花期 4 月 12 日至 5 月 25 日（花芽膨大期 4 月 12 日，吐蕾期 5 月 6 日，初花期 5 月 8 日，盛花期 5 月 11 日，末花期 5 月 19 日，无花期 5 月 25 日），果期 5 月 15 日至 10 月 8 日（坐果期 5 月 15 日，成熟期 8 月 10 日，初落果期 9 月 29 日，盛落果期 10 月 8 日），叶脱落期 10 月 26 日至 12 月 1 日（叶初变色期 10 月 26 日，叶片始落期 11 月 11 日，落叶盛期 11 月 20 日，落叶末期 11 月 26 日，无叶期 12 月 1 日）。

【重要物候节点图谱】

叶芽膨大期

叶芽开放期

叶成形期

花芽膨大期

初花期

盛花期

坐果期

成熟期

3.五叶地锦(美国地锦)

【学名】 *Parthenocissus quinquefolia* (L.) Planch.

【科属】 葡萄科 地锦(爬山虎)属

【主要形态特征】 植株无毛,茎长达 20 m;小枝圆柱形,卷须具 5~12 分枝。掌状复叶,小叶 5 片,卵状椭圆形,长达 15 cm,缘有粗齿,具短柄,叶无白粉,背面苍白色。花由聚伞花序组成圆锥花序。浆果球形,径约 9 mm,偏蓝色。

【识别要点】 叶掌状复叶,小叶 5 片,叶无白粉,背面苍白色;聚伞花序组成圆锥花序;浆果球形,偏蓝色。

【生态习性】 五叶地锦原产于美国,华北及东北地区有栽培。喜湿润、肥沃土壤,生长快。

【观赏价值及园林用途】 美国地锦秋叶变红,十分艳丽,对二氧化硫等有害气体有较强的抗性,是垂直绿化主要树种之一,适于配植院墙、庭园入口、桥头等处,也宜作工矿企业的垂直绿化材料。

【物候历】 叶展期 3 月 4 日至 6 月 5 日(叶芽膨大期 3 月 4 日,叶芽开放期 4 月 2 日,初叶期 4 月 11 日,盛叶期 4 月 30 日,全叶期 5 月 15 日,叶成形期 6 月 5 日),花期 4 月 27 日至 7 月 10 日(花芽膨大期 4 月 27 日,吐蕾期 6 月 7 日,初花期 6 月 9 日,盛花期 6 月 18 日,末花期 6 月 25 日,无花期 7 月 10 日),果期 6 月 18 日至 11 月 9 日(坐果期 6 月 18 日,成熟期 10 月 18 日,初落果期 10 月 20 日,盛落果期 11 月 9 日),叶脱落期 10 月 26 日至 12 月 1 日(叶初变色期 10 月 26 日,叶片始落期 11 月 5 日,落叶盛期 11 月 20 日,落叶末期 11 月 26 日,无叶期 12 月 1 日)。

【重要物候节点图谱】

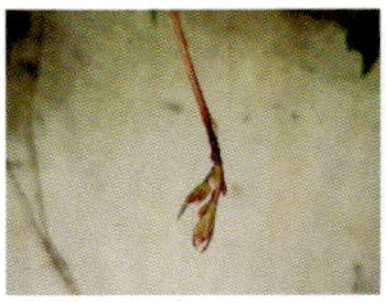

叶芽膨大期

叶芽开放期

初叶期

全叶期

叶成形期

花芽膨大期

坐果期

4.地锦(爬山虎)

【学名】 *Parthenocissus tricuspidata* (Sieb. et Zucc.) Planch.

【科属】 葡萄科 地锦(爬山虎)属

【主要形态特征】 落叶藤本,长达 15~20 m;借卷须分枝端的黏性吸盘攀缘。单叶互生,广卵形,长 4.5~17 cm,通常 3 浅裂或不裂,顶端裂片急尖,基部心形,缘有粗齿;上面绿色,无毛，下面浅绿色，无毛或中脉上疏生短柔毛，基出脉 5。聚伞花序常生于短枝上。浆果球形，蓝黑色。花期 5~8 月，果期 9~10 月。

【识别要点】 借卷须分枝端的黏性吸盘攀缘。单叶通常 3 裂或不裂。聚伞花序，花黄绿色。浆果球形，蓝黑色。

【生态习性】 地锦分布于我国东北南部至华南、西南地区，朝鲜、日本也有分布。喜阴湿，对土壤和气候适应性强。

【观赏价值及园林用途】 地锦植株攀缘能力强，入秋叶变红色或橙黄色，颇为美丽，是垂直绿化的优选植物，既可美化环境，又能降温，调节空气，减少噪声。

【物候历】 叶展期 3 月 4 日至 6 月 5 日(叶芽膨大期 3 月 4 日，叶芽开放期 4 月 2 日，初叶期 4 月 11 日，盛叶期 4 月 30 日，全叶期 5 月 15 日，叶成形期 6 月 5 日)，花期 5 月 8 日至 7 月 19 日(花芽膨大期 5 月 8 日，吐蕾期 7 月 3 日，初花期 7 月 5 日，盛花期 7 月 12 日，末花期 7 月 16 日，无花期 7 月 19 日)，果期 7 月 12 日至 10 月 26 日(坐果期 7 月 12 日，成熟期 10 月 8 日，初落果期 10 月 14 日，盛落果期 10 月 26 日)，叶脱落期 10 月 26 日至 12 月 9 日(叶初变色期 10 月 26 日，叶片始落期 11 月 5 日，落叶盛期 11 月 16 日，落叶末期 11 月 26 日，无叶期 12 月 9 日)。

【重要物候节点图谱】

叶芽膨大期

叶芽开放期

初叶期

全叶期

叶成形期

坐果期

5.凌霄(紫葳)

【学名】 *Campsis grandiflora*(Thunb.)Schum.

【科属】 紫葳科 凌霄属

【主要形态特征】 落叶藤本，长达 9 m，借气生根攀缘。羽状复叶对生；小叶 7~11 片，卵形至卵状披针形，长 3~7 cm，先端长尖，基部不对称，两面无毛，边缘疏生锯齿，两小叶间有淡黄色柔毛。花由三出聚伞花序集成稀疏顶生圆锥花丛；花萼钟形，质较薄，绿色，有 5 条突起纵棱，5 裂至中部，裂片披针形；花冠漏斗状，红色或橙红色，质地较薄；冠筒长约 4.5 cm，里面橙黄色，脉紫红色。蒴果长如豆荚，顶端钝。花期 6~8 月，果期 11 月。

【识别要点】 小叶7~11片，两面无毛。花冠红色或橘红色；花萼绿色，5裂至中部；顶生聚伞花序或圆锥花序。蒴果细长，先端钝。

【生态习性】 凌霄分布于黄河和长江流域，广东、广西、贵州各地有栽培。喜光，喜温暖湿润的环境，稍耐荫，喜欢排水良好的土壤，较耐水湿，并有一定的耐盐碱能力。

【观赏价值及园林用途】 凌霄生性强健，枝繁叶茂，入夏后朵朵红花缀于绿叶中次第开放，十分美丽，花期长，是理想的垂直绿化花木品种，可用于棚架、假山、花廊、墙垣绿化。

【物候历】 叶展期3月8日至6月12日(叶芽膨大期3月8日，叶芽开放期4月2日，初叶期4月11日，盛叶期5月8日，全叶期5月23日，叶成形期6月12日)，花期5月22日至9月30日(花芽膨大期5月22日，吐蕾期6月15日，初花期6月17日，盛花期7月28日，末花期9月12日，无花期9月30日)，果期7月28日至11月5日(坐果期7月28日，成熟期8月20日，初落果期10月17日，盛落果期11月5日)，叶脱落期11月2日至12月1日(叶初变色期11月2日，叶片始落期11月9日，落叶盛期11月16日，落叶末期11月26日，无叶期12月1日)。

【重要物候节点图谱】

叶芽膨大期

初叶期

全叶期

花芽膨大期

吐蕾期

盛花期

末花期

6.美国凌霄(厚萼凌霄)

【学名】 *Campsis radicans* (L.)Seem.

【科属】 紫葳科 凌霄属

【主要形态特征】 美国凌霄与凌霄相似，不同点是，小叶较多，9~13片，背面至少脉上密生白色绢毛。花冠较小，质地较厚，深红至暗红色；冠筒长约6 cm，里面暗红色。花萼棕红色，质地厚，无纵棱，裂得较浅(裂片长约为冠筒的1/3)；硕果先端尖。

【识别要点】 小叶较多，背面至少脉上有毛。花冠较小，深红至暗红色；冠筒长，里面暗红色；花萼棕红色，质地厚，无纵棱，裂得较浅。硕果先端尖。

【生态习性】 美国凌霄原产于美国西南部。耐寒性比凌霄强。

【观赏价值及园林用途】 我国各地庭院常见栽培观赏。

【杂交种】 红黄萼凌霄(杂种凌霄)(*C.×tagliabuana* Rehd.)为凌霄与美国凌霄的杂交

种,性状介于两者之间。叶背面沿脉疏生白色绢毛。圆锥花序较疏散,花橙红至红色,冠筒长,内面橙黄色,脉深红色,基部深红色与黄色相间;花萼黄绿带红色,质稍厚,有5条纵棱,裂片长约为冠筒的1/2。生长旺盛,攀援要求一些支持。

【物候历】 叶展期3月8日至6月12日(叶芽膨大期3月8日,叶芽开放期4月2日,初叶期4月11日,盛叶期5月8日,全叶期5月23日,叶成形期6月12日),花期5月22日至9月20日(花芽膨大期5月22日,吐蕾期6月15日,初花期6月16日,盛花期7月13日,末花期9月10日,无花期9月20日),果期7月13日至11月5日(坐果期7月13日,成熟期8月20日,初落果期10月17日,盛落果期11月5日),叶脱落期11月2日至12月1日(叶初变色期11月2日,叶片始落期11月9日,落叶盛期11月16日,落叶末期11月26日,无叶期12月1日)。

【重要物候节点图谱】

花芽膨大期

吐蕾期

初花期

盛花期

7.忍冬(金银花)

【学名】 *Lonicera japonica* Thunb.

【科属】 忍冬科 忍冬属

【主要形态特征】 半常绿缠绕藤本;小枝中空,有柔毛。叶卵形或椭圆形,长3~8 cm,两面具柔毛。花成对腋生,有总梗,苞片叶状,长达2 cm;花冠二唇形,长3~4 cm,上唇具4裂片,下唇狭长而反卷,约等于花冠筒长,花由白色变黄色,芳香;萼筒无毛;花期5~7月。浆果黑色,球形;10~11月果熟。

【识别要点】 小枝中空,有柔毛。叶两面具柔毛。花成对腋生,有总梗,苞片叶状,花冠二唇形,上唇具4裂片,下唇狭长而反卷,花由白色变黄色,萼筒无毛。浆果黑色。

【生态习性】 忍冬分布于我国辽宁、华北、华东、华中及西南地区,朝鲜、日本也有分布。性强健,喜光,耐荫,耐寒,耐干旱和水湿;根系繁密,萌蘖性强。

【观赏价值及园林用途】 忍冬为轻细藤本,夏日开花不绝,黄白相映,且有芳香,是良好的垂直绿化及棚架材料。花为有名的中药材,能清热解毒、抗菌消炎。

【变种】 红白忍冬(红金银花)(var.*chinensis* Baker) 茎及嫩叶带紫红色,叶近光滑,背脉稍有毛;花冠外面紫红色,内面白色,上唇裂片较长,裂隙深超过唇瓣的1/2。

【物候历】 叶展期2月28日至5月28日(叶芽膨大期2月28日,叶芽开放期3月20日,初叶期3月28日,盛叶期4月20日,全叶期5月6日,叶成形期5月28日),花期4月

22日至6月10日(花芽膨大期4月22日,吐蕾期5月15日,初花期5月16日,盛花期5月24日,末花期5月31日,无花期6月10日),果期5月31日至10月20日(坐果期5月31日,成熟期9月20日,初落果期9月30日,盛落果期10月20日),叶脱落期12月17日至次年1月21日(叶初变色期12月17日,叶片始落期12月27日,落叶盛期次年1月21日)。

【重要物候节点图谱】

叶芽开放期

盛叶期

叶成形期

花芽膨大期

吐蕾期

初花期

盛花期

坐果期

主要参考文献

[1]中国科学院《中国植物志》编辑委员会.中国植物志[M].北京:科学出版社,1959–2004.

[2]郑万钧.中国树木志[M].北京:中国林业出版社,1983–2005.

[3]魏士贤等.山东树木志[M].济南:山东科学技术出版社,1984.

[4]张天麟.园林树木 1200 种[M].北京:中国建筑工业出版社,2004.

[5]许鸿祥.花卉学[M].北京:中国林业出版社,1998.

[6]徐晔春.观花植物 1000 种经典图鉴[M].长春:吉林科学技术出版社,2009.

[7]徐晔春.观叶植物 1000 种经典图鉴[M].长春:吉林科学技术出版社,2015.

[8]徐晔春.观叶观果植物 1000 种经典图鉴[M].长春:吉林科学技术出版社,2009.

[9]孙可群,张应麟.花卉及观赏树木栽培手册[M].北京:中国林业出版社,1985.

[10]吴祥春,王永莲.潍坊园林植物[M].济南:山东大学出版社,2013.

[11]吴祥春,王永莲,王天升,等.中国北方常见园林植物[M].济南:山东大学出版社,2013.

[12]李作文,汤天鹏.中国园林树木[M].沈阳:辽宁科学技术出版社,2008.

[13]中国勘察设计协会园林设计分会.风景园林设计资料集——园林植物种植设计[M].北京:中国建筑工业出版社,2003.

附录一　中文名索引

附录二 拉丁名索引